城镇燃气特种设备隐患排查与应急预案

主　编　金仲平　郑　聪
副主编　卢　沛　杨佳佳
参　编　（按姓氏笔画排列）
马　刚　吕尚锋　江建海　池广丰　孙利萍
李　杰　李君杰　李国昌　李隆骏　肖温东
何　峰　陆广逾　胡家扬　娄永生　洪志明
倪三明　戴启信　魏高洋

机械工业出版社

本书主要介绍了城镇燃气特种设备使用单位安全管理基本要求；城镇燃气特种设备安全隐患排查；城镇燃气特种设备使用单位应急预案与事故处置，包括应急预案的编制程序（含一般规定、资料收集、风险辨识与应急能力评估、应急资源调查、文本编制、预案评审、预案备案与实施、预案修订等）、应急预案内容要点（综合应急预案、专项应急预案、现场处置方案等）、应急演练与评估。本书还提供了资料性附录，含城镇燃气特种设备设施隐患排查表、城镇燃气特种设备事故专项应急预案示例及评估打分等内容。

本书可作为行业内特种设备管理人员、作业人员的培训资料，也可作为城镇燃气特种设备使用单位编制本单位安全管理制度的参考资料，同时可供特种设备监察机构进行区域内城镇燃气特种设备的安全监察时参考。

图书在版编目（CIP）数据

城镇燃气特种设备隐患排查与应急预案/金仲平，郑聪主编. —北京：机械工业出版社，2024. 2

ISBN 978-7-111-74871-7

Ⅰ. ①城…　Ⅱ. ①金… ②郑…　Ⅲ. ①城市燃气-燃气设备-安全管理　Ⅳ. ①TU996. 8

中国国家版本馆CIP数据核字（2024）第016985号

机械工业出版社（北京市百万庄大街22号　邮政编码100037）

策划编辑：吕德齐　　责任编辑：吕德齐　李含杨

责任校对：马荣华　张　薇　　封面设计：马若濛

责任印制：任维东

河北鑫兆源印刷有限公司印刷

2024年3月第1版第1次印刷

184mm×260mm · 15. 5印张 · 371千字

标准书号：ISBN 978-7-111-74871-7

定价：69. 00元

电话服务　　网络服务

客服电话：010-88361066　　机　工　官　网：www. cmpbook. com

010-88379833　　机　工　官　博：weibo. com/cmp1952

010-68326294　　金　　书　　网：www. golden-book. com

封底无防伪标均为盗版　　机工教育服务网：www. cmpedu. com

前 言

城市燃气使用规模的持续扩大，使得燃气使用安全越来越多地成为社会关注的焦点。近年来，全国范围内发生燃气爆炸事故的数量持续上升，其中包括湖北十堰“6·13”事故、浙江温岭“6·13”事故、辽宁大连“9·10”事故、辽宁沈阳“10·21”事故等重大事故的发生引起了社会舆论的广泛关注。应急管理部总结了湖北十堰“6·13”燃气爆炸事故的主要教训：一是安全隐患排查整治不深入不彻底，二是应对突发事件能力不足，三是涉事企业主体责任严重缺失，四是安全执法检查流于形式。可见使用单位的安全隐患排查和事故后的应急救援与事故处置能力在防止事故发生及减少事故伤亡中的重要作用。

《中华人民共和国特种设备安全法》第三十四条规定，特种设备使用单位应当建立岗位责任、隐患治理、应急救援等安全管理制度，制定操作规程，保证特种设备安全运行。《特种设备使用管理规则》（TSG 08—2017）2.6.1 规定，特种设备使用单位应建立健全使用安全节能管理制度，其中应包括“特种设备应急救援管理制度”；2.11.1 规定，使用单位应当按照隐患排查治理制度进行隐患排查，发现事故隐患应当及时消除，待隐患消除后，方可继续使用；2.11.2 规定，特种设备在使用中发现异常情况的，作业人员或者维护保养人员应当立即采取应急措施；2.12.1 规定，设置特种设备安全管理机构和配备专职安全管理员的使用单位，应当制定特种设备事故应急专项预案，每年至少演练一次，并且做出记录；其他使用单位可以在综合应急预案中编制特种设备事故应急的内容，适时开展特种设备事故应急演练，并且做出记录；2.12.2 规定，发生特种设备事故的使用单位，应当根据应急预案，立即采取应急措施。《特种设备使用单位落实使用安全主体责任监督管理规定》（总局令第74号）第三条规定，特种设备使用单位应当建立健全使用安全管理制度，落实使用安全管理制度，落实使用安全责任制，保证特种设备安全运行。

实际情况是，很多城镇燃气特种设备使用单位不具备编制本单位综合、专项应急预案及各类处置方案的能力，大多照搬照抄；隐患排查能力不足，处理异常情况的应急措施停留于书面，不能根据本单位的特点制定对应的处理措施；《生产经营单位安全事故应急预案编制导则》（GB/T 29639—2020）颁布后，由于过于宽泛，各行业还需要根据实际情况进一步细化。《特种设备事故应急预案编制导则》（GB/T 33942—2017）是一个行业内综合指导性质的编制标准，本书依据该标准，针对城镇燃气特种设备的特点进行了合于使用的细化。

本书有助于规范城镇燃气特种设备使用单位编制本单位的隐患排查与应急预案制度，并可以指导企业从编制预案到实施预案，最后完成预案与评估，达到与实际相结合、预案为实际安全生产服务的目的。本书提供了部分典型样本，可供使用单位参考，是一部通用性、实用性较强的培训教材。

本书主要介绍了城镇燃气特种设备使用单位安全管理基本要求、城镇燃气特种设备安全隐患排查、城镇燃气特种设备使用单位应急预案与事故处置，包括应急预案的编制程序（含一般规定、资料收集、风险辨识与评估、应急资源调查、文本编制、预案评审、预案备案与实施、预案评估与修订等）、应急预案内容要点（综合应急预案、专项应急预案、现场处置方案等）、应急演练与评估。本书还提供了资料性附录，含城镇燃气特种设备设施隐患排查表、城镇燃气特种设备事故专项应急预案示例及评估打分等内容。

本书由台州市特种设备检验检测研究院、台州市城市燃气行业协会、台州市城市天然气有限公司、台州华润燃气有限公司、台州燃气有限公司、温岭市管道燃气公司、临海华润燃气有限公司等单位组织编写。

编　者

目　录

第 1 章 城镇燃气特种设备使用单位安全管理基本要求

1.1 城镇燃气特种设备分类

城镇燃气指从城市、乡镇或居民点的地区性气源点，通过输配系统供给居民生活、商业、工业企业生产、采暖通风和空调等各类用户公用性质的且符合《城镇燃气设计规范》（2020 版本）（GB 50028—2006）燃气质量要求的可燃气体。城镇燃气一般包括天然气、液化石油气和人工煤气。城镇燃气输配系统指城镇范围内从天然气门站或气源厂出发到各类用户用具前的燃气输送与分配管网系统，一般由门站、燃气管网、储气设施、调压设施、管理设施、监控系统等组成。

在城镇燃气输配系统中，特种设备在保障安全生产环节起到了重要的作用。根据《中华人民共和国特种设备安全法》和《特种设备安全监察条例》的规定，所谓特种设备，指对人身和财产安全有较大危险性的锅炉、压力容器（含气瓶）、压力管道、电梯、起重机械、客运索道、大型游乐设施、场（厂）内专用机动车辆。城镇燃气行业涉及的特种设备主要是压力容器（含气瓶）和压力管道。

1. 压力容器

根据《特种设备目录》的定义，压力容器指盛装气体或液体，承载一定压力的密闭设备，其范围规定为最高工作压力大于或等于 0.1MPa（表压）的气体、液化气体和最高工作温度高于或等于标准沸点的液体、容积大于或等于 30L 且内直径（非圆形截面指截面内边界最大几何尺寸）大于或等于 150mm 的固定式压力容器和移动式压力容器；盛装公称工作压力大于或等于 0.2MPa（表压），且压力与容积的乘积大于或等于 1.0MPa · L 的气体、液化气体和标准沸点等于或低于 60℃液体的气瓶；氧舱。压力容器的分类见表 1-1。

表 1-1 压力容器的分类

类别	品种	类别	品种
固定式压力容器	超高压容器	移动式压力容器	罐式集装箱
	第三类压力容器		管束式集装箱
	第二类压力容器	气瓶	无缝气瓶
	第一类压力容器		焊接气瓶
移动式压力容器	铁路罐车		特种气瓶（内装填料气瓶、纤维缠绕气瓶、低温绝热气瓶）
	汽车罐车	氧舱	医用氧舱
	长管拖车		高气压舱

《固定式压力容器安全技术监察规程》（TSG 21—2016）附件 A 规定，压力容器的分类与介质特性、设计压力和容积有关。压力容器的介质分为以下两组：

1）第一组介质，毒性危害程度为极度、高度危害的化学介质、易爆介质、液化气体；

2）第二组介质，除第一组以外的介质。

应当根据介质特征，选择压力容器分类图，再根据设计压力 p（MPa）和容积 V（m^3）标出坐标点，确定压力容器类别。

1）第一组介质的压力容器分类如图 1-1 所示。

2）第二组介质的压力容器分类如图 1-2 所示。

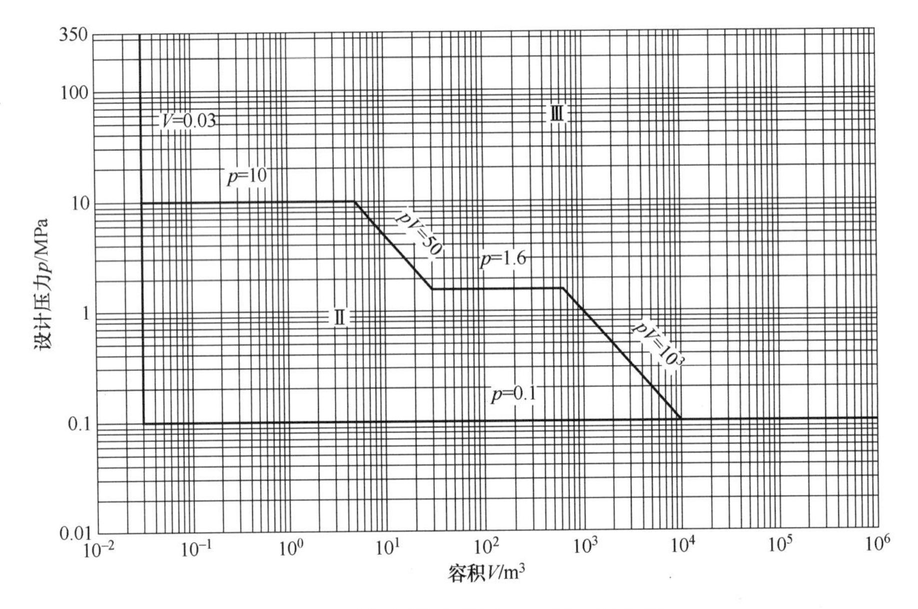

图 1-1　压力容器分类图——第一组介质

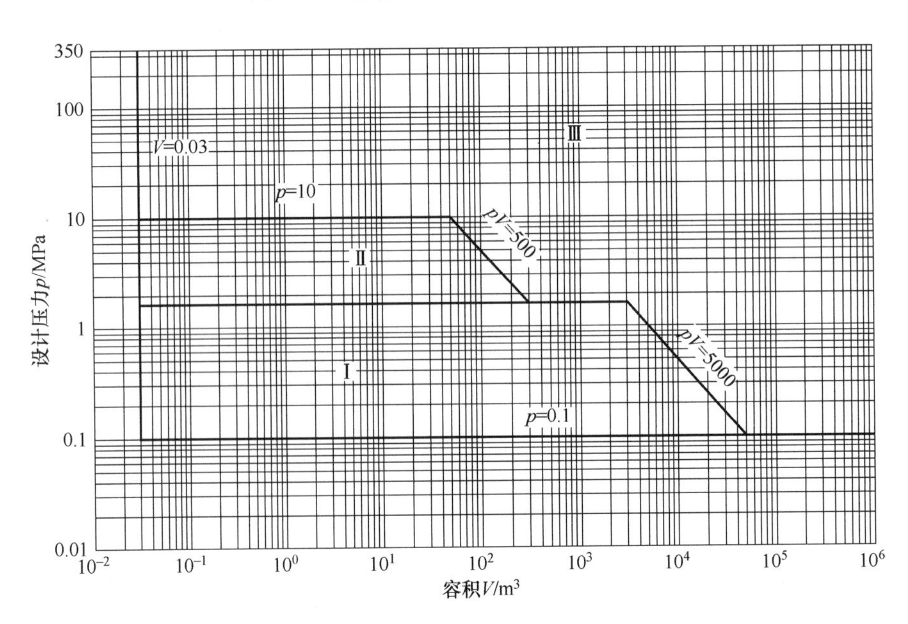

图 1-2　压力容器分类图——第二组介质

2. 压力管道

压力管道指利用一定的压力输送气体或液体的管状设备，其范围规定为最高工作压力大于或等于 0.1MPa（表压），介质为气体、液化气体、蒸汽，或者可燃、易爆、有毒、有腐蚀性、最高工作温度高于或等于标准沸点的液体，并且公称直径大于或等于 50mm 的管道。公称直径小于 150mm 且其最高工作压力小于 1.6MPa（表压）的输送无毒、不可燃、无腐蚀性气体的管道和设备本体所属管道除外。其中，石油天然气管道的安全监督管理还应按照《安全生产法》《石油天然气管道保护法》等法律法规实施。压力管道与压力管道元件分类见表 1-2。

表 1-2　压力管道与压力管道元件分类

种类	类别	品种
压力管道	长输管道	输油管道
		输气管道
	公用管道	燃气管道
		热力管道
	工业管道	工艺管道
		动力管道
		制冷管道
压力管道元件	压力管道管子	无缝钢管
		焊接钢管
		有色金属管
		球墨铸铁管
		复合管
		非金属材料管
	压力管道管件	非焊接管件（无缝管件）
		焊接管件（有缝管件）
		锻制管件
		复合管件
		非金属管件
	压力管道阀门	金属阀门
		非金属阀门
		特种阀门
	压力管道法兰	钢制锻造法兰
		非金属法兰
	补偿器	金属波纹膨胀节
		旋转补偿器
		非金属膨胀节
	压力管道密封元件	金属密封元件
		非金属密封元件
	压力管道特种元件	防腐管道元件
		元件组合装置

根据国家市场监督管理总局《市场监管总局关于特种设备行政许可有关事项的公告》（2021 年第 41 号）中的规定，元件组合装置指由管子、管件、阀门、法兰、补偿器、密封元件等压力管道元件组合（焊接、法兰连接等）在一起具备某种功能的装置，包括井口装置和采油树、节流压井管汇、燃气调压装置、减温减压装置、阻火器、流量计（壳体）、工厂化预制管段。其中，需要取得制造许可的元件组合装置包括燃气调压装置、减温减压装置、流量计（壳体）、锅炉范围内管道和长输油气管道使用的工厂化预制管段；不需要制造许可的元件组合装置仍需要进行制造监督检验或通过型式试验。井口装置和采油树、节流压井管汇和阻火器只需通过型式试验，其余的元件组合装置需要进行制造监督检验。

工厂化预制管段指制造单位在工厂内根据施工设计图将压力管道元件焊接组装、整体出厂的管道元件产品，包括汇管、过滤器、分离器、凝水（气）缸、除污器、混合器、缓冲器、收发球筒、鹤管等，不包括在施工现场进行的管道预制。

此外，城镇燃气行业经常涉及撬装设备。所谓撬装设备，全称为撬装式承压设备系统，指压力管道元件、压力容器与可移动撬体进行安装连接，形成具有某种功能的系统。质检总局特种设备局关于《固定式压力容器安全技术监察规程》（TSG 21—2016）的实施意见（质检特函〔2016〕46 号）对撬装式承压设备系统或机械设备系统（以下简称“设备系统”）规定如下。

1）安装在“设备系统”上的压力容器和压力管道，应当由具有相应资质的单位设计、制造，并依据相应安全技术规范要求经过制造监督检验。

2）包含压力容器或压力管道的“设备系统”，其制造单位应当持有相应级别的压力容器制造许可证、压力管道元件制造许可证或压力管道安装许可证，系统经过制造监督检验（其中安全技术规范中未规定制造监督检验的压力管道元件可参照安装监督检验的要求进行）。

3）“设备系统”中的压力管道可作为压力容器附属装置一并按照压力容器办理使用登记；只有压力管道的，按照压力管道办理使用登记。

4）“设备系统”由使用单位直接申请办理使用登记（简单压力容器和《固定式压力容器安全技术监察》规程 1.4 范围内的压力容器除外），不需要办理压力容器或压力管道安装告知和安装监检。

城镇燃气设施涉及的特种设备分为城镇天然气场站设施、城镇燃气压力管道设施、城镇液化气场站充装设施、加气站设施及车用气瓶、安全附件和仪表 5 个部分。

1.1.1 城镇天然气场站设施

1.1.1.1 门站

门站是城镇天然气输配系统的重要基础设施，是城镇输配系统的气源点，也是天然气长输管线进入城市燃气管网的配气站，其任务是接收长输管线输送来的燃气，在站内进行过滤、调压、计量、加臭、分配后，送入城市输配管网或直接送入大用户，如图 1-3 所示。

门站应具有过滤、调压、计量、气质检测、安全放散、安全切断、使用线和备用线的自动切换等主要功能，并且要求在保证调压和流量计量的前提下，设计多重的安全措施，确保用气的长期性、安全性和稳定性。

图 1-3　门站

门站一般由天然气储罐、汇管、压缩机室、调压计量室、变配电室、仪表控制室、集中放散、排污收集、消防水池、消防泵房、燃气锅炉房、加臭装置及生产和生活辅助设施等组成，根据工艺要求有些门站内还设有清管球接收装置。

门站中涉及的特种设备主要有过滤器、汇管、换热器、燃气调压装置、收发球筒、压力管道、压力管道元件及安全附件和仪表。这些设备较为常见的是以撬装式承压设备系统的形式组装出厂。

1. 过滤器——元件组合装置

过滤器是利用填料、滤网或滤芯将所通过燃气中的固体颗粒分离出来的装置，可分为卧式过滤器（图 1-4）和立式过滤器（图 1-5）。过滤器一般装在流量计、调压器上游直管段上。

根据国家市场监督管理总局 2021 年第 41 号文的规定，将过滤器归纳为工厂化预制管段，属于元件组合装置的一种，需要制造监督检验。

图 1-4　卧式过滤器

图 1-5　立式过滤器

2. 汇管——元件组合装置

汇管作为天然气集输配气的主要设备，其作用是汇集或分配各路天然气流，对天然气流起到调节、平衡和缓冲的作用，如图 1-6 所示。由此可见，汇管对天然气生产的安全与平衡运行起着重要的作用。

根据国家市场监督管理总局2021年第41号文的规定，将汇管归纳为工厂化预制管段，属于元件组合装置的一种，需要制造监督检验。

3. 换热器——固定式第二类压力容器

换热器是为了保持管道中的天然气有一定的温度，或者避免因节流降压、温度降低在其中凝析出液态水，使调节阀冻结，甚至是管道冰堵，威胁管道安全运行。温度降低还会导致埋地管道周围土壤冻胀，造成管线和站内设备的损坏。常见的是水浴式换热器（图1-7）。

图1-6　汇管

图1-7　水浴式换热器

4. 燃气调压装置——元件组合装置

燃气调压装置是由调压器及其附属设备组成，为满足天然气门站、储配站储存及城镇燃气输配系统与应用过程中不同压力的需要，将较高燃气压力降至所需较低压力，并稳定在一个能够使气体得到安全、经济和高效利用的压力范围内的设备单元总称，如图1-8所示。

图1-8　燃气调压装置

根据国家市场监督管理总局2021年第41号文的规定，将燃气调压装置归纳为元件组合装置的一种，制造单位需要取得相应的制造许可资质，生产过程需要经过制造监督检验。

5. 收发球筒——元件组合装置

收发球筒属于管道清管装置的一部分，用于发送和接收清管器，其直径一般比主管直径大1~2级，能够方便清管器或智能检测仪器的放入和取出，如图1-9所示。

根据国家市场监督管理总局 2021 年第 41 号文的规定，将收发球筒归纳为工厂化预制管段，属于元件组合装置的一种，需要制造监督检验。

图 1-9　收发球筒

6. 压力管道——工业管道

（1）定义　管道是由管道组成件装配而成，用于输送、分配、混合、分离、排放、计量或截止流体流动的系统。管道在燃气生产、储存、运营和应用过程中起着重要作用。

工业管道指使用单位所属的用于输送工艺介质的工艺管道、公用工程管道及其他辅助管道，如图 1-10 所示。包括延伸出工厂边界线，但归属使用单位管辖的工艺管线。

图 1-10　工业管道

（2）分级　根据《压力管道规范　工业管道　第 1 部分：总则》（GB/T 20801. 1—2020）中的规定，压力管道分级按其危害程度和安全等级划分为 GC1 级、GC2 级和 GC3 级。

1）符合下列条件之一的压力管道应划分为 GC1 级。

① 输送《危险化学品目录（2015 版）》中规定的毒性程度为急性毒性类别 1 介质、急性毒性类别 2 气体介质和工作温度高于其标准沸点的急性毒性类别 2 液体介质的压力管道。

② 输送 GB 50160—2008、GB 50016—2014 中规定的火灾危险性为甲、乙类可燃气体或甲类可燃液体（包括液化烃），并且设计压力大于或等于 4. 0MPa 的压力管道。

③ 输送除前两项介质以外的流体，并且设计压力大于或等于 10. 0MPa，或设计压力大于或等于 4. 0MPa 且设计温度高于或等于 400 ℃的压力管道。

2）介质毒性或易燃性危险和危害程度、设计压力和设计温度低于 1）规定（GC1 级）的压力管道应划分为 GC2 级。

3）输送无毒、不可燃、无腐蚀性液体介质，设计压力小于或等于 1. 0MPa 且设计温度高于-20℃但不高于 185℃的压力管道应划分为 GC3 级。

注意：GC3 级管道不适用于 GB/T 20801. 1—2020 的 1. 3a）中列出的压力管道。

门站中的压力管道按照工业管道进行管理，需要办理使用登记，根据设计压力的不同，分为 GC1 级和 GC2 级，其设计、安装、检验、使用管理等都应当符合国家相关法律法规、安全技术规范等规定。

1.1.1.2 阀室、高中压调压站

1. 阀室

为保证长距离输送燃气的压力，在输气管道线路上分段设置截断阀。线路截断阀及其配套设施总称为阀室，是线路附属设施之一，如图 1-11 所示。

阀室的主要作用有两个：一是当管线上游或下游发生事故时，管线内天然气压力会在短时间内发生很大变化，快速截断阀可以根据预先设定的允许压降速率自动关闭阀门，切断上游或下游天然气，防止事态进一步扩大，减少环境污染与天然气损失；二是在维修管线时切断上下游气源，放空上游或下游天然气，便于维修。

图 1-11　阀室

此外，阀室还配有一些监控设备，如压力表，通信设备等，以监控管道运行的状况。

2. 调压站

调压站在城镇燃气管网系统中是用来调节和稳定管网压力的设施，设于城市配气管网系统中的不同压力级制的管道之间，或设于某些专门的用户之间，有地上式和地下式之分。调压站通常是由调压器、阀门、过滤器、安全切断阀、测量仪表、旁通管等组成，如图 1-12 所示。有的调压站还配有计量设备，除调压外还具有计量的作用，称为调压计量站。

图 1-12　调压站

燃气调压站根据进出口管道压力可分为高中压调压站、高低压调压站、中低压调压站等。在城镇燃气系统中，涉及的调压站主要是高中压调压站，中低压调压站一般是调压箱或调压柜。调压站通常采用撬装式结构，在出厂时经过制造监督检验，由当地检验机构出具监督检验证书。

1.1.1.3　LNG 场站

液化天然气（LNG）场站指具有接收液化天然气、储存及汽化供气功能的场站，主要任务是将槽车或槽船运输的液化天然气进行卸气、储存、汽化、调压、计量和加臭，通过管道将天然气输送到燃气输配管道，如图 1-13 所示。LNG 场站主要作为输气管线达不到或采用长输管线不经济的中小型城镇的气源，也可作为城镇的调峰应急气源或过渡气源。

图 1-13　LNG 场站

LNG 场站距接收站或天然气液化工厂的经济运输距离宜在 100km 以内，可采用公路运输或铁路运输，其工艺流程如图 1-14 所示。与天然气管道长距离输送、高压储罐储存等相比，LNG 场站采用槽车运输、LNG 储罐储存，具有运输灵活、储存效率高、建设投资少、建设周期短、见效快等优点。

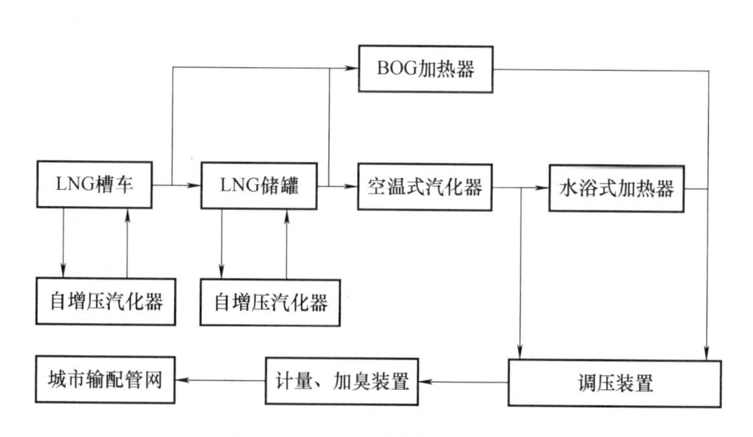

图 1-14　LNG 场站的工艺流程

LNG 场站中涉及的特种设备主要有 LNG 低温储罐、换热器（汽化器、加热器）、燃气调压装置、鹤管、压力管道元件以及安全附件和仪表。

1. LNG 低温储罐——固定式第二类/第三类压力容器

LNG 低温储罐是用于储存液化天然气的压力容器，通常是由内罐和外罐构成，中间填充隔热材料。隔热材料通常有硬质泡沫氨基甲酸乙酯、泡沫玻璃、珍珠岩以及硬质泡沫酚醛树脂等。根据容积和设计压力的不同，LNG 低温储罐为固定式第二类或第三类压力容器。LNG 低温储罐常用结构有立式 LNG 储罐（图 1-15）、卧式 LNG 储罐、立式子母罐和常压储罐。一般城镇燃气的 LNG 场站中最常见的是立式 LNG 储罐，以减少占地面积；当地质条件不良或当地规划部门有特殊要求时，可选择卧式 LNG 储罐。

2. 换热器——固定式第二类压力容器

液化天然气场站的换热器通常包含空温式汽化器、循环水式天然气加热器或电热式天然气加热器，其中循环水式天然气加热器和电热式天然气加热器一般属于固定式第二类压力容器。图 1-16 所示为常见的换热器。

图 1-15　立式 LNG 储罐

图 1-16　常见的换热器

在夏季多采用空温式汽化器，可使低温液化天然气的汽化出口温度达 15℃，直接进入城镇燃气管道给用户供气。而在冬季或雨季，汽化器的汽化效率大幅度降低，尤其是北方寒冷地区，冬季时汽化器的出口天然气温度远低于 0℃而成为低温气体。为了防止低温天然气进入城镇燃气管道导致阀门等设施产生低温冷脆，也为了防止低温天然气密度大而产生过大的供销差，经空温式汽化后的天然气需再经循环水（热水）式天然气加热器或电热式天然气加热器，将低温天然气温度升到 0~10℃后才可进入城镇燃气管道给用户供气。加热汽化器的出口温度不得超过 60℃，否则汽化器出口的减压阀必须设计成能承受高温的结构。加热时燃烧所需的空气应从建筑外部获得，生成的烟气应安全排放。被汽化器和气体加热器的出口必须设置测温装置和联锁装置。为保证传热效率，实行自动控制，从热媒的进、出口到汽化器也必须设置测温装置，以及与其有关的联锁装置和断流联锁装置。

3. 鹤管——元件组合装置

鹤管，又称流体装卸臂，是石化行业流体装卸过程中的专用设备，如图 1-17 所示。它采用旋转接头与刚性管道及弯头连接，是火车、汽车槽车与栈桥储运管线之间传输液体介质的活动设备，以取代老式的软管连接，具有很高的安全性、灵活性及寿命长等特点。目前，鹤管在一些 LNG 场站中也得到应用，主要用于 LNG 的装卸。

根据国家市场监督管理总局 2021 年第 41 号文的规定，将鹤管归纳为工厂化预制管段，属于元件组合装置的一种，需要制造监督检验。

4. 压力管道——工业管道

LNG 场站的压力管道属于工业管道，如图 1-18 所示。管道级别一般为 GC2 级，其设计、安装、检验、使用管理等都应当符合国家相关法律法规、安全技术规范等规定。

图 1-17　鹤管

图 1-18　LNG 场站的压力管道

1.1.2　城镇燃气压力管道设施

城镇燃气压力管道又称配气管道，指在供气地区从输气管道末站或气源厂站将燃气分配给用户的管道。燃气压力管道只起配气作用。由于城镇人口与建（构）筑物稠密，各种地下管线与设施较多，管线间还须有一定的安全间距，所以城镇燃气压力管道的输气压力较低，一般为 0.01~4.0MPa，并在该范围内分为 7 级。城镇燃气压力管道是直接为千家万户服务的，对于输送介质组分要求严格。燃气在常温下若需要加压输送，则压缩机出口温度一般控制在 40℃，埋地管道的介质温度为地温。

城镇燃气压力管道属于公用管道。公用管道指城市或乡镇范围内用于公用事业或民用的燃气管道和热力管道，燃气管道为 GB1 级，热力管道为 GB2 级。根据《压力管道定期检验规则——公用管道》（TSG D7004—2010），GB1 级管道依据设计压力 p 划分为以下级别：

1）GB1-Ⅰ级（2.5MPa $< p \leq$ 4.0MPa）、GB1-Ⅱ级（1.6MPa $< p \leq$ 2.5MPa）高压燃气管道。

2）GB1-Ⅲ级（0.8MPa $< p \leq$ 1.6MPa）、GB1-Ⅳ级（0.4MPa $< p \leq$ 0.8MPa）次高压燃气管道。

3）GB1-Ⅴ级（0.2MPa $< p \leq$ 0.4MPa）、GB1-Ⅵ级（0.1MPa $< p \leq$ 0.2MPa）中压燃气管道。

根据《燃气工程项目规范》（GB 55009—2021），城镇燃气输配管道按最高工作压力进行分级（见表 1-3），这与（TSG D7004—2010）中的分级方法有所不同。

表 1-3　输配管道压力分级

名称		最高工作压力 p/MPa
超高压		>4.0
高压	A	>2.5~4.0
	B	>1.6~2.5
次高压	A	>0.8~1.6
	B	>0.4~0.8
中压	A	>0.2~0.4
	B	>0.01~0.2
低压		≤0.01

燃气压力管道宜采用埋地敷设；当受到条件限制时，局部地段可采用地上敷设；规划有综合管廊的地段宜设置在综合管廊内。

高压燃气管道因为输送的燃气压力高，危险性大，选用的钢管等级要求较高，一般选用GB/T 9711 中规定的钢。图 1-19 所示为高压燃气管道的焊接作业现场。根据《城镇燃气设计规范》要求，三级高压燃气管道材料钢级不应低于 L245。

次高压燃气管道一般在城镇中心或其附近地区埋设，此类地区人口密度相对较大，房屋建筑密集，而次高压燃气管道输送的是易燃、易爆气体且管道中积聚了大量的弹性压缩能，一旦发生破裂，材料的裂纹扩展速度极快且不易止裂，其断裂长度也很长，后果严重。因此，必须采用具有良好的抗脆性破坏能力和良好的焊接性的钢管，以保证输气管道的安全。

中、低压燃气压力管道因内压较低，可选用的管材比较广泛，其中聚乙烯（PE）管由于质轻、施工方便、使用寿命长而被广泛使用在天然气输送中，如图 1-20 所示。

图 1-19　高压燃气管道（钢管）的焊接作业现场

图 1-20　中压燃气压力管道（PE 管）

1.1.3　城镇液化气场站充装设施

城镇液化气场站充装设施一般指液化石油气（LPG）储配站，具有接收、储存、灌装、残液回收等功能，储存量和储存方式根据不同因素而定。其中，LPG 的储存量可根据用气负荷、用户的组成、气源数量、LPG 站址与气源的距离、LPG 的运输方式等因素确定。LPG 的储存方式可分为地上 LPG 储罐储存、地下储气库储存及固态储存。其中地下储气库储存具有储存量大、投资少、钢耗少的优点，在国外已广泛采用，国内也有初步应用。LPG 储罐储存以其结构简单、施工方便、储罐种类多、选择灵活等优点，仍然是目前最广泛使用的一种储存方式。LPG 储配站有压力储存和非压力储存，而常温压力储存是目前我国 LPG 储配站的主要储存方式，如图 1-21 所示。

图 1-21　LPG 储配站

我国的 LPG 储配站场区通常包含两部分，即生产区和辅助区。生产区是进行 LPG 生产操作的区域，主要包括运送钢瓶汽车的装卸场地、LPG 钢瓶库、槽车装卸台、LPG 钢瓶的灌瓶间、仪表间、压缩机和烃泵房、LPG 储罐区等；辅助区则由生产设施和生活设施组成，它与生产区之间需要使用实体防爆围墙隔开。

储配站根据生产任务要求，将 LPG 储罐中的液体灌装入钢瓶等其他移动式压力容器，钢瓶的灌装是在充装台实现的。目前，LPG 储配系统使用的灌瓶方法有烃泵灌瓶、压缩机灌瓶、烃泵——压缩机联合工作灌瓶。液化石油气的灌装压力应当能够保证正常的灌装速度和准确度，一般控制为 1～1.5MPa。由于夏天温度较高，LPG 储罐内的压力较高，可直接采用烃泵灌瓶；冬季温度较低，储罐内压力较低，烃泵最大工作压差下仍然不能达到灌瓶压力要求，此时必须起动压缩机，提高出液罐的压力。

LPG 储配站中涉及的特种设备主要有储罐、吸附过滤器、气液分离器、缓冲器、油气筒、缓冲罐、鹤管、压力元器件及安全附件和仪表。

1. 储罐——固定式第三类压力容器

储罐根据安装位置可分为地上储罐和地下储罐，根据储罐形状可分为圆筒储罐和球形储罐。圆筒储罐（简称圆筒罐）可分为立式圆筒储罐（简称立式储罐）和卧式圆筒储罐（简称卧式储罐，如图 1-22 所示），球形储罐（简称球罐）按球壳拼装形式又分为足球分瓣、橘瓣分瓣、混合分瓣三种。

图 1-22 卧式圆筒储罐

球形储罐与圆筒储罐相比具有钢材耗量少、占地面积小等优点，但加工制造、安装比较复杂，焊接工作量大，安装费用高。液化石油气储罐的选用主要取决于单罐的容积和加工条件，当储罐公称容积大于 $120m^3$ 时应选用球形储罐（图 1-23），小于或等于 $120m^3$ 时选用圆筒储罐。圆筒储罐一般用于中小型储配站和灌装站，并且大多选用卧式储罐，只有在特殊情况下才选用立式储罐。

图 1-23 球形储罐

2. 其他压力容器——固定式第一类/第二类压力容器

早期的液化石油气储配站，在压缩机房内可能还配有吸附过滤器、气液分离器、缓冲器（图 1-24）、油气筒（图 1-25）、储气罐等压力容器，这些容器体积小，结构简单，主要用于液化石油气的净化等。

图 1-24 缓冲器

图 1-25 油气筒

3. 鹤管——元件组合装置

LPG 储配站的鹤管与 LNG 场站的鹤管相同，见 1.1.1.3。

4. 压力管道——工业管道

LPG 场站的压力管道属于工业管道，如图 1-26 所示。管道级别一般为 GC2 级，其设计、安装、检验、使用管理等都应当符合国家相关法律法规、安全技术规范等规定。

图 1-26　LPG 场站的压力管道

1.1.4　加气站设施及车用气瓶

加气站指给汽车加气的场站，如图 1-27 所示。根据加气介质的不同，加气站有液化天然气（LNG）加气站、压缩天然气（CNG）加气站、液化石油气（LPG）加气站等。

液化天然气加气站，简称 LNG 加气站，指具有 LNG 储气设施，使用加气机为机动车加注 LNG 等车用燃气并可提供其他便利性服务的场所，可分为 LNG 加气站、L-CNG 加气站、LNG/L-CNG 加气站 3 种类型。LNG 加气站向车用气瓶充装 LNG；L-CNG 加气站是将低温、低压的 LNG 通过低温高压泵加压至 20~25MPa 后送入高压汽化器，使低温液态 LNG 汽化成高压气态天然气（CNG），通过 CNG 加气机向汽车储气瓶充装车用 CNG。LNG/L-CNG 加气站是 LNG 加气站和 L-CNG 加气站合建的场站，在站内可以单独给车用气瓶充装车用 LNG 和 CNG。

图 1-27　加气站

压缩天然气加气站，简称 CNG 加气站，指将压缩天然气加注至汽车燃料用气瓶内的场站，可分为 CNG 加气母站、CNG 常规加气站、CNG 加气子站。CNG 加气母站是从站外天然气管道输入天然气，经过适当的工艺处理并增压后，通过加气柱给服务于 CNG 加气子站的 CNG 车载储气瓶组充装 CNG，同时也可通过加气机直接给 CNG 汽车储气瓶充装车用 CNG。CNG 常规加气站也称为 CNG 标准加气站，与 CNG 加气母站一样，也是从站外天然气管道输入天然气，经过滤、调压、计量、脱硫、脱水、加压等工艺，并通过加气柱为天然气车载运气瓶组充装 CNG，通过加气机为天然气汽车的气瓶充装车用 CNG，但不为车载储气瓶组充气。CNG 加气子站是由车载储气瓶组拖车运进 CNG，通过加气机为汽车 CNG 车用气瓶充装 CNG。

液化石油气加气站，简称 LPG 加气站，指具有液化石油气储气设施，使用加气机为汽车（主要是出租车）加注液态液化石油气并可提供其他便利性服务的场所。

加气站设施中一般涉及的特种设备主要有储罐、储气井、真空绝热低温泵池、压力管道、压力管道元件及安全附件和仪表。同时，根据加气站气体种类不同，车用气瓶也分为 LPG 车用气瓶、LNG 车用气瓶、CNG 车用气瓶。

1. 储罐——固定式第二类/第三类压力容器

LPG 加气站一般选用卧式储罐且基本是埋地的；LNG 加气站一般选用低温液体储罐，与 LNG 场站储罐类似，有立式和卧式之分，基本采用卧式储罐。图 1-28 所示为立式 LNG 储罐。

2. 储气井——固定式第三类压力容器

CNG 加气站的储存方式一般采用储气井，如图 1-29 所示。储气井是竖向埋设于地下且井筒与井壁间采用水泥浆进行全填充封固，用于储存压缩气体的管状设备。一般设有压缩天然气加（卸）气接口，内置排污口、安全防护、安全放散等设施，比地上固定储气瓶组安全。

图 1-28　立式 LNG 储罐

图 1-29　储气井

3. 真空绝热低温泵池——固定式第二类压力容器

真空绝热低温泵池是一种采用高真空多层多屏绝热技术，为低温潜液泵提供良好运行环境的低温压力容器，如图 1-30 所示，具有结构简单、设计紧凑、运行性能稳定的特点，广泛应用于天然气液化厂、LNG 接收终端、LNG 加气站等。

4. 压力管道——工业管道

加气站的压力管道属于工业管道，如图 1-31 所示。管道级别一般为 GC2 级，其设计、安装、检验、使用管理等都应当符合国家相关法律法规、安全技术规范等规定。

图 1-30　真空绝热低温泵池

图 1-31　加气站的压力管道

5. 车用气瓶

气瓶指主体结构为瓶状，一般充装气体（可以是压缩气体、液化气体、溶解吸附气体等）的可移动的一类压力容器。根据《气瓶安全技术规程》（TSG 23—2021）的规定，气瓶包括环境温度为-40～60℃、公称容积为 0.4～3000L、公称工作压力为 0.2～70MPa（表压，下同），并且压力与容积的乘积大于或等于 1.0MPa·L，盛装压缩气体、高（低）压液化气体、低温液化气体、溶解气体、吸附气体、混合气体，以及标准沸点等于或低于 60℃的液体的无缝气瓶、焊接气瓶、低温绝热气瓶、纤维缠绕气瓶、内部装有填料的气瓶，以及气瓶集束装置。

气瓶按瓶体结构划分，分为无缝气瓶、焊接气瓶、纤维缠绕气瓶、低温绝热气瓶、内装填料气瓶；按公称工作压力划分，分为高压气瓶（公称工作压力大于或等于 10MPa 的气瓶）、低压气瓶（公称工作压力小于 10MPa 的气瓶）；按照公称容积（指水容积）划分，分为小容积气瓶（公称容积小于或等于 12L 的气瓶）、中容积气瓶（公称容积大于 12L 并小于或等于 150L 的气瓶）、大容积气瓶（公称容积大于 150L 的气瓶）；按用途划分，分为工业用气瓶、医用气瓶、燃气气瓶、车用气瓶、呼吸器用气瓶、消防灭火用气瓶。

车用气瓶指固定在机动车上盛装机动车燃料（如天然气、氢气、液化化石油气、液化化二甲醚等）的气瓶。目前，燃气行业常见的车用气瓶包括 LPG 车用气瓶（图 1-32）、LNG 车用气瓶（图 1-33）、CNG 车用气瓶（图 1-34）。常见的车用气瓶结构、品种及代号见表 1-4。

图 1-32　LPG 车用气瓶

图 1-33　LNG 车用气瓶

图 1-34　CNG 车用气瓶

表 1-4　常见车用气瓶结构、品种及代号

气瓶结构及代号		气瓶品种及代号	
结构	代号	品种	代号
无缝气瓶（中小容积无缝气瓶、大容积无缝气瓶）	B1	汽车用压缩天然气钢瓶	B1-1
焊接气瓶（中小容积钢质焊接气瓶、大容积钢质焊接气瓶、工业用非重复充装焊接钢瓶、液化石油气钢瓶）	B2	车用液化石油气钢瓶	B2-3
纤维缠绕气瓶（金属内胆缠绕气瓶、非金属内胆缠绕气瓶）	B3	金属内胆纤维环缠绕气瓶（含车用）	B3-2
		金属内胆纤维全缠绕气瓶（含车用）	B3-3
		塑料内胆纤维全缠绕气瓶（含车用）	B3-5
低温绝热气瓶	B4	车用液化天然气气瓶	B4-2

1.1.5　安全附件和仪表

安全附件是在出现异常情况时能够自主启动相应动作从而对特种设备起到保护作用的附件。仪表是对某种参数起到指示作用。根据《固定式压力容器安全技术监察规程》（TSG 21—2016）中的定义，压力容器的安全附件，包括直接连接在压力容器上的安全阀、爆破片装置、易熔塞、紧急切断装置、安全联锁装置；压力容器的仪表，包括直接连接在压力容器上的压力、温度、液位等测量仪表。根据《压力管道安全技术监察规程——工业管道》（TSG D0001—2009）中的定义，压力管道安全保护装置包括安全阀、爆破片装置、阻火器、紧急切断装置等，以及附属仪器和仪表。在燃气行业中，涉及的安全附件和仪表主要是安全阀、紧急切断阀、压力表、温度计、液位计等。

1. 安全阀

安全阀（图 1-35）是启闭件受外力作用下处于常闭状态，当设备或管道内的介质压力升高超过规定值时，通过向系统外排放介质来防止管道或设备内介质压力超过规定数值的特殊阀门。安全阀一般安装在压力容器液面以上的气相空间部分，或者安装在与压力容器气相空间相连的管道上，并且安全阀应铅直安装。城镇燃气行业的各类储罐，场站内的工艺管道一般都装设有安全阀。图 1-36 所示为高压安全阀。

图 1-35　安全阀

图 1-36　高压安全阀

2. 紧急切断阀

紧急切断阀（图 1-37）又称安全切断阀，指在遇到突发情况时，阀门会迅速地关闭或打开，以避免事故的发生。根据驱动方式，紧急切断阀可分为电动、气动、电-液联动和气-液联动等类型；在各类驱动装置上，都配有手动机构，以备驱动机构发生故障时使用。城镇燃气行业各类储罐的进出液管道应当装设紧急切断阀，并与液位控制系统、测温装置等联锁。

3. 仪表

城镇燃气行业常见的仪表有压力表（图 1-38）、温度计和液位计（图 1-39），分别用于测量和显示压力容器和压力管道内的压力、温度和液位，应用广泛。目前，各仪表的数据信号一般都实现智能控制，与紧急切断装置联锁。图 1-40 所示为压力变送器。

图 1-37　紧急切断阀

图 1-38　压力表

图 1-39　液位计

图 1-40　压力变送器

1.2　城镇燃气特种设备使用单位

城镇燃气特种设备使用单位应当遵守《中华人民共和国特种设备安全法》和其他有关法律、法规，负责特种设备安全与节能管理，建立、健全特种设备安全和节能责任制度，加强特种设备安全和节能管理，确保特种设备使用安全，符合节能要求；承担特种设备使用安全与节能主体责任。

1.2.1 《特种设备使用管理规则》（TSG 08—2017）相关规定

2.1　使用单位含义

2.1.1　一般规定

本规则所指的使用单位，是指具有特种设备使用管理权的单位（注 2-1）或者具有完全民事行为能力的自然人，一般是特种设备的产权单位（产权所有人，下同），也可以是产权单位通过符合法律规定的合同关系确立的特种设备实际使用管理者。特种设备属于共有的，共有人可以委托物业服务单位或者其他管理人管理特种设备，受托人是使用单位；共有人未委托的，实际管理人是使用单位；没有实际管理人的，共有人是使用单位。

特种设备用于出租的，出租期间，出租单位是使用单位；法律另有规定或者当事人合同约定的，从其规定或者约定。

注 2-1：单位包括公司、子公司、机关事业单位、社会团体等具有法人资格的单位和具有营业执照的分公司、个体工商户等。

2.1.2　特别规定

气瓶的使用单位一般是指充装单位，车用气瓶、非重复充装气瓶、呼吸器用气瓶的使用单位是产权单位。

2.2　使用单位主要义务

特种设备使用单位主要义务如下：

（1）建立并且有效实施特种设备安全管理制度和高耗能特种设备节能管理制度，以及操作规程；

（2）采购、使用取得许可生产（含设计、制造、安装、改造、修理，下同），并且经检验合格的特种设备，不得采购超过设计使用年限的特种设备，禁止使用国家明令淘汰和已经报废的特种设备；

（3）设置特种设备安全管理机构，配备相应的安全管理人员和作业人员，建立人员管理台账，开展安全与节能培训教育，保存人员培训记录；

（4）办理使用登记，领取《特种设备使用登记证》（以下简称使用登记证），设备注销时交回使用登记证；

（5）建立特种设备台账及技术档案；

（6）对特种设备作业人员作业情况进行检查，及时纠正违章作业行为；

（7）对在用特种设备进行经常性维护保养和定期自行检查，及时排查和消除事故隐患，对在用特种设备的安全附件、安全保护装置及其附属仪器仪表进行定期校验（检定、校准，下同）、检修，及时提出定期检验和能效测试申请，接受定期检验和能效测试，并且做好相关配合工作；

（8）制定特种设备事故应急专项预案，定期进行应急演练：发生事故及时上报。配合事故调查处理等；

（9）保证特种设备安全、节能必要的投入；

（10）法律、法规规定的其他义务。

使用单位应当接受特种设备安全监管部门依法实施的监督检查。

2.3　特种设备安全管理机构

2.3.1　职责

特种设备安全管理机构是指使用单位中承担特种设备安全管理职责的内设机构。

特种设备安全管理机构的职责是贯彻执行特种设备有关法律、法规和安全技术规范及相关标准，负责落实使用单位的主要义务。

2.3.2　机构设置

符合下列条件之一的特种设备使用单位，应当根据本单位特种设备的类别、品种、用途、数量等情况设置特种设备安全管理机构，逐台落实安全责任人：

（1）使用电站锅炉或者石化与化工成套装置的；

（2）使用为公众提供运营服务电梯的（注2-2），或者在公众聚集场所（注2-3）使用30台以上（含30台）电梯的；

（3）使用10台以上（含10台）大型游乐设施的，或者10台以上（含10台）为公众提供运营服务非公路用旅游观光车辆的；

（4）使用客运架空索道，或者客运缆车的；

（5）使用特种设备（不含气瓶）总量50台以上（含50台）的。

注2-2：为公众提供运营服务的特种设备使用单位，是指以特种设备作为经营工具的使用单位。

注2-3：公众聚集场所，是指学校、幼儿园、医疗机构、车站、机场、客运码头、商场、餐饮场所、体育场馆、展览馆、公园、宾馆、影剧院、图书馆、儿童活动中心、公共浴池、养老机构等。

2.4 管理人员和作业人员

2.4.1 主要负责人

主要负责人是指特种设备使用单位的实际最高管理者，对其单位所使用的特种设备安全节能负总责。

2.4.2 安全管理人员

2.4.2.1 安全管理负责人

特种设备使用单位应当配备安全管理负责人。特种设备安全管理负责人是指使用单位最高管理层中主管本单位特种设备使用安全管理的人员，按照本规则要求设置安全管理机构的使用单位安全管理负责人，应当取得相应的特种设备安全管理人员资格证书。

安全管理负责人职责如下：

(1) 协助主要负责人履行本单位特种设备安全的领导职责，确保本单位特种设备的安全使用；

(2) 宣传、贯彻《中华人民共和国特种设备安全法》以及有关法律、法规、规章和安全技术规范；

(3) 组织制定本单位特种设备安全管理制度，落实特种设备安全管理机构设置、安全管理员配备；

(4) 组织制定特种设备事故应急专项预案，并且定期组织演练；

(5) 对单位特种设备安全管理工作实施情况进行检查；

(6) 组织进行隐患排查，并且提出处理意见；

(7) 当安全管理员报告特种设备存在事故隐患应当停止使用时，立即做出停止使用特种设备的决定，并且及时报告本单位主要负责人。

2.4.2.2 安全管理员

2.4.2.2.1 安全管理员职责

特种设备安全管理员是指具体负责特种设备使用安全管理的人员。安全管理员的主要职责如下：

(1) 组织建立特种设备安全技术档案；

(2) 办理特种设备使用登记；

(3) 组织制定特种设备操作规程；

(4) 组织开展特种设备安全教育和技能培训；

(5) 组织开展特种设备定期自行检查；

(6) 编制特种设备定期检验计划，督促落实定期检验和隐患治理工作；

(7) 按照规定报告特种设备事故，参加特种设备事故救援，协助进行事故调查和善后处理；

(8) 发现特种设备事故隐患，立即进行处理，情况紧急时，可以决定停止使用特种设备，并且及时报告本单位安全管理负责人；

(9) 纠正和制止特种设备作业人员的违章行为。

2.4.2.2.2 安全管理员配备

特种设备使用单位应当根据本单位特种设备的数量、特性等配备适当数量的安全管理员。按照本规则要求设置安全管理机构的使用单位以及符合下列条件之一的特种设备使用单位，应当配备专职安全管理员，并且取得相应的特种设备安全管理人员资格证书：

(1) 使用额定工作压力大于或者等于2.5MPa锅炉的；

(2) 使用5台以上（含5台）第Ⅲ类固定式压力容器的；

(3) 从事移动式压力容器或者气瓶充装的；

(4) 使用10公里以上（含10公里）工业管道的；

(5) 使用移动式压力容器，或者客运拖牵索道，或者大型游乐设施的；

(6) 使用各类特种设备（不含气瓶）总量20台以上（含20台）的。

除前款规定以外的使用单位可以配备兼职安全管理员，也可以委托具有特种设备安全管理人员资格的人员负责使用管理，但是特种设备安全使用的责任主体仍然是使用单位。

2.5 特种设备安全与节能技术档案

使用单位应当逐台建立特种设备安全与节能技术档案。安全技术档案至少包括以下内容：

(1) 使用登记证；

(2)《特种设备使用登记表》(格式见TSG 08—2017的附件B，以下简称使用登记表)；

(3) 特种设备设计、制造技术资料和文件，包括设计文件、产品质量合格证明（含合格证及其数据表、质量证明书）、安装及使用维护保养说明、监督检验证书、型式试验证书等；

(4) 特种设备安装、改造和修理的方案、图样（注2-4）、材料质量证明书和施工质量证明文件、安装改造修理监督检验报告、验收报告等技术资料；

(5) 特种设备定期自行检查记录（报告）和定期检验报告；

(6) 特种设备日常使用状况记录；

(7) 特种设备及其附属仪器仪表维护保养记录；

(8) 特种设备安全附件和安全保护装置校验、检修、更换记录和有关报告；

(9) 特种设备运行故障和事故记录及事故处理报告。

使用单位应当在设备使用地保存2.5中(1)(2)(5)(6)(7)(8)(9)规定的资料的原件或者复印件，以便备查。

注2-4：压力管道图样是指管道单线图（轴测图）。

2.6 安全节能管理制度和操作规程

2.6.1 安全节能管理制度

特种设备使用单位应当按照特种设备相关法律、法规、规章和安全技术规范的要求，建立健全特种设备使用安全节能管理制度。

管理制度至少包括以下内容：

（1）特种设备安全管理机构（需要设置时）和相关人员岗位职责；

（2）特种设备经常性维护保养、定期自行检查和有关记录制度；

（3）特种设备使用登记、定期检验、锅炉能效测试申请实施管理制度；

（4）特种设备隐患排查治理制度；

（5）特种设备安全管理人员与作业人员管理和培训制度；

（6）特种设备采购、安装、改造、修理、报废等管理制度；

（7）特种设备应急救援管理制度；

（8）特种设备事故报告和处理制度；

（9）高耗能特种设备节能管理制度。

2.6.2　特种设备操作规程

使用单位应当根据所使用设备运行特点等，制定操作规程。操作规程一般包括设备运行参数、操作程序和方法、维护保养要求、安全注意事项、巡回检查和异常情况处置规定，以及相应记录等。

2.7　维护保养与检查

2.7.1　经常性维护保养

使用单位应当根据设备特点和使用状况对特种设备进行经常性维护保养，维护保养应当符合有关安全技术规范和产品使用维护保养说明的要求。对发现的异常情况及时处理，并且做出记录，保证在用特种设备始终处于正常使用状态。

法律对维护保养单位有专门资质要求的，使用单位应当选择具有相应资质的单位实施维护保养。鼓励其他特种设备使用单位选择具有相应能力的专业化、社会化维护保养单位进行维护保养。

2.7.2　定期自行检查

为保证特种设备的安全运行，特种设备使用单位应当根据所使用特种设备的类别、品种和特性进行定期自行检查。

定期自行检查的时间、内容和要求应当符合有关安全技术规范的规定及产品使用维护保养说明的要求。

2.10　定期检验

（1）使用单位应当在特种设备定期检验有效期届满的1个月以内，向特种设备检验机构提出定期检验申请，并且做好相关的准备工作；

（2）移动式（流动式）特种设备，如果无法返回使用登记地进行定期检验的，可以在异地（指不在使用登记地）进行，检验后，使用单位应当在收到检验报告之日起30日内将检验报告（复印件）报送使用登记机关；

（3）定期检验完成后，使用单位应当组织进行特种设备管路连接、密封、附件（含零部件、安全附件、安全保护装置、仪器仪表等）和内件安装、试运行等工作，并且对其安全性负责；

（4）检验结论为合格时（注2-5），使用单位应当按照检验结论确定的参数使用特种设备。

注2-5：有关安全技术规范中检验结论为“合格”“复检合格”“符合要求”“基本符合要求”“允许使用”统称为合格。

2.11　隐患排查与异常情况处理

2.11.1　隐患排查

使用单位应当按照隐患排查治理制度进行隐患排查，发现事故隐患应当及时消除，待隐患消除后，方可继续使用。

2.11.2　异常情况处理

特种设备在使用中发现异常情况的，作业人员或者维护保养人员应当立即采取应急措施，并且按照规定的程序向使用单位特种设备安全管理人员和单位有关负责人报告。

使用单位应当对出现故障或者发生异常情况的特种设备及时进行全面检查，查明故障和异常情况原因，并且及时采取有效措施，必要时停止运行，安排检验、检测，不得带病运行、冒险作业，待故障、异常情况消除后，方可继续使用。

2.12　应急预案与事故处置

2.12.1　应急预案

按照本规则要求设置特种设备安全管理机构和配备专职安全管理员的使用单位，应当制定特种设备事故应急专项预案，每年至少演练一次，并且做出记录；其他使用单位可以在综合应急预案中编制特种设备事故应急的内容，适时开展特种设备事故应急演练，并且做出记录。

2.12.2　事故处置

发生特种设备事故的使用单位，应当根据应急预案，立即采取应急措施，组织抢救，防止事故扩大，减少人员伤亡和财产损失，并且按照《特种设备事故报告和调查处理规定》的要求，向特种设备安全监管部门和有关部门报告，同时配合事故调查和做好善后处理工作。

发生自然灾害危及特种设备安全时，使用单位应当立即疏散、撤离有关人员，采取防止危害扩大的必要措施，同时向特种设备安全监管部门和有关部门报告。

2.13　移装

特种设备移装后，使用单位应当办理使用登记变更。整体移装的，使用单位应当进行自行检查；拆卸后移装的，使用单位应当选择取得相应许可的单位进行安装。按照有关安全技术规范要求，拆卸后移装需要进行检验的，应当向特种设备检验机构申请检验。

2.14　达到设计使用年限的特种设备

特种设备达到设计使用年限，使用单位认为可以继续使用的，应当按照安全技术规范及相关产品标准的要求，经检验或者安全评估合格，由使用单位安全管理负责人同意、主要负责人批准，办理使用登记变更后，方可继续使用。允许继续使用的，应当采取加强检验、检测和维护保养等措施，确保使用安全。

2.15　移动式压力容器和气瓶充装单位特别规定

（1）移动式压力容器、气瓶充装单位，应当取得相应的充装许可资质，方可从事充装活动；

（2）充装单位应当建立并且落实充装前、充装后的检查与记录制度，禁止对不符合安全技术规范要求的移动式压力容器和气瓶进行充装，不得错装、混装介质；

（3）气瓶充装单位应当向气体使用者提供符合安全技术规范要求的气瓶（车用气瓶、非重复充装气瓶、呼吸器用气瓶除外），并且对气体使用者进行气瓶安全使用指导，为自有气瓶和托管气瓶建立充装档案；

（4）禁止充装永久性标记不清或者被修改、超期未检或者检验不合格、报废的移动式压力容器和气瓶；不得充装未在充装单位建立档案的气瓶（车用气瓶、非重复充装气瓶、呼吸器用气瓶除外）；

（5）气瓶充装单位应当建立气瓶管理信息系统，对气瓶的数量、充装、检验以及流转进行动态管理；

（6）鼓励气瓶充装单位利用二维码、电子标签等技术对气瓶进行信息化管理。

3. 使用登记

3.1　一般要求

（1）特种设备在投入使用前或者投入使用后30日内，使用单位应当向特种设备所在地的直辖市或者设区的市的特种设备安全监管部门申请办理使用登记，办理使用登记的直辖市或者设区的市的特种设备安全监管部门，可以委托其下一级特种设备安全监管部门（以下简称登记机关）办理使用登记；对于整机出厂的特种设备，一般应当在投入使用前办理使用登记；

（2）流动作业的特种设备，向产权单位所在地的登记机关申请办理使用登记；

（3）移动式大型游乐设施每次重新安装后、投入使用前，使用单位应当向使用地的登记机关申请办理使用登记；

（4）车用气瓶应当在投入使用前，向产权单位所在地的登记机关申请办理使用登记；

（5）国家明令淘汰或者已经报废的特种设备，不符合安全性能或者能效指标要求的特种设备，不予办理使用登记。

3.2　登记方式

3.2.1　按台（套）办理使用登记的特种设备

锅炉、压力容器（气瓶除外）、电梯、起重机械、客运索道、大型游乐设施和场（厂）内专用机动车辆应当按台（套）向登记机关办理使用登记，车用气瓶以车为单位进行使用登记。

3.2.2　按单位办理使用登记的特种设备

气瓶（车用气瓶除外）、工业管道应当以使用单位为对象向登记机关办理使用登记。

3.3　不需要办理使用登记的特种设备

使用单位应当参照本规则及有关安全技术规范中使用管理的相应规定，对不需要办理使用登记的锅炉、压力容器实施安全管理。

1.2.2 《固定式压力容器安全技术监察规程》（TSG 21—2016）相关规定

7.1　使用安全管理

7.1.1　使用单位义务

压力容器使用单位应当按照《特种设备使用管理规则》（TSG 08—2017）的有关要求，对压力容器进行使用安全管理，设置安全管理机构，配备安全管理负责人、安全管理人员和作业人员，办理使用登记，建立各项安全管理制度，制定操作规程，并且进行检查。

7.1.2　使用登记

使用单位应当按照规定在压力容器投入使用前或者投入使用后30日内，向所在地负责特种设备使用登记的部门（以下简称使用登记机关）申请办理《特种设备使用登记证》(以下简称《使用登记证》)。办理使用登记证时，安全状况等级和首次检验日期按照以下要求确定：

(1) 使用登记机关确认制造资料齐全的新压力容器，其安全状况等级为1级；进口压力容器安全状况等级由实施进口压力容器监督检验的特种设备检验机构评定；

(2) 压力容器首次定期检验日期按照本规程8.1.6和8.1.7的规定确定，产品标准或者使用单位认为有必要缩短检验周期的除外；特殊情况，需要延长首次定期检验日期时，由使用单位提出书面申请说明情况，经使用单位安全管理负责人批准，延长期限不得超过1年。

7.1.3　压力容器操作规程

压力容器的使用单位，应当在工艺操作规程和岗位操作规程中，明确提出压力容器安全操作要求。操作规程至少包括以下内容：

(1) 操作工艺参数（含工作压力、最高或者最低工作温度）；

(2) 岗位操作方法（含开、停车的操作程序和注意事项）；

(3) 运行中重点检查的项目和部位，运行中可能出现的异常现象和防止措施，以及紧急情况的处置和报告程序。

7.1.4　经常性维护保养

使用单位应当建立压力容器装置巡检制度，并且对压力容器本体及其安全附件、装卸附件、安全保护装置、测量调控装置、附属仪器仪表进行经常性维护保养。对发现的异常情况及时处理并且记录，保证在用压力容器始终处于正常使用状态。

7.1.5　定期自行检查

压力容器的自行检查，包括月度检查、年度检查。

7.1.5.1　月度检查

使用单位每月对所使用的压力容器至少进行1次月度检查，并且应当记录检查情况；当年度检查与月度检查时间重合时，可不再进行月度检查。月度检查内容主要为压力容器本体及其安全附件、装卸附件、安全保护装置、测量调控装置、附属仪器仪表是否完好，各密封面有无泄漏，以及其他异常情况等。

7.1.5.2 年度检查

使用单位每年对所使用的压力容器至少进行1次年度检查，年度检查按照本规程7.2的要求进行。年度检查工作完成后，应当进行压力容器使用安全状况分析，并且对年度检在中发现的隐患及时消除。

年度检查工作可以由压力容器使用单位安全管理人员组织经过专业培训的作业人员进行，也可以委托有资质的特种设备检验机构进行。

7.1.6 定期检验

使用单位应当在压力容器定期检验有效期届满的1个月以前向特种设备检验机构提出定期检验申请，并且做好定期检验相关的准备工作。

定期检验完成后，由使用单位组织对压力容器进行管道连接、密封、附件（含安全附件及仪表）和内件安装等工作，并且对其安全性负责。

7.1.7 达到设计使用年限使用的压力容器

达到设计使用年限的压力容器（未规定设计使用年限，但是使用超过20年的压力容器视为达到设计使用年限），如果要继续使用，使用单位应当委托有检验资质的特种设备检验机构参照定期检验的有关规定对其进行检验，必要时按照本规程8.9的要求进行安全评估（合于使用评价），经过使用单位主要负责人批准后，办理使用登记证书变更，方可继续使用。

7.1.8 异常情况处理

压力容器发生下列异常情况之一的，操作人员应当立即采取应急专项措施，并且按照规定的程序，及时向本单位有关部门和人员报告：

（1）工作压力、工作温度超过规定值，采取措施仍不能得到有效控制的；

（2）受压元件发生裂缝、异常变形、泄漏、衬里层失效等危及安全的；

（3）安全附件失灵、损坏等不能起到安全保护作用的；

（4）垫片、紧固件损坏，难以保证安全运行的；

（5）发生火灾等直接威胁到压力容器安全运行的；

（6）液位异常，采取措施仍不能得到有效控制的；

（7）压力容器与管道发生严重振动，危及安全运行的；

（8）与压力容器相连的管道出现泄漏，危及安全运行的；

（9）真空绝热压力容器外壁局部存自严重结冰、工作压力明显上升的；

（10）其他异常情况的。

7.1.9 装卸连接装置要求

在移动式压力容器和固定式压力容器之间进行装卸作业的，其连接装置应当符合以下要求：

（1）压力容器与装卸管道或者装卸软管使用可靠的连接方式；

（2）有防止装卸管道或者装卸软管拉脱的联锁保护装置；

（3）所选用装卸管道或者装卸软管的材料与介质、低温工况相适应，装卸高（低）压液化气体、冷冻液化气体和液体的装卸用管的公称压力不得小于装卸系统工作压力的

2 倍，装卸压缩气体的装卸用管公称压力不得小于装卸系统工作压力的 1.3 倍，其最小爆破压力大于 4 倍的公称压力；

（4）充装单位或者使用单位对装卸软管必须每年进行 1 次耐压试验，试验压力为 1.5 倍的公称压力，无渗漏无异常变形为合格，试验结果要有记录和试验人员的签字。

7.1.10　修理及带压密封安全要求

压力容器内部有压力时，不得进行任何修理。出现紧急泄漏需进行带压密封时，使用单位应当按照设计规定提出有效的操作要求和防护措施，并且经过使用单位安全管理负责人批准。

带压密封作业人员应当经过专业培训考核取得特种设备作业人员证书并且持证上岗。在实际操作时，使用单位安全管理部门应当派人进行现场监督。

7.1.11　简单压力容器和本规程 1.4 范围内压力容器的使用管理专项要求

简单压力容器和本规程 1.4 范围内压力容器不需要办理使用登记手续，在设计使用年限内不需要进行定期检验，使用单位负责其使用的安全管理，并且做好以下工作：

（1）建立设备安全管理档案，进行日常维护保养、定期自行检查并且记录存档，发现异常情况时，应当及时请特种设备检验机构进行检验；

（2）达到设计使用年限时应当报废，如需继续使用的，使用单位应当报特种设备检验机构参照本规程第 8 章的有关要求进行检验；

（3）发生事故时，事故发生单位应当迅速采取有效措施，组织抢救，防止事故扩大，并且按照《特种设备事故报告和调查处理规定》的要求进行报告和处理，不得迟报、谎报或者瞒报事故情况。

1.2.3 《压力管道安全技术监察规程——工业管道》（TSG D0001—2009）相关规定

第五章　使用、改造、维修

第一节　使用

第九十六条　管道的使用单位负责本单位管道的安全工作，保证管道的安全使用，对管道的安全性能负责。

使用单位应当按照本规程及其标准的有关规定，配备必要的资源和具备相应资格的人员从事压力管道安全管理、安全检查、操作、维护保养和一般改造、维修工作。

第九十七条　压力管道使用单位应当使用符合本规程要求的压力管道。管道操作工况超过设计条件时，应当符合 GB/T 20801 关于允许超压的规定。新压力管道投入使用前，使用单位应当核对是否具有本规程要求的安装质量证明文件。

第九十八条　使用单位的管理层应当配备一名人员负责压力管道安全管理工作。管道数量较多的使用单位，应当设置安全管理机构或者配备专职的安全管理人员，在使用管道的车间（分厂）、装置均应当有管道的专职或者兼职安全管理人员；其他使用单位，应当根据情况设置压力管道安全管理机构或者配备专职、兼职的安全管理人员。管道的安全管理人员应当具备管道的专业知识，熟悉国家相关法规标准，经过管道安全教育和培训，取得《特种设备作业人员证》后，方可从事管道的安全管理工作。

第九十九条　管道使用单位应当建立管道安全技术档案并且妥善保管。管道安全技术档案应当包括以下内容：

（一）管道元件产品质量证明、管道设计文件（包括平面布置图、轴测图等图纸）、管道安装质量证明、安装技术文件和资料、安装质量监督检验证书、使用维护说明等文件；

（二）管道定期检验和定期自行检查的记录；

（三）管道日常使用状况记录；

（四）管道安全保护装置、测量调控装置以及相关附属仪器仪表的日常维护保养记录；

（五）管道运行故障和事故记录。

第一百条　使用单位应当按照管道有关法规、安全技术规范及其相应标准，建立管道安全管理制度并且有效实施。管道安全管理制度的内容至少包括以下内容：

（一）管道安全管理机构以及安全管理人员的管理；

（二）管道元件订购、进厂验收和使用的管理；

（三）管道安装、试运行以及竣工验收的管理；

（四）管道运行中的日常检查、维修和安全保护装置校验的管理；

（五）管道的检验（包括制定年度定期检验计划以及组织实施的方法、在线检验的组织方法）、修理、改造和报废的管理；

（六）向负责管道使用登记的登记机关报送年度定期检验计划以及实施情况、存在的主要问题以及处理；

（七）管道事故的抢救、报告、协助调查和善后处理；

（八）检验、操作人员的安全技术培训管理；

（九）管道技术档案的管理；

（十）管道使用登记、使用登记变更的管理。

第一百零一条　管道使用单位应当在工艺操作规程和岗位操作规程中，明确提出管道的安全操作要求。管道的安全操作要求至少包括以下内容：

（一）管道操作工艺指标，包括最高工作压力、最高工作温度或者最低工作温度；

（二）管道操作方法，包括开、停车的操作方法和注意事项；

（三）管道运行中重点检查的项目和部位，运行中可能出现的异常现象和防止措施，以及紧急情况的处置和报告程序。

第一百零二条　使用单位应当对管道操作人员进行管道安全教育和培训，保证其具备必要的管道安全作业知识。管道操作人员应当在取得《特种设备作业人员证》后，方可从事管道的操作工作。管道操作人员在作业中应当严格执行压力管道的操作规程和有关的安全规章制度。操作人员在作业过程中发现事故隐患或者其他不安全因素，应当及时向现场安全管理人员和单位有关负责人报告。

第一百零三条　管道发生事故有可能造成严重后果或者产生重大社会影响的使用单位，应当制定应急救援预案，建立相应的应急救援组织机构，配置与之适应的救援装备，并且适时演练。

第一百零四条　管道使用单位应当按照《压力管道使用登记管理规则》的要求，办理管道使用登记，登记标志置于或者附着于管道的显著位置。

第一百零五条　使用单位应当建立定期自行检查制度，检查后应当做出书面记录，书面记录至少保存3年。发现异常情况时，应当及时报告使用单位有关部门处理。

第一百零六条　在用管道发生故障、异常情况，使用单位应当查明原因。对故障、异常情况以及检查、定期检验中发现的事故隐患或者缺陷，应当及时采取措施，消除隐患后，方可重新投入使用。

第一百零七条　不能达到符合使用要求的管道，使用单位应当及时予以报废，并且及时办理管道使用登记注销手续。

第一百零八条　使用单位应当对停用或者报废的管道采取必要的安全措施。

第一百零九条　管道发生事故时，使用单位应当按照《特种设备事故报告和调查处理规定》及时向质检部门等有关部门报告。

1.2.4 《气瓶安全技术规程》（TSG 23—2021）相关规定

8.1　充装定义

气瓶充装，是指利用专用充装设施，将储存在压力容器中或者气体发生装置中的气体或液体介质充装到各类气瓶内的过程。

8.2　使用单位含义

气瓶使用单位一般指气瓶的充装单位，车用气瓶、非重复充装气瓶、呼吸器用气瓶的使用单位是产权单位和充装单位。

8.3　使用单位基本要求

（1）使用单位及其主要负责人对气瓶使用安全负责，车用气瓶、非重复充装气瓶、呼吸器用气瓶的充装单位和产权单位按照气瓶产权归属情况以及使用环节各负其责；

（2）使用单位应当采购取得相应制造资质的单位制造的、经监检合格的气瓶以及气瓶阀门（采购的燃气气瓶还应当具有本使用单位的标志），并且按照《特种设备使用管理规则》（TSG 08—2017）的有关规定办理气瓶使用登记（呼吸器用气瓶、非重复充装气瓶以及其他特殊要求的气瓶不需要办理使用登记）、变更以及注销手续；车用气瓶的使用登记、变更和注销由产权单位办理；

（3）使用单位应当建立有关岗位责任、隐患治理、应急救援等安全管理制度，制定相关操作规程，保证气瓶安全使用；使用单位应当按照《特种设备使用管理规则》相应要求配备安全管理人员，并且负责开展有关气瓶安全使用的安全教育和技能培训；

（4）使用单位应当负责对本单位办理使用登记的气瓶进行日常维护保养，更换超过设计使用年限的瓶阀等安全附件，涂敷使用登记标志和下次检验日期；

（5）使用单位应当接受特种设备安全监管部门依法实施的监督检查。

8.4　充装单位和人员基本要求

（1）气瓶充装单位充装气瓶前应当取得安全生产许可证或者燃气经营许可证，具备对气瓶进行安全充装的各项条件。盛装易燃、助燃、有毒、腐蚀性气体气瓶的充装单位（仅从事非经营性充装活动的除外）以及非重复充装气瓶的充装单位，还应当按照有关安全技术规范的规定取得气瓶充装许可；气瓶充装单位办理所充装气瓶的使用登记后，方可从事气瓶充装；

（2）气瓶充装单位应当向气体使用者提供符合安全技术规范要求的气瓶（车用气瓶、非重复充装气瓶、呼吸器用气瓶除外），同时应当提供安全用气使用说明，对气体使用者进行气瓶安全使用指导，并且对所充装气瓶满足本规程所规定的基本安全要求负责；

（3）气瓶充装单位应当为其所充装的气瓶建立充装电子档案，对充装前后检查情况以及充装情况进行记录，纳入充装电子档案记录；

（4）充装单位应当按照本规程关于气瓶质量安全追溯体系的要求，建立本单位气瓶充装信息平台，及时将充装前（后）检查情况、相关充装情况等信息上传到气瓶充装信息平台，充装信息平台追溯信息记录和凭证保存期限应当不少于气瓶的一个检验周期；

（5）充装单位只能充装本单位办理使用登记的气瓶以及使用登记机关同意充装的气瓶，严禁充装未经定期检验合格、非法改装、翻新以及报废的气瓶；

（6）充装作业人员应当取得相应资格，方可从事气瓶充装以及检查工作，并且对其充装、检查工作的安全质量负责；

（7）充装单位应当按照《特种设备使用管理规则》的规定，每年向气瓶使用登记机关报送《气瓶基本信息汇总表》，并且报送气瓶及其他特种设备的定期检验情况，以及充装单位技术负责人、安全管理人员和充装作业人员持证汇总表。

8.5　安全管理要求

8.5.1　安全管理制度

使用单位应当根据气瓶安全管理实际工作需要，建立健全并有效实施以下安全管理制度：

（1）特种设备安全管理人员、作业人员岗位职责以及培训制度；

（2）气瓶建档、使用登记、标志涂覆、定期检验和维护保养制度；

（3）气瓶安全技术档案（含电子文档）保管制度；

（4）气瓶以及气瓶阀门采购、储存、收发、标志、检查和报废、更换等管理制度；

（5）气瓶隐患排查治理以及报废气瓶去功能化处理制度；

（6）气瓶事故报告和处理制度；

（7）应急演练和应急救援制度；

（8）接受安全监督的管理制度。

8.5.2 安全技术档案

气瓶使用单位应当建立安全技术档案（含电子档案），档案至少包括以下内容：

（1）气瓶使用登记证和使用登记汇总表；

（2）气瓶产品质量合格证、监检证书、维护保养说明等出厂技术资料和文件（或者电子文档）；

（3）气瓶定期检验报告；

（4）气瓶日常维护保养记录；

（5）气瓶附件和安全保护装置校验、检修、更换记录和有关报告；

（6）事故情况或者异常情况所采取的应急措施和处理情况记录等资料；

（7）气瓶充装前（后）检查记录和充装记录（或者电子信息文档）；

（8）充装用仪器仪表检定、校验证书以及修理和更换记录；

（9）压力容器、压力管道等特种设备的设备档案；

（10）各类人员培训考核资料以及向气体使用者宣传教育的资料；

（11）需要存档的其他资料。

8.5.3 操作规程

使用单位应当根据气瓶使用特点和充装安全要求，制定操作规程。气瓶使用的操作规程一般包括气瓶的使用参数、使用程序和方法、维护保养要求，安全注意事项、日常检查和异常情况处置、相应记录等内容的规定。

气瓶充装相关的操作规程，应当包括充装工作程序、充装控制参数、安全事项要求、异常情况处理以及记录等。充装单位至少制定并有效实施以下操作规程：

（1）瓶内残液（残气）处理；

（2）气瓶充装前（后）检查；

（3）气瓶充装；

（4）气体分析；

（5）设备仪器。

8.5.4 检查、维护保养

使用单位应当按照气瓶出厂资料、维护保养说明，对气瓶进行经常性检查、维护保养。检查、维护保养一般包括以下内容：

（1）检查规定的气瓶标志、外观涂层完好情况，定期检验有效期是否符合安全技术规范及其相关标准的规定；

（2）检查气瓶附件是否齐全、有无损坏，是否超出设计使用年限或者检验有效期；

（3）检查气瓶是否出现变形、异常响声、明显外观损伤等情况；

（4）检查气体压力显示是否出现异常情况；

（5）使用单位认为需要进行检查的项目。

使用单位根据检查情况，采取表面涂敷、送检气瓶、更换瓶阀等方式进行气瓶的维护保养，并将维护保养情况记录到档案中。

8.5.5　定期检验

使用单位应当在气瓶检验有效期届满前一个月，向气瓶定期检验机构提出定期检验申请，并且送检气瓶。

气瓶充装单位（车用气瓶充装单位除外）申请自行检验已办理使用登记的自有产权气瓶的，可在充装许可申请时一并提出申请，经评审机构按照特种设备有关检验机构核准的规定进行评审，符合要求的，在充装许可证书上备注“(含定期检验)”。

8.5.6　不合格气瓶的处理

使用单位不得使用存在严重事故隐患、经检验不合格或者应当予以报废的气瓶。对需要报废的气瓶，应当依法履行报废义务，自行或者将其送交气瓶检验机构进行消除使用功能的报废处理。

8.5.7　事故应急预案与异常情况、隐患和事故处理

8.5.7.1　事故应急救援预案

充装单位应当按照有关规定制定事故应急救援预案，并且每年至少组织一次事故应急演练并记录。

8.5.7.2　异常情况、隐患处理

使用单位应当有效实施隐患排查治理制度。发现以下异常情况、隐患时，操作人员应当及时采取应急措施进行处理和消除隐患：

(1) 气瓶以及受压元（部）件等出现泄漏、裂纹、变形、异常响声等缺陷；

(2) 气体充装设备、系统的压力超过规定值，采取适当措施仍不能有效控制，以及压力测定、显示、记录装置不能正常工作；

(3) 充装区域（场地）的易燃、易爆、毒性气体浓度超过规定值，采取适当措施仍不能有效控制；

(4) 其他异常情况和隐患。

8.5.7.3　事故处理

(1) 发生事故时，使用单位应当立即采取应急措施，防止事故扩大；

(2) 发生事故后，使用单位应当提供真实、可追溯的气瓶检查记录、充装记录等气瓶技术资料和文件；

(3) 发生事故后，使用单位应当按照《特种设备事故报告和调查处理导则》的规定，向有关部门报告，并且协助事故调查和做好善后处理工作。

8.6　充装安全技术要求

8.6.1　充装装置

(1) 充装装置应当能够有效防止气体错装，必要时应当先抽真空再进行充装；

(2) 充装高（低）压液化气体、低温液化气体以及溶解乙炔气体时，所采用的称重衡器的最大称量值以及校验有效期应当符合相关计量规范或标准的要求。

8.6.2　充装单位信息标志、警示标签

(1) 充装单位应当在充装检查合格的气瓶上，牢固粘贴充装产品合格标签，标签上至少注明充装单位名称和电话、气体名称、实际充装量、充装日期和充装检查人员代号；

（2）充装单位应当在充装气瓶上标示警示标签，气瓶警示标签的式样、制作方法和使用应当符合 GB/T 16804《气瓶警示标签》的要求。燃气气瓶警示标签上应当注明“人员密集的室内禁用”字样。

8.6.3　充装检查与记录

8.6.3.1　基本要求

（1）充装前（后），应当逐只对气瓶进行检查，并且填写检查记录；

（2）气瓶充装过程中，应当逐只进行检查，并且填写充装记录；

（3）检查记录和充装记录可以采用电子记录方式，并且应当由作业人员签字确认。

8.6.3.2　发现问题处理

检查发现以下情况的气瓶，应当先进行处理，否则严禁充装：

（1）出厂标志、颜色标记不符合规定，瓶内介质未确认；

（2）气瓶附件损坏、不全或者不符合规定；

（3）气瓶内无剩余压力；

（4）超过检验期限；

（5）外观存在明显损伤，需检查确认能否使用；

（6）充装氧化或者强氧化性气体气瓶沾有油脂；

（7）充装可燃气体的新气瓶首次充装或者定期检验后的首次充装，未经过置换或者抽真空处理。

8.6.4　压缩气体充装

（1）充装压缩气体时，应当考虑充装温度对最高充装压力的影响，压缩气体充装后的压力（换算成20℃时，下同）不得超过气瓶的公称工作压力；

（2）充装单位采用电解法制取氢气、氧气，应当装设氢、氧浓度自动测定仪器和超标报警装置，测定氢、氧浓度，同时应当定期对氢、氧浓度进行人工检测；当氢气中含氧量或者氧气中含氢量超过 0.5%（体积比）时，应当停止充装作业，同时查明原因并采取有效措施进行处置；

（3）充装氟或者二氟化氧的气瓶，最大充装量不得大于 5kg，充装压力不得大于 3MPa（20℃时）。

8.6.5　高（低）压液化气体充装

8.6.5.1　通用要求

（1）充装前应当逐瓶称重（车用气瓶除外）；

（2）应当配置与充装接头相适应的衡器；

（3）衡器的选用、规格以及检定等，应当符合相关技术规范以及相关标准的规定，衡器应当装设有超装警报或者自动切断气源的装置；

（4）应当采用复检用衡器，对充装量逐瓶复检；自动化充装的，按照批量抽样有关规定进行复检；充装超量的气瓶应当及时采取有效措施进行处置，否则不允许出充装站。

8.6.5.2　低压液化气体充装系数

（1）充装系数应当不大于在气瓶最高使用温度下液体密度的 97%；

（2）温度高于气瓶最高使用温度5℃时，气瓶内不能满液。

常用低压液化气体的充装系数应当不大于本规程附件B的规定，其他低压液化气体的充装系数应当不大于由公式（8-1）计算确定的值。

$$F_r = 0.97\rho\left(1-\frac{C}{100}\right) \tag{8-1}$$

式中　F_r——低压液化气体充装系数（kg/L）；

ρ——低压液化气体在最高液相气体温度下的液体密度（kg/L）；

C——液体密度的最大负偏差，一般情况，C取0~3。

由两种以上（含两种）的液化气体组成的混合气体，应当由试验确定其在最高使用温度下的液体密度，并且按照公式（8-1）确定充装系数的最大极限值。

8.6.5.3　高压液化气体充装系数

常用高压液化气体的充装系数应当按照本规程附件B的规定确定，其他高压液化气体的充装系数可以按照公式（8-2）确定其最大极限值。

$$F_r = \frac{pM}{ZRT} \tag{8-2}$$

式中　F_r——高压液化气体充装系数（kg/L）；

T——气瓶最高使用温度（K）；

M——气体的摩尔质量（g/mol）；

R——气体常数，$R=8.314\times10^{-3}\,\mathrm{MPa\cdot m^3/(kmol\cdot K)}$；

Z——气体在压力为p、温度为T时的压缩系数；

p——气瓶许用压力（绝对），按有关标准的规定，取气瓶的公称工作压（MPa）。

8.6.6　低温液化气体及低温液体充装

充装单位应当采用衡器逐瓶（车用焊接绝热气瓶除外）复检充装低温液化气体及低温液体的气瓶，充装超量的气瓶应当及时采取有效措施进行处置，否则不允许出充装站。

8.6.7　溶解乙炔充装

（1）溶解乙炔气体充装量以及乙炔气体与溶剂的重量比，应当符合相关标准的要求；

（2）充装前，充装单位应当按照相关标准的要求测定溶剂补加量，对于溶剂量未满足相关标准要求的，应当补加；

（3）溶解乙炔气体充装过程中，气瓶瓶壁温度不得超过40℃，充装溶解乙炔气体的容积流速应当小于$0.015\mathrm{m^3/h\cdot L}$；

（4）溶解乙炔气体充装应当采取多次充装的方式进行，每次充装间隔时间不少于8h，静置8h后的气瓶压力符合相关标准的要求时，方可再次充装。

8.6.8　混合气体充装

（1）混合气体的充装系数见本规程附件B；未列入附件B的混合气体充装系数，按照相关标准的规定确定；

（2）充装前，应当采用加温、抽真空等适当方式进行预处理，并且按照相应混合气体充装标准的规定，确定各气体组分的充装顺序；

(3) 充装每一气体组分之前，应当使用待充装的气体对充装装置和管道进行置换；

(4) 混合气体充装还应当满足相关标准的规定。

8.6.9 安全用气使用说明

充装单位应当以纸质印刷或者扫描二维码方式显示对气瓶的安全用气使用说明，对瓶装气体使用者进行安全常识教育，告知其应当遵守以下安全守则：

(1) 禁止将盛装气体的气瓶置于人员密集或者靠近热源的场所，禁止使用任何热源对气瓶进行加热；

(2) 瓶装气体使用者应当购买和使用符合本规程要求的气瓶盛装的气体，不得购买和使用超过检验有效期或者报废的气瓶盛装的气体；

(3) 在可能造成气体回流的瓶装气体使用场合，用气设施上应当配置防止倒灌的装置，如单向阀、止回阀、缓冲罐等；

(4) 在瓶内压力较高、不能直接使用气体的场合，应当在气瓶出气口装设减压阀，减压阀应当符合相关标准的规定，并且在有效期内使用；瓶装气体用户应当确保减压阀与气瓶阀门连接牢固、密封可靠；

(5) 按照相关标准的规定，保持气瓶内具有规定的剩余气体压力或者剩余气体重量；

(6) 运输瓶装气体时，气瓶应当整齐放置；横放时，瓶端应当朝向一致；立放时，要妥善固定，防止气瓶倾倒；严禁抛、滑、滚、碰、撞、敲击气瓶；吊装气瓶或者气瓶集束装置时，严禁使用电磁起重机和金属链绳；

(7) 储存瓶装气体实瓶（注8-1）时，存放空间温度超过60℃的，应当采用喷淋等冷却措施；空瓶（注8-2）与实瓶应当分开放置，并且有明显标志；实瓶内气体互相接触会发生反应可能引起燃烧、爆炸、产生有毒有害物质的，应当分室隔离存放，并且在附近配有防毒用具和消防器材；对于储存易发生聚合反应或者分解反应气体的实瓶，应当根据气体的性质，控制存放空间的最高温度和限定储存数量、保存期限；实瓶储存数量较大的单位应当制定应急预案并定期进行演练；

(8) 车用液化天然气气瓶的使用单位应当在车辆的明显位置标注“液化天然气汽车”字样，禁止将安装液化天然气气瓶的机动车辆驶入或者停放在建筑物内的停车场（库）等封闭空间；

(9) 盛装可燃、助燃或者毒性介质的低温绝热气瓶，不得在封闭或者受限空间场所存放和使用。

注8-1：实瓶是指充装有规定量气体的气瓶。

注8-2：空瓶是指包括气瓶出厂或者定期检验后，按照规定向气瓶内充入压力低于0.275MPa（21℃时）的氮气等保护性气体的气瓶。

8.7 特殊规定和禁止性要求

8.7.1 特殊规定

(1) 车用气瓶充装装置应当具有识读汽车牌照和气瓶电子识读标志的功能，并且只能对符合相应规定的气瓶进行充装；

(2) 临时进口气瓶在境内充装时，充装系数应当参照本规程附件B；

(3) 车用液化天然气气瓶充装站应当具备向气瓶充装蒸汽压不小于0.8MPa的饱和液体的能力;

(4) 个人产权气瓶的使用登记、检查、维护保养、定期检验、消除使用功能处理等工作,应当以协议方式委托充装单位或检验机构负责代行;

(5) 车用气瓶安全管理除执行本规程的规定,还应当符合相关法规、规章的规定。

8.7.2 禁止性要求

(1) 禁止将移动式压力容器内的气体直接对气瓶进行倒装或者将气瓶内的气体直接对其他气瓶进行倒装;

(2) 禁止向气瓶内添加可能对气瓶安全造成危害或者损伤的物质。

9. 定期检验

9.1 定期检验含义

气瓶定期检验,是指特种设备检验机构(以下简称检验机构)按照一定的时间周期,根据本规程、有关安全技术规范以及相关标准的规定,对气瓶安全状况所进行的符合性验证活动。

9.2 基本要求

(1) 检验机构应当取得气瓶定期检验机构核准证书,并且接受市场监管部门的监督;

(2) 检验机构应当按照核准的检验范围从事气瓶的检验工作,对检验报告的真实性、准确性和有效性负责;检验人员应当取得气瓶检验人员资格证书,无损检测人员应当取得相应无损检测资格证书;

(3) 检验前,应当确认气瓶按照国家相关安全、环保、消防的要求,对瓶内残气、残液进行回收和处理,确保检验工作的安全;

(4) 应当对气瓶和瓶阀逐只进行检验,对气瓶下次检验日期以前超出设计使用年限的瓶阀予以更换,及时、真实地填写检验记录,并且出具定期检验报告;

(5) 在气瓶表面涂敷颜色标志、检验机构名称、下次定期检验日期和检验合格标志等;

(6) 对报废气瓶进行消除使用功能的破坏性处理;

(7) 依据充装使用单位申请,由气瓶检验机构对达到设计使用年限的气瓶进行安全评估,并且对安全评估结论负责;

(8) 完成检验后,检验人员应当按照气瓶质量安全追溯信息平台的要求,及时汇总、统计和上传有关检验结果的数据,检验结果数据也可以由使用单位上传。

1.2.5 《特种设备使用单位落实使用安全主体责任监督管理规定》(总局令第74号)相关规定

国家市场监督管理总局为督促特种设备使用单位落实使用安全主体责任,强化使用单位主要负责人特种设备使用安全责任,规范安全管理人员行为,根据《中华人民共和国特种设备安全法》《特种设备安全监察条例》等法律法规，制定了《特种设备使用单位落实使用安全主体责任监督管理规定》（总局令第 74 号），于 2023 年 4 月 4 日发布，自 2023 年 5 月 5 日起施行。该规定适用于特种设备使用单位主要负责人、安全总监、安全员，依法落实特种设备使用安全责任的行为及其监督管理。

在此摘录了与城镇燃气特种设备使用单位相关的规定（包括压力容器、气瓶和压力管道），使用单位在日常管理运行中应当严格遵守总局令第 74 号的要求。

第三章　压力容器

第二十条　压力容器使用单位应当依法配备压力容器安全总监和压力容器安全员，明确压力容器安全总监和压力容器安全员的岗位职责。

压力容器使用单位主要负责人对本单位压力容器使用安全全面负责，建立并落实压力容器使用安全主体责任的长效机制。压力容器安全总监和压力容器安全员应当按照岗位职责，协助单位主要负责人做好压力容器使用安全管理工作。

第二十一条　压力容器使用单位主要负责人应当支持和保障压力容器安全总监和压力容器安全员依法开展压力容器使用安全管理工作，在做出涉及压力容器安全的重大决策前，应当充分听取压力容器安全总监和压力容器安全员的意见和建议。

压力容器安全员发现压力容器存在一般事故隐患时，应当立即进行处理；发现存在严重事故隐患时，应当立即责令停止使用并向压力容器安全总监报告，压力容器安全总监应当立即组织分析研判，采取处置措施，消除严重事故隐患。

第二十二条　压力容器使用单位应当根据本单位压力容器的数量、用途、使用环境等情况，配备压力容器安全总监和足够数量的压力容器安全员，并逐台明确负责的压力容器安全员。

第二十三条　压力容器安全总监和压力容器安全员应当具备下列压力容器使用安全管理能力：

（一）熟悉压力容器使用相关法律法规、安全技术规范、标准和本单位压力容器安全使用要求；

（二）具备识别和防控压力容器使用安全风险的专业知识；

（三）具备按照相关要求履行岗位职责的能力；

（四）符合特种设备法律法规和安全技术规范的其他要求。

第二十四条　压力容器安全总监按照职责要求，直接对本单位主要负责人负责，承担下列职责：

（一）组织宣传、贯彻压力容器有关的法律法规、安全技术规范及相关标准；

（二）组织制定本单位压力容器使用安全管理制度，督促落实压力容器使用安全责任制，组织开展压力容器安全合规管理；

（三）组织制定压力容器事故应急专项预案并开展应急演练；

（四）落实压力容器安全事故报告义务，采取措施防止事故扩大；

（五）对压力容器安全员进行安全教育和技术培训，监督、指导压力容器安全员做好相关工作；

（六）按照规定组织开展压力容器使用安全风险评价工作，拟定并督促落实压力容器使用安全风险防控措施；

（七）对本单位压力容器使用安全管理工作进行检查，及时向主要负责人报告有关情况，提出改进措施；

（八）接受和配合有关部门开展压力容器安全监督检查、监督检验、定期检验和事故调查等工作，如实提供有关材料；

（九）履行市场监督管理部门规定和本单位要求的其他压力容器使用安全管理职责。

压力容器使用单位应当按照前款规定，结合本单位实际，细化制定《压力容器安全总监职责》。

第二十五条　压力容器安全员按照职责要求，对压力容器安全总监或者单位主要负责人负责，承担下列职责：

（一）建立健全压力容器安全技术档案并办理本单位压力容器使用登记；

（二）组织制定压力容器安全操作规程；

（三）组织对压力容器作业人员和技术人员进行教育和培训；

（四）组织对压力容器进行日常巡检，纠正和制止违章作业行为；

（五）编制压力容器定期检验计划，督促落实压力容器定期检验和后续整改等工作；

（六）按照规定报告压力容器事故，参加压力容器事故救援，协助进行事故调查和善后处理；

（七）履行市场监督管理部门规定和本单位要求的其他压力容器使用安全管理职责。

压力容器使用单位应当按照前款规定，结合本单位实际，细化制定《压力容器安全员守则》。

第二十六条　压力容器使用单位应当建立基于压力容器安全风险防控的动态管理机制，结合本单位实际，落实自查要求，制定《压力容器安全风险管控清单》，建立健全日管控、周排查、月调度工作制度和机制。

第二十七条　压力容器使用单位应当建立压力容器安全日管控制度。压力容器安全员要每日根据《压力容器安全风险管控清单》，按照相关安全技术规范和本单位安全管理制度的要求，对投入使用的压力容器进行巡检，形成《每日压力容器安全检查记录》，对发现的安全风险隐患，应当立即采取防范措施，及时上报压力容器安全总监或者单位主要负责人。未发现问题的，也应当予以记录，实行零风险报告。

第二十八条　压力容器使用单位应当建立压力容器安全周排查制度。压力容器安全总监要每周至少组织一次风险隐患排查，分析研判压力容器使用安全管理情况，研究解决日管控中发现的问题，形成《每周压力容器安全排查治理报告》。

第二十九条　压力容器使用单位应当建立压力容器安全月调度制度。压力容器使用单位主要负责人要每月至少听取一次压力容器安全总监管理工作情况汇报，对当月压力容器安全日常管理、风险隐患排查治理等情况进行总结，对下个月重点工作做出调度安排，形成《每月压力容器安全调度会议纪要》。

第三十条　压力容器使用单位应当将主要负责人、压力容器安全总监和压力容器安全员的设立、调整情况，《压力容器安全风险管控清单》《压力容器安全总监职责》《压力容器安全员守则》以及压力容器安全总监、压力容器安全员提出的意见建议、报告和问题整改落实等履职情况予以记录并存档备查。

第三十一条　市场监督管理部门应当将压力容器使用单位建立并落实压力容器使用安全责任制等管理制度，在日管控、周排查、月调度中发现的压力容器使用安全风险隐患以及整改情况作为监督检查的重要内容。

第三十二条　压力容器使用单位应当对压力容器安全总监和压力容器安全员进行法律法规、标准和专业知识培训、考核，同时对培训、考核情况予以记录并存档备查。

县级以上地方市场监督管理部门按照国家市场监督管理总局制定的《压力容器使用安全管理人员考核指南》，组织对本辖区内压力容器使用单位的压力容器安全总监和压力容器安全员随机进行监督抽查考核并公布考核结果。监督抽查考核不得收取费用。

监督抽查考核不合格，不再符合压力容器使用要求的，使用单位应当立即采取整改措施。

第三十三条　压力容器使用单位应当为压力容器安全总监和压力容器安全员提供必要的工作条件、教育培训和岗位待遇，充分保障其依法履行职责。

鼓励压力容器使用单位建立对压力容器安全总监和压力容器安全员的激励约束机制，对工作成效显著的给予表彰和奖励，对履职不到位的予以惩戒。

市场监督管理部门在查处压力容器使用单位违法行为时，应当将压力容器使用单位落实安全主体责任情况作为判断其主观过错、违法情节、处罚幅度等考量的重要因素。

压力容器使用单位及其主要负责人无正当理由未采纳压力容器安全总监和压力容器安全员依照本规定第二十一条提出的意见或者建议的，应当认为压力容器安全总监和压力容器安全员已经依法履职尽责，不予处罚。

第三十四条　压力容器使用单位未按规定建立安全管理制度，或者未按规定配备、培训、考核压力容器安全总监和压力容器安全员的，由县级以上地方市场监督管理部门责令改正并给予通报批评；拒不改正的，处五千元以上五万元以下罚款，并将处罚情况纳入国家企业信用信息公示系统。法律、行政法规另有规定的，依照其规定执行。

压力容器使用单位主要负责人、压力容器安全总监、压力容器安全员未按规定要求落实使用安全责任的，由县级以上地方市场监督管理部门责令改正并给予通报批评；拒不改正的，对责任人处二千元以上一万元以下罚款。法律、行政法规另有规定的，依照其规定执行。

第三十五条　本规定下列用语的含义是：

（一）压力容器使用单位主要负责人是指本单位的法定代表人、法定代表委托人或者实际控制人；

（二）压力容器安全总监是指本单位管理层中负责压力容器使用安全的管理人员；

（三）压力容器安全员是指本单位具体负责压力容器使用安全的检查人员；

（四）压力容器使用单位包括使用压力容器的单位和移动式压力容器充装单位。

第四章　气瓶

第三十六条　气瓶充装单位应当依法配备气瓶安全总监和气瓶安全员，明确气瓶安全总监和气瓶安全员的岗位职责。

气瓶充装单位主要负责人对本单位气瓶充装安全全面负责，建立并落实气瓶充装安全主体责任的长效机制。气瓶安全总监和气瓶安全员应当按照岗位职责，协助单位主要负责人做好气瓶充装安全管理工作。

第三十七条　气瓶充装单位主要负责人应当支持和保障气瓶安全总监和气瓶安全员依法开展气瓶充装安全管理工作，在做出涉及气瓶充装安全的重大决策前，应当充分听取气瓶安全总监和气瓶安全员的意见和建议。

气瓶安全员发现气瓶充装存在一般事故隐患时，应当立即进行处理；发现存在严重事故隐患时，应当立即责令停止气瓶充装活动并向气瓶安全总监报告，气瓶安全总监应当立即组织分析研判，采取处置措施，消除严重事故隐患。

第三十八条　气瓶充装单位应当根据本单位气瓶的数量、充装介质等情况，配备气瓶安全总监和足够数量的气瓶安全员，并逐个充装工位明确负责的气瓶安全员。

第三十九条　气瓶安全总监和气瓶安全员应当具备下列气瓶充装安全管理能力：

（一）熟悉气瓶充装相关法律法规、安全技术规范、标准和本单位气瓶充装过程控制等安全要求；

（二）具备识别和防控气瓶安全风险的专业知识；

（三）具备按照相关要求履行岗位职责的能力；

（四）符合特种设备法律法规和安全技术规范的其他要求。

第四十条　气瓶安全总监按照职责要求，直接对本单位主要负责人负责，承担下列职责：

（一）组织宣传、贯彻气瓶有关的法律法规、安全技术规范及相关标准；

（二）组织制定本单位气瓶充装安全管理制度，督促落实气瓶充装安全责任制，组织开展气瓶安全合规管理；

（三）组织制定气瓶事故应急专项预案并开展应急演练；

（四）落实气瓶安全事故报告义务，采取措施防止事故扩大；

（五）对气瓶安全员进行安全教育和技术培训，监督、指导气瓶安全员做好相关工作；

（六）按照规定组织开展气瓶充装安全风险评价工作，拟定并督促落实气瓶充装安全风险防控措施；

（七）对本单位气瓶充装安全管理工作进行检查，及时向主要负责人报告有关情况，提出改进措施；

（八）接受和配合有关部门开展气瓶安全监督检查、定期检验和事故调查等工作，如实提供有关材料；

（九）组织建立并持续维护气瓶充装质量安全追溯体系；

（十）组织编制安全用气须知或者用气说明书；

（十一）组织实施报废气瓶的去功能化和办理注销使用登记；

（十二）本单位投保气瓶充装安全责任保险的，落实相应的保险管理职责；

（十三）履行市场监督管理部门规定和本单位要求的其他气瓶安全管理职责。

气瓶充装单位应当按照前款规定，结合本单位实际，细化制定《气瓶安全总监职责》。

第四十一条　气瓶安全员按照职责要求，对气瓶安全总监或者单位主要负责人负责，承担下列职责：

（一）建立健全气瓶安全技术档案并办理本单位气瓶使用登记；

（二）组织制定气瓶充装安全操作规程；

（三）组织对气瓶作业人员和技术人员进行教育和培训；

（四）对气瓶进行日常巡检，组织实施气瓶充装前、后检查，纠正和制止违章作业行为；

（五）编制气瓶定期检验计划，督促落实气瓶定期检验和后续整改等工作；

（六）按照规定报告气瓶事故，参加气瓶事故救援，协助进行事故调查和善后处理；

（七）落实本单位气瓶充装质量安全追溯体系的各项功能，逐只扫描出厂气瓶追溯标签，确保气瓶满足可追溯要求；

（八）负责向用气方宣传用气安全须知或者提供用气说明书；

（九）履行市场监督管理部门规定和本单位要求的其他气瓶安全管理职责。

气瓶充装单位应当按照前款规定，结合本单位实际，细化制定《气瓶安全员守则》。

第四十二条　气瓶充装单位应当建立基于气瓶充装安全风险防控的动态管理机制。结合本单位实际，落实自查要求，制定《气瓶充装安全风险管控清单》，建立健全日管控、周排查、月调度工作制度和机制。

第四十三条　气瓶充装单位应当建立气瓶充装安全日管控制度。气瓶安全员要每日根据《气瓶充装安全风险管控清单》，按照相关安全技术规范和本单位安全管理制度的要求，对气瓶进行巡检，形成《每日气瓶充装安全检查记录》，对发现的安全风险隐患，应当立即采取防范措施，及时上报气瓶安全总监或者单位主要负责人。未发现问题的，也应当予以记录，实行零风险报告。

第四十四条　气瓶充装单位应当建立气瓶充装安全周排查制度。气瓶安全总监要每周至少组织一次风险隐患排查，分析研判气瓶充装安全管理情况，研究解决日管控中发现的问题，形成《每周气瓶充装安全排查治理报告》。

第四十五条　气瓶充装单位应当建立气瓶充装安全月调度制度。气瓶充装单位主要负责人要每月至少听取一次气瓶安全总监管理工作情况汇报，对当月气瓶充装安全日常管理、风险隐患排查治理等情况进行总结，对下个月重点工作做出调度安排，形成《每月气瓶充装安全调度会议纪要》。

第四十六条　气瓶充装单位应当将主要负责人、气瓶安全总监和气瓶安全员的设立、调整情况，《气瓶充装安全风险管控清单》《气瓶安全总监职责》《气瓶安全员守则》以及气瓶安全总监、气瓶安全员提出的意见建议、报告和问题整改落实等履职情况予以记录并存档备查。

第四十七条　市场监督管理部门应当将气瓶充装单位建立并落实气瓶充装安全责任制等管理制度，在日管控、周排查、月调度中发现的气瓶充装安全风险隐患以及整改情况作为监督检查的重要内容。

第四十八条　气瓶充装单位应当对气瓶安全总监和气瓶安全员进行法律法规、标准和专业知识培训、考核，同时对培训、考核情况予以记录并存档备查。

县级以上地方市场监督管理部门按照国家市场监督管理总局制定的《气瓶充装安全管理人员考核指南》，组织对本辖区内气瓶充装单位的气瓶安全总监和气瓶安全员随机进行监督抽查考核并公布考核结果。监督抽查考核不得收取费用。

监督抽查考核不合格，不再符合气瓶充装要求的，充装单位应当立即采取整改措施。

第四十九条　气瓶充装单位应当为气瓶安全总监和气瓶安全员提供必要的工作条件、教育培训和岗位待遇，充分保障其依法履行职责。

鼓励气瓶充装单位建立对气瓶安全总监和气瓶安全员的激励约束机制，对工作成效显著的给予表彰和奖励，对履职不到位的予以惩戒。

市场监督管理部门在查处气瓶充装单位违法行为时，应当将气瓶充装单位落实安全主体责任情况作为判断其主观过错、违法情节、处罚幅度等考量的重要因素。

气瓶充装单位及其主要负责人无正当理由未采纳气瓶安全总监和气瓶安全员依照本规定第三十七条提出的意见或者建议的，应当认为气瓶安全总监和气瓶安全员已经依法履职尽责，不予处罚。

第五十条　气瓶充装单位未按规定建立安全管理制度，或者未按规定配备、培训、考核气瓶安全总监和气瓶安全员的，由县级以上地方市场监督管理部门责令改正并给予通报批评；拒不改正的，处五千元以上五万元以下罚款，并将处罚情况纳入国家企业信用信息公示系统。法律、行政法规另有规定的，依照其规定执行。

气瓶充装单位主要负责人、气瓶安全总监、气瓶安全员未按规定要求落实充装安全责任的，由县级以上地方市场监督管理部门责令改正并给予通报批评；拒不改正的，对责任人处二千元以上一万元以下罚款。法律、行政法规另有规定的，依照其规定执行。

第五十一条　本规定下列用语的含义是：

（一）气瓶充装单位主要负责人是指本单位的法定代表人、法定代表委托人或者实际控制人；

（二）气瓶安全总监是指本单位管理层中负责气瓶充装安全的管理人员；

（三）气瓶安全员是指本单位具体负责气瓶充装安全的检查人员；

（四）气瓶使用单位一般是指气瓶充装单位。

第五章　压力管道

第五十二条　压力管道使用单位应当依法配备压力管道安全总监和压力管道安全员，明确压力管道安全总监和压力管道安全员的岗位职责。

压力管道使用单位主要负责人对本单位压力管道使用安全全面负责，建立并落实压力管道使用安全主体责任的长效机制。压力管道安全总监和压力管道安全员应当按照岗位职责，协助单位主要负责人做好压力管道使用安全管理工作。

第五十三条　压力管道使用单位主要负责人应当支持和保障压力管道安全总监和压力管道安全员依法开展压力管道使用安全管理工作，在做出涉及压力管道安全的重大决策前，应当充分听取压力管道安全总监和压力管道安全员的意见和建议。

压力管道安全员发现压力管道存在一般事故隐患时，应当立即进行处理；发现存在严重事故隐患时，应当立即责令停止使用并向压力管道安全总监报告，压力管道安全总监应当立即组织分析研判，采取处置措施，消除严重事故隐患。

第五十四条　压力管道使用单位应当根据本单位压力管道的数量、用途、使用环境等情况，配备压力管道安全总监和足够数量的压力管道安全员，并逐条明确负责的压力管道安全员。

第五十五条　压力管道安全总监和压力管道安全员应当具备下列压力管道使用安全管理能力：

（一）熟悉压力管道使用相关法律法规、安全技术规范、标准和本单位压力管道安全使用要求；

（二）具备识别和防控压力管道使用安全风险的专业知识；

（三）具备按照相关要求履行岗位职责的能力；

（四）符合特种设备法律法规和安全技术规范的其他要求。

第五十六条　压力管道安全总监按照职责要求，直接对本单位主要负责人负责，承担下列职责：

（一）组织宣传、贯彻压力管道有关的法律法规、安全技术规范及相关标准；

（二）组织制定本单位压力管道使用安全管理制度，督促落实压力管道使用安全责任制，组织开展压力管道安全合规管理；

（三）组织制定压力管道事故应急专项预案并开展应急演练；

（四）落实压力管道安全事故报告义务，采取措施防止事故扩大；

（五）对压力管道安全员进行安全教育和技术培训，监督、指导压力管道安全员做好相关工作；

（六）按照规定组织开展压力管道使用安全风险评价工作，拟定并督促落实压力管道使用安全风险防控措施；

（七）对本单位压力管道使用安全管理工作进行检查，及时向主要负责人报告有关情况，提出改进措施；

（八）接受和配合有关部门开展压力管道安全监督检查、监督检验、定期检验和事故调查等工作，如实提供有关材料；

（九）履行市场监督管理部门规定和本单位要求的其他压力管道使用安全管理职责。

压力管道使用单位应当按照前款规定，结合本单位实际，细化制定《压力管道安全总监职责》。

第五十七条　压力管道安全员按照职责要求，对压力管道安全总监或者单位主要负责人负责，承担下列职责：

（一）建立健全压力管道安全技术档案并办理本单位压力管道使用登记；

（二）组织制定压力管道安全操作规程；

（三）组织对压力管道技术人员进行教育和培训；

（四）组织对压力管道进行日常巡检，纠正和制止违章作业行为；

（五）编制压力管道定期检验计划，督促落实压力管道定期检验和后续整改等工作；

（六）按照规定报告压力管道事故，参加压力管道事故救援，协助进行事故调查和善后处理；

（七）履行市场监督管理部门规定和本单位要求的其他压力管道使用安全管理职责。

压力管道使用单位应当按照前款规定，结合本单位实际，细化制定《压力管道安全员守则》。

第五十八条　压力管道使用单位应当建立基于压力管道安全风险防控的动态管理机制，结合本单位实际，落实自查要求，制定《压力管道安全风险管控清单》，建立健全日管控、周排查、月调度工作制度和机制。

第五十九条　压力管道使用单位应当建立压力管道安全日管控制度。压力管道安全员要每日根据《压力管道安全风险管控清单》，按照相关安全技术规范和本单位安全管理制度的要求，对投入使用的压力管道进行巡检，形成《每日压力管道安全检查记录》，对发现的安全风险隐患，应当立即采取防范措施，及时上报压力管道安全总监或者单位主要负责人。未发现问题的，也应当予以记录，实行零风险报告。

第六十条　压力管道使用单位应当建立压力管道安全周排查制度。压力管道安全总监要每周至少组织一次风险隐患排查，分析研判压力管道使用安全管理情况，研究解决日管控中发现的问题，形成《每周压力管道安全排查治理报告》。

第六十一条　压力管道使用单位应当建立压力管道安全月调度制度。压力管道使用单位主要负责人要每月至少听取一次压力管道安全总监管理工作情况汇报，对当月压力管道安全日常管理、风险隐患排查治理等情况进行总结，对下个月重点工作做出调度安排，形成《每月压力管道安全调度会议纪要》。

第六十二条　压力管道使用单位应当将主要负责人、压力管道安全总监和压力管道安全员的设立、调整情况，《压力管道安全风险管控清单》《压力管道安全总监职责》《压力管道安全员守则》以及压力管道安全总监、压力管道安全员提出的意见建议、报告和问题整改落实等履职情况予以记录并存档备查。

第六十三条　市场监督管理部门应当将压力管道使用单位建立并落实压力管道使用安全责任制等管理制度，在日管控、周排查、月调度中发现的压力管道使用安全风险隐患以及整改情况作为监督检查的重要内容。

第六十四条　压力管道使用单位应当对压力管道安全总监和压力管道安全员进行法律法规、标准和专业知识培训、考核，并同时对培训、考核情况予以记录并存档备查。

县级以上地方市场监督管理部门按照国家市场监督管理总局制定的《压力管道使用安全管理人员考核指南》，组织对本辖区内压力管道使用单位的压力管道安全总监和压力管道安全员随机进行监督抽查考核并公布考核结果。监督抽查考核不得收取费用。

监督抽查考核不合格，不再符合压力管道使用要求的，使用单位应当立即采取整改措施。

第六十五条　压力管道使用单位应当为压力管道安全总监和压力管道安全员提供必要的工作条件、教育培训和岗位待遇，充分保障其依法履行职责。

鼓励压力管道使用单位建立对压力管道安全总监和压力管道安全员的激励约束机制，对工作成效显著的给予表彰和奖励，对履职不到位的予以惩戒。

市场监督管理部门在查处压力管道使用单位违法行为时，应当将压力管道使用单位落实安全主体责任情况作为判断其主观过错、违法情节、处罚幅度等考量的重要因素。

压力管道使用单位及其主要负责人无正当理由未采纳压力管道安全总监和压力管道安全员依照本规定第五十三条提出的意见或者建议的，应当认为压力管道安全总监和压力管道安全员已经依法履职尽责，不予处罚。

第六十六条　压力管道使用单位未按规定建立安全管理制度，或者未按规定配备、培训、考核压力管道安全总监和压力管道安全员的，由县级以上地方市场监督管理部门责令改正并给予通报批评；拒不改正的，处五千元以上五万元以下罚款，并将处罚情况纳入国家企业信用信息公示系统。法律、行政法规另有规定的，依照其规定执行。

压力管道使用单位主要负责人、压力管道安全总监、压力管道安全员未按规定要求落实使用安全责任的，由县级以上地方市场监督管理部门责令改正并给予通报批评；拒不改正的，对责任人处二千元以上一万元以下罚款。法律、行政法规另有规定的，依照其规定执行。

第六十七条　本规定下列用语的含义是：

（一）压力管道使用单位主要负责人是指本单位的法定代表人、法定代表委托人或者实际控制人；

（二）压力管道安全总监是指本单位管理层中负责压力管道使用安全的管理人员；

（三）压力管道安全员是指本单位具体负责压力管道使用安全的检查人员；

（四）压力管道使用单位是指工业管道使用单位。

1.3　城镇燃气特种设备使用安全管理制度

《中华人民共和国特种设备安全法》第三十四条规定，特种设备使用单位应当建立岗位责任、隐患治理、应急救援等安全管理制度，制定操作规程，保证特种设备安全运行。《特种设备使用管理规则》（TSG 08—2017）2.6.1 规定，特种设备使用单位应当按照特种设备相关法律、法规、规章和安全技术规范的要求，建立健全特种设备使用安全节能管理制度。管理制度至少包括以下内容：①特种设备安全管理机构（需要设置时）和相关人员岗位职责；②特种设备经常性维护保养、定期自行检查和有关记录制度；③特种设备使用登记、定期检验、锅炉能效测试申请实施管理制度；④特种设备隐患排查治理制度；⑤特种设备安全管理人员与作业人员管理和培训制度；⑥特种设备采购、安装、改造、修理、报废等管理制度；⑦特种设备应急救援管理制度；⑧特种设备事故报告和处理制度；⑨高耗能特种设备节能管理制度。本节将针对不同类别的城镇燃气使用单位，详细介绍应当建立的特种设备使用安全管理制度。

1.3.1 城镇天然气门站、管网特种设备使用安全管理制度

1.3.1.1 特种设备安全管理机构（需要设置时）和相关人员岗位职责

1. 特种设备安全管理机构岗位职责

使用单位特种设备（不含气瓶）总量50台以上（含50台）的，应当根据本单位特种设备的类别、品种、用途、数量等情况设置特种设备安全管理机构，逐台落实安全责任人。

特种设备安全管理机构指使用单位中承担特种设备安全管理职责的内设机构。其职责是贯彻执行特种设备有关法律、法规和安全技术规范及相关标准，负责落实使用单位的主要义务。

2. 相关人员岗位职责

根据《特种设备生产和充装单位许可规则》（TSG 07—2019）等法律、法规、规范要求，城镇天然气门站、管网特种设备使用单位需要设置主要负责人、安全管理负责人、门站站长、门站运行人员、门站专（兼）职安全员、门站设备技术员、城市管网巡线组长、城市管网巡线员等。

（1）主要负责人岗位职责　主要负责人是特种设备使用单位的实际最高管理者，对其单位所使用的特种设备安全节能负总责。

1）贯彻执行国家法律、法规、规章和技术标准规范，对本单位安全生产负有第一责任，领导全站质量管理和安全生产工作。严格执行国家有关特种设备安全管理的有关法律、法规、规范及有关标准的要求。

2）根据政府和客户的需求，对质量管理体系和安全生产提出总的要求，对质量管理和安全生产做出承诺，确保质量及服务的公正性。接受并配合特种设备安全监督管理部门的安全监督检查，对发现的安全隐患及时组织并督促有关部门（人员）实施整改。

3）制定质量方针和质量目标，批准颁布实施质量管理手册和管理制度，任免质量管理体系负责人员和安全管理等各级人员。设立特种设备安全管理机构，确定负责人员。

4）负责对本单位的资源能力做出评价，确保本单位的资源配置与业务发展和质量管理体系的持续、有效运转协调一致。执行安全生产“五同时”原则，保证安全生产投入，创造质量保证和安全生产的环境。负责特种设备安全生产资金的投入，纳入特种设备使用单位年度经费计划，并有效实施。

5）开展全员质量和安全教育，向本单位各责任人员及有关人员强调满足政府和客户要求，遵守本单位质量管理体系文件、安全生产规章制度的重要性。采取措施，确保质量方针和质量目标的有效落实。

6）组织管理评审，确保质量管理体系持续的适宜性、充分性和有效性。在质量管理和安全生产方面实施严格考核和奖惩。

7）在紧急情况下，因工作需要，有权对本单位工作中的重大问题进行处置，但事后应当向有关部门备案说明。

8）有权调动全站人力、物力和财力，按照规定聘用和解聘各部门负责人和职工，制定

人才开发、考核、晋级、加薪、奖惩办法，确保职工的社会保障权益、劳动安全卫生权益。

（2）安全管理负责人岗位职责　安全管理负责人是特种设备使用单位最高管理层中主管本单位特种设备安全的人员，应当取得相应的特种设备安全管理人员资格证书。

1）协助主要负责人履行本单位特种设备安全的领导职责，确保本单位特种设备的安全使用。

2）宣传、贯彻《中华人民共和国特种设备安全法》以及有关法律、法规、规章和安全技术规范。

3）制定本单位特种设备安全管理制度，落实特种设备安全管理机构设置、安全管理员配备。

4）组织制定特种设备事故应急专项预案，并且定期组织演练。

5）对本单位特种设备安全管理工作实施情况进行检查。

6）组织进行隐患排查，并且提出处理意见。

7）当安全员报告特种设备存在事故隐患应当停止使用时，立即做出停止使用特种设备的决定，并且及时报告本单位主要负责人。

（3）门站站长岗位职责　门站站长是门站直接管理人员，负责门站的生产运行安全。

1）负责门站的全面工作，认真贯彻执行国家、行业的法律、法规和使用单位各项规章制度，坚持原则，严格管理，向上对使用单位负责，向下对全站运行人员负责。

2）按照使用单位经营目标和生产计划安排好本站的生产运行计划，并监督执行，确保本站安全、平稳、高效运行。

3）负责考核门站运行人员的工作情况，对各项工作分工负责，做到提前布置、及时追踪、公平考核。

4）组织编写门站设备年度维护保养计划，并监督门站运行人员按照计划严格执行。

5）站长作为全站安全生产的第一责任人，需建立健全安全管理网络和安全管理制度，杜绝违章作业，组织好定期的安全活动，确保全站安全运行。

6）建立健全全站的各项规章制度和检查考核标准，形成一套完整的管理、约束、考核机制。

7）每天了解并掌握门站的生产运行情况及设备运行状况。

8）负责门站标准化建设工作，坚持门站的标准化管理。

9）完成上级交给的其他临时性工作。

（4）门站运行人员岗位职责　门站运行人员作为门站工艺设备和输气工作的一线管理、操作人员，具体的岗位职责如下：

1）严格遵守门站各项管理制度，按时交接班，不得迟到、早退，不得擅离职守，无特殊情况不得调换班。交接班流程未完成，交班人员不得离岗。上班期间不得做与工作无关之事，严禁流动抽烟、严禁睡岗、脱岗、嬉闹等。

2）认真执行使用单位下达的调度指令，完成后，及时反馈执行情况。

3）负责门站生产运行工作正常开展，配合进行门站工艺设备维修、检修工作。严格按照相关操作规程、管理规定和技术标准实施生产作业。

4）认真执行巡回检查制度，按时、保质完成巡检。掌握生产运行动态，发现问题，及时汇报和解决处理。

5）根据生产运行需要，在起停设备、流程切换时，必须严格履行工艺操作票制度。

6）门站运行人员要认真对本站设备、工艺运行状态及参数进行监控，及时分析并处理出现的各种生产问题，自身无法处理的要及时向上级汇报。

7）按使用单位要求，每天按时汇报生产运行动态及报表，做好书面和电子文档的收发工作，保证收件及时转交、处理，并做好日常文件存档工作。

8）当班运行人员对本班次门站卫生负责，有权要求相关区块负责人维护好该区块的卫生清洁工作。

9）做好保卫巡查工作，闲杂人员和外来车辆未经当班人员允许不得入内。

（5）门站专（兼）职安全员岗位职责　门站专（兼）职安全员负责本门站的治安巡查、班组安全建设和安全行为观察工作，以及协助门站站长进行设备维护保养和安全生产管理工作。

1）协助站长制定门站安全生产计划、设备维护保养计划。

2）协助站长进行门站消防检查，安保设备检查、维护保养与一般性维修工作。

3）负责门站生产设施更改作业安全监护。

4）负责门站安全、防火巡查、治安管理等工作。

5）协助开展门站班组安全建设活动。

6）协助开展门站行为安全观察活动。

7）完成领导交办的其他任务。

（6）门站设备技术员岗位职责　门站设备技术员负责本门站工艺设备的维修、维护管理，以及配合突发事件的应急抢修工作。

1）严格执行设备操作规程。

2）负责门站生产、生活设备设施的维修、维护管理，填写相关记录。

3）负责特种设备、计量器具的拆装送检工作。

4）配合突发事件的应急抢修工作。

5）完成领导交办的其他任务。

（7）城市管网巡线组长岗位职责

1）负责接收经验收合格的新建地下管线竣工资料，熟悉巡检管道（包括主管、通信光缆等）的走向、埋深，管线的腐蚀现象、现状，管线周围的地形地物，对照竣工资料组织进行现场复核，并建立相关台账。

2）根据部门要求，负责对巡线工作责任按区域、按人员进行合理安排，并将安排内容及时上报部门及下发至巡线班组成员。

3）负责巡检设备的日常维护，定时联系相关设备厂家，及时升级更新设备软硬件。

4）配合本单位协调处理天然气管道安全涉外工作，坚决制止任何单位和个人从事危及管道设施安全的活动。

5）负责做好天然气管线及设施的分类工作，完成巡线管理有关报表、台账的上报统计、整理归档。

6）负责统计线路巡检过程中发现的安全隐患，保存相关文字、影像资料，及时汇总并上报部门经理。

7）负责统计天然气管道线路上的三桩（阴极保护桩、标志桩、转角桩）的损毁情况，及时上报部门，并跟进组织相关人员进行修复。

8）负责统计巡线员上报的巡线过程中发现的在天然气管道周围施工或可能影响到燃气管道及设施安全的施工，敦促巡线员下发告知单，对长期施工地段要采取不间断的重复告知。同时对巡线员上报的拒签告知单情况要及时落实、上报，通过发函给业主单位或上报相关主管部门来消除安全隐患。

9）负责对天然气管道交叉施工进行统计，收集交叉施工处的施工安全保护方案、措施等资料。

10）负责监督、考核巡线员巡线质量，每周至少查看巡线轨迹1次，并对巡线日志、巡线轨迹进行统计整理，发现问题及时上报，并下发整改通知，限时整改到位。

11）负责采购天热气安全保护宣传手册、宣传资料等，组织巡线员定期宣传《城镇燃气管理条例》《中华人民共和国石油天然气管道保护法》等资料。

12）完成领导交办的其他任务。

（8）城市管网巡线员岗位职责

1）熟悉巡检管道（包括主管、通信光缆等）的走向、埋深，管线的腐蚀现象、现状及管线周围的地形地物。

2）了解、熟悉并能熟练使用燃气泄漏检测仪等巡检设备。

3）负责对各自辖区内所有天然气管道线路的巡检工作，巡线期间必须身着工作服，携带GPS定位器、燃气泄漏检测仪等巡线设备。

4）按本单位规定进行巡线。巡线路径需全面覆盖，重点地段（已通气管线区域）应重点检查，对重点施工区域必须进行重点监护。

5）对辖区内线路巡检过程中发现的安全隐患，如土壤塌陷、滑坡、下沉、人工取土、管道裸露等，要及时上报，并定期上报线路资料。

6）负责对辖区内天然气管道线路上的三桩（阴极保护桩、标志桩、转角桩）的检查，对三桩损毁情况及时统计并上报。

7）负责检查辖区内管道安全保护区内（管道中心线左右5m范围）有无施工、占压等情况，对施工方案未经使用单位审批同意的工程必须及时制止，下发安全告知单，要求施工方提供施工方案至使用单位审批。对拒签告知单并继续施工的情况，要现场拍摄影像资料，并及时上报。

8）负责对辖区内管道安全控制区内（管道中心线5~100m范围）可能影响到天然气管道及设施安全的施工进行安全告知，严密注意可能对天然气管道造成影响的定向钻、顶管施工作业，下发安全告知单，对拒签告知单的情况，要现场拍摄影像资料，并及时上报。

9）负责对辖区内经使用单位审批同意的天然气管道周围施工的现场进行监管、监督。

10）巡检工作中一旦察觉到燃气的味道，发现管线上有水面冒泡、树木枯萎等异常现象，应及时做好天然气泄漏检测工作。对已确认天然气泄漏的地段，要做好现场监护，立即上报。

11）负责对辖区内难以巡检的区域管线使用无人机进行航拍巡检，对航拍视频、照片等影像资料及时上报存档。

12）必须做好日常的巡线检查记录，建立巡线管理台账。每日巡线结束，需及时填写巡线日志，对当日巡检内容要真实、准确记录，记录内容包括巡检过程中发现的异常情况和处理结果、安全隐患、告知单等，做到一日一报。

13）负责对巡线车辆、燃气报警仪、GPS 定位仪等巡线设备的维护管理，对于存在问题的设备及时上报。

14）完成领导交办的其他任务。

1.3.1.2 特种设备经常性维护保养、定期自行检查和有关记录制度

特种设备经常性维护保养和定期自行检查遵从谁使用谁负责的原则，按照要求执行，做好相关保养和自查记录。

1. 经常性（日常）维护保养

作业人员每日对设备进行维护保养，维护保养应当符合使用设备的安全技术规范和产品使用维护保养说明的要求。对设备进行清洁、润滑、调整、紧固、防腐，更换不符合要求的易损件，保持零件的完好无缺；对维护保养中发现的异常情况应及时处理，并且做出记录，保证在用特种设备始终处于正常使用状态。

2. 定期自行检查

定期自行检查应根据特种设备的类别、品种和特性进行。定期自行检查的时间、内容和要求，应符合安全技术规范规定及产品使用维护保养要求。

（1）压力容器　压力容器的自行检查包括月度检查、年度检查。

1）月度检查：使用单位每月对所使用的压力容器至少进行 1 次月度检查，并且应当记录检查情况；当年度检查与月度检查时间重合时，可不再进行月度检查。月度检查内容主要包括压力容器本体及其安全附件、装卸附件、安全保护装置、测量调控装置、附属仪器仪表是否完好，各密封面有无泄漏，以及其他异常情况等。

2）年度检查：使用单位每年对所使用的压力容器至少进行 1 次年度检查，年度检查项目至少包括压力容器安全管理情况、压力容器本体及其运行状况和压力容器安全附件检查等。具体检查内容与报告格式见本书附录 A。

年度检查工作完成后，应当进行压力容器使用安全状况分析，并且对年度检查中发现的隐患及时消除。年度检查工作可以由压力容器使用单位安全管理人员组织经过专业培训的人员进行。

（2）压力管道　压力管道年度检查，即定期自行检查，指使用单位在管道运行条件下，对管道是否有影响安全运行的异常情况进行检查，每年至少进行 1 次。年度检查应当至少包括对管道安全管理情况、管道运行状况和安全附件与仪表的检查等。具体检查内容与报告格式见本书附录 B 和附录 C。

使用单位应当制定年度检查管理制度。年度检查工作可以由使用单位安全管理人员组织经过专业培训的人员进行，也可以委托具有压力管道定期检验资质的检验机构进行。自行实施年度检查时，应当配备必要的检验器具、设备。

为确保特种设备在使用中安全运转，设备管理部门或安全管理员应开展特种设备经常性维护保养和定期自行检查，坚持以维护为主的原则，严格执行岗位责任制，确保每台在用设备完好。

3. 保养和使用的其他制度

1）特种设备管理部门或安全管理员制定实施计划，操作人员负责设备的日常维护保养，设备检修人员负责设备的定期自行检查。

2）特种设备操作人员对所使用的设备，通过培训和学习，应做到懂结构、懂工艺、懂性能、懂用途；会使用、会维护保养、会排除故障，并有权制止他人私自动用自己操作的设备。对未采取防范措施或未经主管部门审批超负荷使用的设备，有权停止使用；发现设备运转不正常，超期不检修，安全装置不符合规定的应立即上报，如不立即处理和采取相应措施，有权停止使用。

3）操作人员应正确使用设备，严格执行操作规程，参加各项培训，掌握设备的故障预防、判断和紧急处理措施，保持安全防护装置完整好用。

4）设备检修人员应定时按期对设备进行巡回检查，发现问题，及时解决，排除隐患。

5）做好日常保养、定期自行检查的有关记录。

1.3.1.3 特种设备使用登记、定期检验管理制度

使用单位特种设备安全管理机构和安全管理人员要熟悉并掌握本单位特种设备使用登记和定期检验情况，根据本单位的实际情况制定定期检验计划，确保特种设备定期检验工作如期实施。

1. 使用登记制度

1）特种设备投入使用前，应当按相关规定办理使用登记。

2）应建立特种设备台账，包括特种设备名称、型号、使用地点、使用证号、登记日期、定期检验日期等。

2. 定期检验制度

1）制定特种设备定期检验计划，并督促相关部门实施计划。按照安全技术规范的要求，在检验合格有效期届满前 1 个月向特种设备检验机构提出定期检验要求。

2）定期检验前，应当备齐设备运行记录、维护保养记录、运行中出现异常情况的记录等。

3）定期检验时，向检验机构和检验人员提供检验所需的条件，配合他们做好检验工作。

4）未经定期检验或检验不合格的特种设备，不得继续使用。

5）对检验发现的问题，应当采取相应措施进行处理，合格后方可使用。

6）定期检验完成后，组织做好特种设备的管路连接、密封、附件（含零部件、安全部件、安全保护装置、仪器仪表等）和内件安装、试运行等工作，并对其安全性负责。

7）对确因需要延长检验周期的特种设备，必须依法办理延期检验手续。

8）经特种设备检验机构检验合格的设备，应及时取得相关证书，存入设备档案。对自行检验的设备，要记录检验时间及检验结论，并存入设备档案。

3. 涉及的主要特种设备及检验周期要求

（1）固定式压力容器　对固定式压力容器，按照《固定式压力容器安全技术监察规程》（TSG 21—2016）和《特种设备使用管理规则》（TSG 08—2017）的规定，在投入使用前或投入使用后 30 日内，使用单位应当按台（套）向特种设备所在地设区的市的特种设备安全

监管部门申请办理使用登记；使用单位应当在压力容器定期检验有效期届满的1个月以前，向特种设备检验机构提出定期检验申请，并且做好定期检验相关的准备工作。

金属压力容器一般于投用后3年内进行首次定期检验，以后的检验周期由检验机构根据压力容器的安全状况等级，按照以下要求确定：

1）安全状况等级为1级、2级的，一般每6年检验1次。

2）安全状况等级为3级的，一般每3~6年检验1次。

3）安全状况等级为4级的，监控使用，其检验周期由检验机构确定，累计监控使用时间不得超过3年；在监控使用期间，使用单位应当采取有效的监控措施。

4）安全状况等级为5级的，应当对缺陷进行处理，否则不得继续使用。

（2）工业管道　按照《压力管道安全技术监察规程——工业管道》（TSG D0001—2009）《压力管道定期检验规则——工业管道》（TSG D7005—2018）和《特种设备使用管理规则》（TSG 08—2017）的规定，工业管道在投入使用前或投入使用后30日内，应当以使用单位为对象，向特种设备所在地设区的市的特种设备安全监管部门申请办理使用登记；使用单位应当在工业管道定期检验有效期届满的1个月以前，向特种设备检验机构提出定期检验申请，并且做好定期检验相关的准备工作。

定期检验应当在年度检查的基础上进行。管道一般在投入使用后3年内进行首次定期检验，以后的检验周期由检验机构根据管道安全状况等级，按照以下要求确定：

1）安全状况等级为1级、2级的，GC1、GC2级管道一般不超过6年检验1次，GC3级管道不超过9年检验1次。

2）安全状况等级为3级的，一般不超过3年检验1次；在使用期间，使用单位应当对管道采取有效的监控措施。

3）安全状况等级为4级的，使用单位应当对管道缺陷进行处理，否则不得继续使用。

（3）公用管道　按照《压力管道定期检验规则——公用管道》（TSG D7004—2010）和《特种设备使用管理规则》（TSG 08—2017）的规定，对于公用管道，目前暂不需要办理使用登记；使用单位应当在压力管道定期检验有效期届满的1个月以前，向特种设备检验机构提出定期检验申请，并且做好定期检验相关的准备工作。公用管道的定期检验分为：

GB1-Ⅰ级、GB1-Ⅱ级高压燃气管道和GB1-Ⅲ级次高压燃气管道定期检验包括年度检查、全面检验与合于使用评价；GB1-Ⅳ级次高压燃气管道、GB1-Ⅴ级和GB1-Ⅵ级中压燃气管道定期检验包括年度检查和全面检验。

对GB1-Ⅲ级次高压燃气管道，应当结合定期检验结果和合于使用评价结果，确定管道下一全面检验日期，全面检验最大时间间隔为8年；对GB1-Ⅳ级次高压燃气管道、中压燃气管道，应当结合定期检验结果确定管道下一全面检验日期，全面检验最大时间间隔为12年。

（4）安全附件和仪表　压力表校验周期为6个月；安全阀检验周期为12个月。

1.3.1.4　特种设备隐患排查治理制度

1. 隐患排查制度

组织制定隐患排查计划，明确和细化隐患排查事项、内容和频次，落实责任人，组织实施。

隐患排查包括日常排查、定期排查、节假日排查和专项排查。

1）日常排查由作业人员在班组交接时进行，重点检查安全附件、安全保护装置、测量调控装置、附属仪器仪表、承压构件等。

2）定期排查由安全管理员负责开展。

① 按照特种设备有关安全技术规范要求的定期自行检查周期，每月至少进行 1 次检查，并做出记录。

② 每年安排 1 次年度安全检查，查设备、查制度、查措施、查事故处理情况等。

3）节假日排查，安排在“五一”“十一”“元旦”“春节”等重大节日前进行，由使用单位安全管理负责人、安全管理员参加安全检查。

4）在需要的情况下，根据使用单位安全风险情况、使用单位内出现事故或同类使用单位出现事故情况，举一反三地安排检查。

2. 隐患治理制度

1）检查人员在检查时发现隐患后，能立即整改的要进行现场整改；不能立即整改的，应对隐患情况及其风险等进行记录，报告安全管理负责人。

2）安全管理负责人接到报告后，要分析隐患形成原因，评估风险等级。

① 一般隐患，逐项制定整改措施，在规定期限内完成隐患整改。

② 重大隐患，要在确保安全的前提下，落实资金、责任、时限、措施、预案，查清隐患类别、影响范围和风险程度，制定监控措施、治理方案、治理限期，并形成分析报告书，向属地特种设备安全监管部门报告。

③ 在治理中无法保证安全的，应停产或停止使用相关特种设备，必要时向当地人民政府报告。

3. 隐患排查治理档案制度

1）建立隐患排查治理档案，对安全隐患进行管理，有效预防隐患重复发生。

2）做好隐患排查治理记录，入档管理。

1.3.1.5　特种设备安全管理员与作业人员管理和培训制度

1. 人员管理制度

1）建立人员管理台账和档案，根据使用单位特种设备的使用情况，按规定要求配备相应的安全管理员和作业人员。

2）安全管理员和作业人员按相关规定取得相应资格证书。

3）建立人员安全技术档案，持证人员应当在证书有效期届满前 3 个月，向发证部门提出复审，逾期未复审的，将不得继续从事相应的岗位工作。

4）当采用新方法、添设新技术设备、制造新产品和调换作业人员工作时，必须对作业人员进行新操作法和新工作岗位的安全教育。

2. 人员培训制度

1）每年年初制定特种设备安全管理人员和作业人员培训计划，并纳入使用单位培训总计划。

2）特种设备安全管理人员和作业人员除参加政府组织的安全教育培训，还应积极参加使用单位内部组织的安全教育和培训。

3）组织全体员工进行经常性的安全教育，内容包括：

① 国家有关安全生产法律、法规和规定，特种设备法律、法规和安全技术规范。

② 使用单位安全管理规章制度及状况、事故案例。

③ 在用特种设备的性能、结构工艺特点和安全装置、安全设施、安全监测监控仪器的作用，防护用品的使用和保养方法。

④ 特种设备的操作规程、急救措施和应急预案。

⑤ 安全生产基本知识、消防知识。

1.3.1.6 特种设备采购、安装、改造、修理、报废等管理制度

1. 采购制度

1）国家对特种设备实行制造许可制度，使用单位购买的特种设备必须是已取得相应制造许可证的单位生产的合格产品。

2）应当根据实际生产工艺要求选购特种设备，严禁超过规定参数使用。

3）特种设备入库前，必须开箱检查设备的外部情况和出厂资料，验收人员对验收质量负责。

4）核对该设备的设计文件、产品质量合格证明、安装及使用维修说明、监督检验证明等。

2. 安装、改造、修理制度

1）特种设备的安装、改造、修理活动应当委托取得安装、改造、修理资质的单位进行。

2）签订安装、改造、修理合同前，应审查安装、改造、修理单位的资质和相关人员的资质是否符合。

3）施工前，配合、督促施工单位，将拟进行的安装、改造、修理情况书面告知特种设备安全监督管理部门，坚决制止施工单位未履行书面告知而进行施工的行为。

4）督促施工单位按照安全技术规范的要求，向特种设备检验机构申报监督检验。

5）特种设备安装、改造、修理完成后，经特种设备检验检测机构检验合格后，方可接收。

6）验收后30日内从施工单位处接收相关技术资料，并将其存入该特种设备安全技术档案。

7）修理时，应保存特种设备安全附件和安全保护装置校验、检修、更换记录和有关报告，包括特种设备运行故障和事故记录及事故处理报告。

3. 停用、重新启用制度

1）特种设备拟停用1年以上的，应当采取有效的保护措施，设置停用标志，在停用后30日内到登记机关办理停用手续。

2）重新启用时，应组织自行检查，到使用登记机关办理启用手续；超过定期检验有效期的，应当按照定期检验的有关要求进行检验。

4. 报废制度

对存在严重事故隐患，无改造、修理价值的特种设备，或者已到安全技术规范规定的报废期限的，应当及时予以报废，采取必要措施消除该特种设备的使用功能。报废时，按台

（套）登记的特种设备应当办理报废手续，并且将使用登记证交回登记机关。

1.3.1.7　特种设备应急救援管理制度

1）认真贯彻相关法律、法规，树立“安全第一，预防为主，综合治理”的思想，加强燃气生产、输配、储存、使用过程中突发事件的应急处置，突出“以人为本，生命至上”的原则，切实落实“隐患险于明火、防范胜于救灾、责任重于泰山”的安全管理意识。

2）加强内部安全管理，保障职工生命安全，保护环境，有效控制城镇燃气特种设备事故的发生。根据《中华人民共和国特种设备安全法》《特种设备安全监察条例》及相关法律、法规和省、市相关职能部门的要求，结合城镇燃气使用单位自身实际情况，对可能发生的各类压力容器、压力管道等特种设备生产安全事故的影响，制定特种设备应急救援预案。

3）使用单位结合职能和分工，成立以单位主要负责人为组长，生产、技术、设备、安装、行政、人事、财务等人员参加的应急预案编制工作组。

4）使用单位根据《生产安全事故应急条例》（国务院令第 708 号）《生产安全事故应急预案管理办法》（应急管理部令〔2019〕第 2 号修改）《生产经营单位生产安全事故应急预案编制导则》及《特种设备使用管理规则》，制定特种设备专项应急预案及现场处置方案。

5）定期组织应急预案培训和应急演练，提高应急知识和应急救援能力。

6）发生事故后，应立即启动应急预案。迅速采取有效措施，组织抢救，防止事故扩大，减少人员伤亡和财产损失，并按照国家有关规定，及时、如实地向负有安全生产监督管理职责的部门和特种设备安全监督管理部门等有关部门报告。

7）根据有关部门调查情况和鉴定结果，分析事故发生原因，依照四不放过（事故原因未查清不放过；事故责任人未受到处理不放过；事故责任人和广大群众没有受到教育不放过；事故没有制定切实可行的整改措施不放过）原则进行事故处理。

1.3.1.8　特种设备事故报告和处理制度

特种设备发生事故后，应当立即启动事故应急预案，组织抢救，防止事故扩大，减少人员伤亡和财产损失，并且按照《特种设备事故报告和调查处理规定》的要求，向特种设备安全监管部门和有关部门报告，同时配合事故调查，做好善后处理工作。

1. 事故报告制度

1）发生事故后，事故现场有关人员应当立即向使用单位负责人报告；使用单位负责人接到报告后，立即组织救援，并应当于 1h 内向所在地行政主管部门报告。情况紧急时，事故现场有关人员可以直接向所在地行政主管部门报告。

2）事故报告应包括事故发生的时间、地点、单位概况、特种设备种类、人员伤亡情况、已经采取的措施、报告人姓名、联系电话。

2. 事故处理制度

1）发生事故后，使用单位应妥善保护事故现场及相关证据，及时收集、整理有关资料，必要时应当对设备、场地、资料进行封存，由专人看管。

2）应积极配合有关部门进行事故调查并做好善后处理。

3）事故调查结束后，使用单位根据有关部门调查情况和鉴定结果，分析事故发生原因，按“四不放过”原则进行事故处理。

4）事故设备仍有使用价值的，应对其进行全面检查，消除隐患后方可重新使用。需要修理的，应由具备修理资格的单位进行修理，并经检验合格后方可使用。

1.3.2 液化天然气场站特种设备使用安全管理制度

1.3.2.1 特种设备安全管理机构（需要设置时）和相关人员岗位职责

1. 特种设备安全管理机构岗位职责

特种设备安全管理机构指使用单位中承担特种设备安全管理职责的内设机构。其职责是贯彻执行特种设备有关法律、法规和安全技术规范及相关标准，负责落实使用单位的主要义务。

特种设备（不含气瓶）总量达50台以上（含50台）的使用单位，应当根据本单位特种设备的类别、品种、用途、数量等情况设置特种设备安全管理机构，逐台落实安全责任人。

2. 相关人员岗位职责

根据《特种设备生产和充装单位许可规则》（TSG 07—2019）等法律、法规、规范要求，需要设置主要负责人、安全管理负责人、场站站长、场站副站长、场站运行工、场站专（兼）职安全员、场站设备技术员等。

（1）主要负责人岗位职责　主要负责人是特种设备使用单位的实际最高管理者，对其单位所使用的特种设备安全节能负总责。

1）贯彻执行国家法律、法规、规章和技术标准规范，对本单位安全生产负有第一责任，领导全站质量管理和安全生产工作。严格执行国家有关特种设备安全管理的法律、法规、规范及标准的要求。

2）根据政府和客户的需求，对质量管理体系和安全生产提出总的要求，对质量管理和安全生产做出承诺，确保质量及服务的公正性。接受并配合特种设备安全监督管理部门的安全监督检查，对发现的安全隐患及时组织并督促有关部门（人员）实施整改。

3）制定质量方针和质量目标，批准颁布实施质量管理手册和管理制度，任免质量管理体系负责人员和安全管理等各级人员。设立特种设备安全管理机构和人员。

4）负责对本单位的资源能力做出评价，确保本单位的资源配置与业务发展和质量管理体系的持续、有效运转协调一致。坚持安全生产五同时（工作计划有安全生产目标和措施；布置工作有安全生产要求；检查工作有安全生产项目；评比方案有安全生产条款；总结报告有安全生产内容）原则，创造质量保证和安全生产的环境。负责将特种设备安全生产所需的资金，纳入使用单位年度经费计划并有效实施。

5）开展全员质量和安全教育，向本单位各责任人员及有关人员强调满足政府和客户要求，遵守本单位质量管理体系文件、安全生产规章制度的重要性。采取措施，确保质量方针和质量目标的有效落实。

6）组织管理评审，确保质量管理体系持续的适宜性、充分性和有效性。在质量管理和安全生产方面实施严格考核和奖惩。

7）在紧急情况下，因工作需要，有权对本单位工作中的重大问题进行处置，但事后应当向有关部门备案说明。

8）有权调动全站人力、物力和财力，按照规定聘用和解聘各部门负责人和职工，制定人才开发、考核、晋级、加薪、奖惩办法，确保职工的社会保障权益、劳动安全卫生权益。

（2）安全管理负责人岗位职责　特种设备安全管理负责人是使用单位管理层中主管本单位特种设备使用安全管理的人员。设置安全管理机构的使用单位的安全管理负责人，应当取得相应的特种设备安全管理人员资格证书。

1）协助主要负责人履行本单位特种设备安全的领导职责，确保本单位特种设备的安全使用。

2）宣传、贯彻《中华人民共和国特种设备安全法》等有关法律、法规、规章和安全技术规范。

3）制定本单位特种设备安全管理制度，落实特种设备安全管理机构的设置和安全管理员的配备。

4）组织制定特种设备事故应急专项预案，并且定期组织演练。

5）对本单位特种设备安全管理工作实施情况进行检查。

6）组织进行隐患排查，并且提出处理意见。

7）当安全管理员报告特种设备存在事故隐患应当停止使用时，立即做出停止使用特种设备的决定，并且及时向本单位主要负责人报告。

（3）场站站长岗位职责　场站站长负责本场站日常安全检查、设备保养维护、安全生产管理，是场站安全管理第一责任人。

1）负责场站的全面管理工作，并定期进行考评、考核。

2）负责使用单位各项规章制度在本场站的贯彻落实。

3）组织召开班前、班后会议，每月组织召开 1 次安全生产会议，协调解决生产和其他方面存在的问题，传达使用单位安全生产管理要求。

4）组织编写各种工作计划、总结。

5）组织场站设备的维护、维修和保养，每周进行 1 次安全检查，确保各燃气设施的正常运行。

6）组织安排站内人员进行业务学习和培训。

7）负责场站问题、隐患工作的上报及处理。

8）组织开展场站班组安全建设活动。

9）组织开展场站行为安全观察活动。

10）完成领导交办的其他工作。

（4）场站副站长岗位职责　场站副站长负责协助站长进行本场站的全面管理工作，并定期考评、考核，完成日常安全检查、设备保养维护、安全生产管理，以及领导交办的其他工作，是场站安全管理第二责任人。

（5）场站运行工岗位职责　场站运行工负责本场站安全巡查、一般性的设备维修及维护保养、场站卫生工作，以及协助场站专（兼）职安全员进行班组安全建设和安全行为观察。

1）负责当班期间安全生产工作，做好场站巡检、每日防火巡查、治安等各项工作记录。

2）负责做好场站设备、计量器具检查、维护保养与一般性维修工作。

3）当班期间安全用电、用气、用水设施。

4）负责生产区、绿化区及办公区的卫生清扫保洁工作。

5）协助开展场站班组安全建设及行为安全观察活动。

6）完成领导交办的其他工作。

（6）场站专（兼）职安全员岗位职责　场站专（兼）职安全员负责本场站的安全巡查、班组安全建设和安全行为观察工作，以及协助站长进行设备维护保养和安全生产管理工作。

1）协助站长制定门站安全生产计划、设备维护保养计划。

2）协助站长做好门站消防、安保设备检查、维护保养与一般性维修工作。

3）负责门站生产设施更改作业安全监护。

4）负责门站安全、防火巡查和治安管理等工作。

5）协助开展场站班组安全建设活动及行为安全观察活动。

6）完成领导交办的其他工作。

（7）场站设备技术员岗位职责　场站设备技术员负责本场站工艺设备的维修、维护管理，以及配合突发事件的应急抢修工作。

1）严格执行设备操作规程。

2）负责场站生产、生活设备设施的维修、维护管理，填写相关记录。

3）负责特种设备、计量器具的拆装送检工作。

4）配合突发事件的应急抢修工作。

5）完成领导交办的其他工作。

3. 液化天然气场站（低温绝热气瓶充装）**相关人员岗位职责**

具有低温绝热气瓶充装功能的液化天然气场站，除了配备以上相关人员，还需另外设置技术负责人、专职安全管理员、充装负责人、充装作业人员、档案管理员、分析工等。

（1）技术负责人岗位职责

1）在主要负责人的领导下，负责本站充装工艺、设备运行等技术管理工作，对站内的卸液、贮存、充装过程中的安全技术负责。

2）认真贯彻执行国家有关法律、法规、规范、标准，接受安全监察机构和有关部门的监督指导。

3）负责组织全体员工学习国家有关安全法律、法规、行业技术规范及气瓶充装《质量手册》等。

4）负责检查本站质量保证体系在充装过程中的失控现象，保证质量保证体系的正常运转，有权制止违章、违纪行为。

5）负责组织制定、修订《质量手册》并对其进行解释，督促检查各项管理制度执行情况，协调各有关部门的工作，裁决工作中的技术争议，负责处理重大的安全、技术、质量等问题。

6）检查质量保证体系运转过程中的各种记录及见证资料。

7）定期召开质量、安全、技术等分析会议，对会议决定执行情况负责。

8）定期向主要负责人汇报工作，接受上级的监督检查。

9）负责做好设备选型、到货验收工作。

10）完成正式生产前的问题整改和闭环工作。

11）负责移交燃气工程竣工验收相关资料和手续。

12）协助本单位试运行过程中突发事件的应急处理。

13）负责设备调试及相关工作，移交调试记录。

（2）专职安全管理员岗位职责　根据《特种设备使用管理规则》（TSG 08—2017）2.4.2.2.1 的规定，从事气瓶充装的使用单位应当配备专职安全管理员，并且取得相应的特种设备安全管理员资格证书。

特种设备安全管理员是具体负责特种设备使用安全的人员，主要职责如下：

1）组织建立特种设备安全技术档案。

2）办理特种设备使用登记。

3）组织制定特种设备操作规程。

4）组织开展特种设备安全教育和技能培训。

5）组织开展特种设备定期自行检查。

6）编制特种设备定期检验计划，督促落实定期检验和隐患治理工作。

7）按照规定报告特种设备事故，参加特种设备事故救援，协助进行事故调查和善后处理。

8）发现特种设备事故隐患，立即进行处理，情况紧急时，可以决定停止使用特种设备，并且及时向本单位安全管理负责人报告。

9）纠正和制止特种设备作业人员的违章行为。

（3）充装负责人岗位职责

1）全面负责充装车间生产管理工作，对充装区域安全生产负全责。

2）贯彻执行国家有关产品质量、计量、标准、安全生产等法律、法规、技术规范，建立健全各项管理制度，落实安全生产岗位责任制度。

3）做好安全消防工作，落实检查各种安全措施，防止事故发生。

4）参与建立本站安全质量管理体系。协助组织制定、修订并贯彻执行《质量手册》。

（4）充装作业人员岗位职责　充装作业人员应当取得相应资格，方可从事气瓶充装及检查工作，并且对其充装、检查工作的安全质量负责。

1）严格执行特种设备有关安全管理制度，并且按照操作规程进行操作。

2）按照规定填写作业、交接班等记录。

3）参加安全教育和技能培训，提高操作技能，严格遵守工艺纪律。

4）进行经常性维护保养，对发现的异常情况及时处理，并且做出记录。

5）作业过程中发现事故隐患或其他不安全因素时，应当立即采取紧急措施，并且按照规定的程序向设备安全管理员和单位有关负责人报告。

6）参加应急演练，掌握相应的应急处置技能。

（5）档案管理员岗位职责

1）系统全面地掌握信息资料档案管理维护技术，建立健全气瓶充装相关信息档案资料及管理台账。

2）严格按照有关要求、方法和步骤，做好信息档案资料（包括气瓶充装相关法律、法规、规范性文件、安全技术规范、技术标准，质量手册、管理制度、操作规程、事故预案，气瓶信息化追溯管理档案，设备、设施，各类记录、内审报告、用户意见反馈和内部信息反馈等）的收集、整理、编目、立卷、保存及借还登记等工作。

3）认真做好信息档案资料的保密工作。

4）负责对保管到期的档案资料按有关规定提出处理意见，报领导批准后执行。

5）有权拒绝发放、提供未经领导审批同意的文件或档案。

6）有权对不符合规定的文件、档案提出疑问。

7）有权拒绝不符合收文、呈批、转递规定的文件进行归档。

（6）分析工岗位职责

1）严格执行国家有关法律、法规和标准，负责对进站的气体产品质量进行检验。

2）严格执行操作规程，对检验结果负责。

3）发现气体产品质量不符合国家标准的，应立即向技术负责人汇报且出具检验报告，并立刻通知充装站不得充装或不得出场。

4）协助对检验仪器进行维护、保养，定期进行自行检查，并及时同设备责任人联系定期检定，以确保检验和分析的准确性。

5）及时填写各种原始记录及检验分析数据，做好各种报表收集和整理工作。

1.3.2.2 特种设备经常性维护保养、定期自行检查和有关记录制度

为确保特种设备在使用中安全运转，设备管理部门或安全管理员应开展特种设备经常性维护保养和定期自行检查，坚持以维护为主的原则，严格执行岗位责任制，确保每台在用设备始终处于正常使用状态。

1. 经常性（日常）维护保养

作业人员每日对设备进行维护保养，维护保养应当符合使用设备的安全技术规范和产品使用维护保养说明的要求。对设备进行清洁、润滑、调整、紧固、防腐，更换不符合要求的易损件，保持零件完好无缺，对维护保养中发现的异常情况应及时处理，并且做出记录，保证在用特种设备始终处于正常使用状态。

2. 定期自行检查

定期自行检查应根据特种设备的类别、品种和特性进行。定期自行检查的时间、内容和要求，应符合安全技术规范规定及产品使用维护保养要求。

（1）压力容器　压力容器的定期自行检查包括月度检查、年度检查。

1）月度检查：使用单位每月对所使用的压力容器至少进行1次月度检查，并且应当记录检查情况；当年度检查与月度检查时间重合时，可不再进行月度检查。月度检查内容主要包括压力容器本体及其安全附件、装卸附件、安全保护装置、测量调控装置、附属仪器仪表是否完好，各密封面有无泄漏，以及其他异常情况等。

2）年度检查：使用单位每年对所使用的压力容器至少进行1次年度检查，年度检查项目至少包括压力容器安全管理情况、压力容器本体及其运行状况和压力容器安全附件检查等。具体检查内容与报告格式见本书附录A。

年度检查工作完成后，应当进行压力容器使用安全状况分析，并且及时消除年度检查中

发现的隐患。年度检查工作可以由压力容器使用单位安全管理人员组织经过专业培训的人员进行。

（2）压力管道　压力管道年度检查，即定期自行检查，指使用单位在管道运行条件下，对管道是否有影响安全运行的异常情况进行检查，每年至少进行 1 次。年度检查应当至少包括对管道安全管理情况、管道运行状况和安全附件与仪表的检查等。具体检查内容与报告格式见本书附录 B。

使用单位应当制定年度检查管理制度。年度检查工作可以由使用单位安全管理人员组织经过专业培训的人员进行，也可以委托具有压力管道定期检验资质的检验机构进行。自行实施年度检查时，应当配备必要的检验器具、设备。

（3）气瓶　使用单位根据《气瓶安全技术规程》（TSG 23—2021）的要求，应当按照气瓶出厂资料、维护保养说明，对气瓶进行经常性检查、维护保养。检查、维护保养一般包括以下内容：

1）检查规定的气瓶标志、外观涂层完好情况，定期检验有效期是否符合安全技术规范及其相关标准的规定。

2）检查气瓶附件是否齐全、有无损坏，是否超出设计使用年限或检验有效期。

3）检查气瓶是否出现变形、异常响声、明显外观损伤等情况。

4）检查气体压力显示是否出现异常情况。

5）使用单位认为需要进行检查的项目。

使用单位应根据检查情况，采取表面涂敷、送检气瓶、更换瓶阀等方式进行气瓶的维护保养，并将维护保养情况记录到档案中。

3. 其他保养和检查制度

1）特种设备管理部门或安全管理员制定实施计划，操作人员负责设备的日常维护保养，设备检修人员负责设备的定期自行检查。

2）特种设备作业人员通过培训和学习，对所使用的设备做到懂结构、懂工艺、懂性能、懂用途；会使用、会维护保养、会排除故障，并有权制止他人私自动用自己操作的设备。对未采取防范措施或超负荷使用的设备，有权停止使用；发现设备运转不正常、超期不检修、安全装置不符合规定时应立即上报，若上级不立即处理和采取相应措施，有权停止使用。

3）特种设备经常性维护保养遵从谁使用谁负责的原则，按照要求执行，做好保养记录。

4）作业人员应正确使用设备，严格执行操作规程，参加各项培训，掌握设备的故障预防、判断和紧急处理措施，保持安全防护装置完整好用。

5）设备检修人员应按期对设备进行巡回检查，发现问题，及时解决，排除隐患。做好定期自行检查的有关记录。

1.3.2.3　特种设备使用登记、定期检验管理制度

使用单位特种设备安全管理机构和安全管理员要熟悉并掌握本单位特种设备使用登记和定期检验情况，根据本单位的实际情况制定定期检验计划，确保特种设备定期检验工作如期开展。

1. 使用登记制度

1）特种设备投入使用前，应当按相关规定办理使用登记。

2）应建立特种设备台账，包括特种设备名称、型号、使用地点、使用证号、登记日期、定期检验日期等。

2. 定期检验制度

1）制定特种设备定期检验计划，并督促相关部门实施计划。按照安全技术规范的要求，在检验合格有效期届满前1个月向特种设备检验机构提出定期检验要求。

2）定期检验前，应当备齐设备运行记录、维护保养记录、运行中出现异常情况的记录等。

3）定期检验时，向检验机构和检验人员提供检验所需的条件，配合他们做好检验工作。

4）未经定期检验或检验不合格的特种设备，不得继续使用。

5）对检验发现的问题，应当采取相应措施进行处理，合格后方可使用。

6）定期检验完成后，组织做好特种设备的管路连接、密封、附件（含零部件、安全部件、安全保护装置、仪器仪表等）和内件的安装、试运行等工作，并对其安全性负责。

7）对确实需要延长检验周期的特种设备，必须依法办理延期检验手续。

8）经特种设备检验机构检验合格的设备，应及时取得相关证书，存入设备档案。对自行检验的设备，要记录检验时间及检验结论，并存入设备档案。

3. 涉及的主要特种设备及检验周期要求

（1）固定式压力容器　对固定式压力容器，按照《固定式压力容器安全技术监察规程》（TSG 21—2016）和《特种设备使用管理规则》（TSG 08—2017）的规定，在投入使用前或投入使用后30日内，使用单位应当按台（套）向特种设备所在地设区的市的特种设备安全监管部门申请办理使用登记；使用单位应当在压力容器定期检验有效期届满的1个月以前，向特种设备检验机构提出定期检验申请，并且做好定期检验相关的准备工作。

金属压力容器一般于投用后3年内进行首次定期检验，以后的检验周期由检验机构根据压力容器的安全状况等级，按照以下要求确定：

1）安全状况等级为1级、2级的，一般每6年检验1次。

2）安全状况等级为3级的，一般每3年至6年检验1次。

3）安全状况等级为4级的，监控使用，其检验周期由检验机构确定，累计监控使用时间不得超过3年；在监控使用期间，使用单位应当采取有效的监控措施。

4）安全状况等级为5级的，应当对缺陷进行处理，否则不得继续使用。

（2）工业管道　按照《压力管道安全技术监察规程——工业管道》（TSG D0001—2009）《压力管道定期检验规则——工业管道》（TSG D7005—2018）和《特种设备使用管理规则》（TSG 08—2017）的规定，工业管道在投入使用前或投入使用后30日内，应当以使用单位为对象，向特种设备所在地设区的市的特种设备安全监管部门申请办理使用登记；使用单位应当在压力管道定期检验有效期届满前1个月，向特种设备检验机构提出定期检验申请，并且做好定期检验相关的准备工作。

定期检验应当在年度检查的基础上进行。管道一般在投入使用后3年内进行首次定期检验，以后的检验周期由检验机构根据管道安全状况等级，按照以下要求确定：

1）安全状况等级为1级、2级的，GC1、GC2级管道一般不超过6年检验1次，GC3级管道不超过 9 年检验 1 次。

2）安全状况等级为 3 级的，一般不超过 3 年检验 1 次；在使用期间，使用单位应当对管道采取有效的监控措施。

3）安全状况等级为 4 级的，使用单位应当对管道缺陷进行处理，否则不得继续使用。

（3）气瓶　按照《气瓶安全技术规程》（TSG 23—2021）和《特种设备使用管理规则》（TSG 08—2017）的规定，在投入使用前或投入使用后 30 日内，应当以使用单位为对象，向特种设备所在地设区的市的特种设备安全监管部门申请办理使用登记；使用单位应当在气瓶定期检验有效期届满的 1 个月以前，向特种设备检验机构提出定期检验申请，并且做好定期检验相关的准备工作。充装许可证书上备注了“（含定期检验）”的气瓶充装单位（车用气瓶充装单位除外），可自行检验已办理使用登记的自有产权气瓶。

气瓶（车用气瓶除外）的首次定期检验日期应当从气瓶制造日期计算，低温绝热气瓶的检验周期为 3 年。

已建立气瓶充装信息平台的充装单位检验的自有产权燃气气瓶，如果充装单位在定期检验周期内为每只气瓶购买了充装安全责任保险并能够履行维护保养职责，在向使用登记机关办理书面告知后，可以由充装单位根据气瓶安全状况确定定期检验周期或进行超过设计使用年限后的安全评估，但经过安全评估的燃气气瓶的实际使用年限最长不得超过 12 年。

有下列情况之一的气瓶，应当及时进行定期检验：

1）有严重腐蚀、损伤，或者对其安全可靠性有怀疑的。

2）库存或停用时间超过一个检验周期后投入使用的。

3）发生交通事故，可能影响车用气瓶安全的。

4）气瓶相关标准规定需要提前进行定期检验的其他情况，以及检验人员认为有必要提前检验的。

（4）安全附件和仪表　压力表校验周期为 6 个月；安全阀检验周期为 12 个月。

1.3.2.4　特种设备隐患排查治理制度

内容同 1.3.1.4 特种设备隐患排查治理制度。

1.3.2.5　特种设备安全管理员与作业人员管理和培训制度

内容同 1.3.1.5 特种设备安全管理员与作业人员管理和培训制度。

1.3.2.6　特种设备采购、安装、改造、修理、报废等管理制度

内容同 1.3.1.6 特种设备采购、安装、改造、修理、报废等管理制度。

1.3.2.7　特种设备应急救援管理制度

内容同 1.3.1.7 特种设备应急救援管理制度。

1.3.2.8　特种设备事故报告和处理制度

内容同 1.3.1.8 特种设备事故报告和处理制度。

1.3.3　液化石油气场站充装特种设备使用安全管理制度

1.3.3.1　特种设备安全管理机构（需要设置时）和相关人员岗位职责

1. 特种设备安全管理机构岗位职责

特种设备安全管理机构是使用单位中承担特种设备安全管理职责的内设机构。其职责是

贯彻执行特种设备有关法律、法规和安全技术规范及相关标准，负责落实使用单位的主要义务。

特种设备（不含气瓶）总量达50台以上（含50台）的使用单位，应当根据本单位特种设备的类别、品种、用途、数量等情况设置特种设备安全管理机构，逐台落实安全责任人。

2. 相关人员岗位职责

根据《特种设备生产和充装单位许可规则》（TSG 07—2019）等法律、法规、规范要求，需要设置主要负责人、安全管理负责人、技术负责人、专职安全管理员、充装负责人、充装作业人员、设备管理责任人（设备员）、档案管理员、分析工等。

（1）主要负责人岗位职责　主要负责人是特种设备使用单位的实际最高管理者，对其单位所使用的特种设备安全节能负总责。

1）贯彻执行国家法律、法规、规章和技术标准规范，对本单位安全生产负有第一责任，领导全站质量管理和安全生产工作。严格执行国家有关特种设备安全管理的法律、法规、规范及标准的要求。

2）根据政府和客户的需求，对质量管理体系和安全生产提出总的要求，对质量管理和安全生产做出承诺，确保质量及服务的公正性。接受并配合特种设备安全监督管理部门的安全监督检查，对发现的安全隐患及时组织并督促有关部门（人员）实施整改。

3）制定质量方针和质量目标，批准颁布实施质量管理手册和管理制度，任免质量管理体系负责人员和安全管理等各级人员。设立特种设备安全管理机构和人员。

4）负责对本单位的资源能力做出评价，确保本单位的资源配置与业务发展和质量管理体系的持续、有效运转协调一致。坚持安全生产“五同时”原则，创造质量保证和安全生产的环境。负责将特种设备安全生产所需的资金，纳入使用单位年度经费计划，并有效实施。

5）开展全员质量和安全教育，向本单位各责任人员及有关人员强调满足政府和客户要求，遵守本单位质量管理体系文件、安全生产规章制度的重要性。采取措施，确保质量方针和质量目标的有效落实。

6）组织管理评审，确保质量管理体系持续的适宜性、充分性和有效性。在质量管理和安全生产方面实施严格考核和奖惩。

7）在紧急情况下，因工作需要，有权对本单位工作中的重大问题进行处置，但事后应当向有关部门备案说明。

8）有权调动全站人力、物力和财力，按照规定聘用和解聘各部门负责人和职工，制定人才开发、考核、晋级、加薪、奖惩办法，确保职工的社会保障权益、劳动安全卫生权益。

（2）安全管理负责人岗位职责　特种设备安全管理负责人是使用单位管理层中主管本单位特种设备使用安全管理的人员。设置安全管理机构的使用单位的安全管理负责人，应当取得相应的特种设备安全管理员资格证书。

1）协助主要负责人履行本单位特种设备安全的领导职责，确保本单位特种设备的安全使用。

2）宣传、贯彻《中华人民共和国特种设备安全法》及有关法律、法规、规章和安全技术规范。

3）制定本单位特种设备安全管理制度，落实特种设备安全管理机构设置、安全管理员配备。

4）组织制定特种设备事故应急专项预案，并且定期组织演练。

5）对本单位特种设备安全管理工作实施情况进行检查。

6）组织进行隐患排查，并且提出处理意见。

7）当安全管理员报告特种设备存在事故隐患应当停止使用时，应立即做出停止使用特种设备的决定，并且及时向本单位主要负责人报告。

（3）技术负责人岗位职责

1）在主要负责人的领导下，负责本站充装工艺、设备运行等技术管理工作，对站内的卸液、贮存、充装过程中的安全技术负责。

2）认真贯彻执行国家有关法律、法规、规范、标准，接受安全监察机构和有关部门的监督指导。

3）负责组织全体员工学习国家有关安全法律、法规、行业技术规范及气瓶充装《质量手册》等。

4）负责检查本站质量保证体系在充装过程中的失控现象，保证质量保证体系的正常运转，有权制止违章违纪行为。

5）负责组织制定、修订《质量手册》并对其进行解释，督促检查各项管理制度执行情况，协调各有关部门的工作，裁决工作中有技术争议的问题，负责处理重大的安全、技术、质量等问题。

6）检查质量保证体系运转过程中各种记录的见证资料。

7）定期召开质量、安全、技术等分析会议，对会议决定执行情况负责。

8）定期向主要负责人汇报工作，接受上级的监督检查。

9）负责做好设备选型、到货验收工作。

10）完成正式生产前的问题整改和闭环工作。

11）负责移交燃气工程竣工验收相关资料和手续。

12）协助本单位试运行过程中突发事件的应急处理。

13）负责设备调试及相关工作，移交调试记录。

（4）专职安全管理员岗位职责　根据《特种设备使用管理规则》（TSG 08—2017）2.4.2.2.1 的规定，从事气瓶充装的单位应当配备专职安全管理员，并且取得相应的特种设备安全管理员资格证书。特种设备安全管理员是具体负责特种设备使用安全管理的人员，主要职责如下：

1）组织建立特种设备安全技术档案。

2）办理特种设备使用登记。

3）组织制定特种设备操作规程。

4）组织开展特种设备安全教育和技能培训。

5）组织开展特种设备定期自行检查。

6）编制特种设备定期检验计划，督促落实定期检验和隐患治理工作。

7）按照规定报告特种设备事故，参加特种设备事故救援，协助进行事故调查和善后处理。

8）发现特种设备事故隐患，应立即进行处理，情况紧急时，可以决定停止使用特种设备，并且及时向本单位安全管理负责人报告。

9）纠正和制止特种设备作业人员的违章行为。

（5）充装负责人岗位职责

1）全面负责充装车间生产管理工作，对充装区域安全生产负全责。

2）贯彻执行国家有关产品质量、计量、标准、安全生产等法律、法规、技术规范的规定，建立健全各项管理制度，落实安全生产岗位责任制度。

3）做好安全消防工作，落实检查各种安全措施，防止事故发生。

4）参与建立本站安全质量管理体系。协助组织制定、修订并贯彻执行《质量手册》。

（6）充装作业人员岗位职责　充装作业人员应当取得相应资格，方可从事气瓶充装及检查工作，并且对其充装、检查工作的安全质量负责。

1）严格执行特种设备有关安全管理制度，并且按照操作规程进行操作。

2）按照规定填写作业、交接班等记录。

3）参加安全教育和技能培训，提高操作技能，严格遵守工艺纪律。

4）进行经常性维护保养，对发现的异常情况及时处理，并且做出记录。

5）作业过程中发现事故隐患或其他不安全因素，应当立即采取紧急措施，并且按照规定的程序向设备安全管理员和单位有关负责人报告。

6）参加应急演练，掌握相应的应急处置技能。

（7）设备管理责任人（设备员）岗位职责

1）负责仪器、设备的管理。

2）根据仪器、设备添置计划安排采购，对到站的仪器、设备应组织有关人员进行开箱、安装和验收。

3）负责仪器、设备的分类、编号，建立设备档案。

4）负责仪器、设备的借用和外借，督促操作人员遵守操作规程，按计划组织仪器、设备的维护保养，并检查各部门执行情况。

5）协助计量管理责任人落实仪器、设备的周期检定。

6）参加对本站事故的分析处理，对损坏的仪器、设备及时安排修理。

7）对仪器、设备管理和计量管理中出现的问题，应及时向技术负责人汇报。

8）遵守站内各项规章制度，完成领导交办的其他工作。

9）负责制定、修订使用单位生产设备管理办法，编制切实可行的设备维护、检修技术规程及各类设备管理制度和设备操作规程。

10）负责做好操作人员、维护人员及新员工的技术培训工作。

11）负责建立和完善设备运行记录、设备技术档案、设备台账等基础工作，做好各种资料的积累和分析，准确及时报出生产设备各类统计报表。

12）建立健全设备技术资料，建立设备技术档案，完善各项资料基础管理制度和设备账卡。

13）负责设备的日常管理和技术管理，负责设备的使用、检修（维护）、更新（改造）等工作。

14）负责编制上报生产设备更新改造计划（生产性技术改造计划）与检修费用使用计划。

15）负责编制并实施年度生产设备更新改造、检修、检定、维护计划，检查各项设备计划执行情况。

16）负责备品、备件的管理。

17）指导、监督、检查各部门进行设备、设施缺陷管理工作。

18）定期审核、上报设备消缺情况。

19）对各部门的报修项目，根据实际情况进行现场指导；对特种设备的重大缺陷，应跟进监督，直至缺陷消除。

20）定期组织开展设备检查，消除设备缺陷和跑、冒、滴、漏现象。

21）监督检查各部门生产设备的安装、维修、改造、停用、报废等工作的执行情况。

22）负责监督使用单位设备异动执行情况。

23）负责审核使用单位生产设备报废的技术可行性。

（8）档案管理员岗位职责

1）系统全面地掌握信息资料档案管理维护技术，建立健全气瓶充装相关信息档案资料及管理台账。

2）严格按照有关要求、方法和步骤，做好信息档案资料（包括气瓶充装相关法律、法规、规范性文件、安全技术规范、技术标准，质量手册、管理制度、操作规程、事故预案，气瓶信息化追溯管理档案，设备、设施，各类记录、内审报告、用户意见反馈和内部信息反馈等）的收集、整理、编目、立卷、保存及借还登记等工作。

3）认真做好信息档案资料的保密工作。

4）负责对保管到期的档案资料按有关规定提出处理意见，报领导批准后执行。

5）有权拒绝发放、提供未经领导审批同意的文件或档案。

6）有权对不符合规定的文件、档案提出疑问。

7）对不符合收文、呈批、转递手续的有关文件，有权拒绝归档。

（9）分析工岗位职责

1）严格执行国家有关法律、法规和标准，负责对进站的气体产品质量进行检验。

2）严格执行操作规程，对检验结果负责。

3）发现气体产品质量不符合国家标准的，应立即向技术负责人汇报且出具检验报告，并立刻通知充装站不得充装或不得出厂。

4）协助对检验仪器进行维护、保养，定期进行自行检查，并及时同设备责任人联系定期检定，以确保化验和分析的准确性。

5）及时填写各种原始记录及检验分析数据，做好各种报表收集和整理工作。

1.3.3.2　特种设备经常性维护保养、定期自行检查和有关记录制度

为确保特种设备在使用中安全运转，设备管理部门或安全管理员应开展特种设备经常性维护保养和定期自行检查，坚持以维护为主的原则，严格执行岗位责任制，确保在用设备始

终处于正常使用状态。

1. 经常性（日常）维护保养

作业人员每日对设备进行维护保养，维护保养应当符合使用设备的安全技术规范和产品使用维护保养说明的要求。对设备进行清洁、润滑、调整、紧固、防腐，更换不符合要求的易损件，保持零件完好无缺；对维护保养中发现的异常情况应及时处理，并且做出记录，保证在用特种设备始终处于正常使用状态。

2. 定期自行检查

定期自行检查根据特种设备的类别、品种和特性进行。定期自行检查的时间、内容和要求，应符合安全技术规范规定及产品使用维护保养要求。

（1）压力容器　压力容器的定期自行检查包括月度检查、年度检查。

1）月度检查：使用单位每月对所使用的压力容器至少进行 1 次月度检查，并且应当记录检查情况；当年度检查与月度检查时间重合时，可不再进行月度检查。月度检查内容主要包括压力容器本体及其安全附件、装卸附件、安全保护装置、测量调控装置、附属仪器仪表是否完好，各密封面有无泄漏，以及是否有其他异常情况等。

2）年度检查：使用单位每年对所使用的压力容器至少进行 1 次年度检查，年度检查项目至少包括压力容器安全管理情况、压力容器本体及其运行状况和压力容器安全附件检查等。具体检查内容与报告格式见本书附录 A。

年度检查工作完成后，应当进行压力容器使用安全状况分析，并及时消除年度检查中发现的隐患。年度检查工作可以由压力容器使用单位安全管理人员组织经过专业培训的人员进行。

（2）压力管道　压力管道年度检查，即定期自行检查，指使用单位在管道运行条件下，对管道是否有影响安全运行的异常情况进行检查，每年至少进行 1 次。年度检查应当至少包括对管道安全管理情况、管道运行状况和安全附件与仪表的检查等。具体检查内容与报告格式见本书附录 B。

使用单位应当制定年度检查管理制度。年度检查工作可以由使用单位安全管理人员组织经过专业培训的人员进行，也可以委托具有压力管道定期检验资质的检验机构进行。自行实施年度检查时，应当配备必要的检验器具、设备。

（3）气瓶　使用单位根据《气瓶安全技术规程》（TSG 23—2021）的要求，应当按照气瓶出厂资料、维护保养说明，对气瓶进行经常性检查、维护保养。检查、维护保养一般包括以下内容：

1）检查规定的气瓶标志、外观涂层完好情况，定期检验有效期是否符合安全技术规范及其相关标准的规定。

2）检查气瓶附件是否齐全、有无损坏，是否超出设计使用年限或检验有效期。

3）检查气瓶是否出现变形、异常响声、明显外观损伤等情况。

4）检查气体压力显示是否出现异常情况。

5）使用单位认为需要进行检查的项目。

使用单位根据检查情况，采取表面涂敷、送检气瓶、更换瓶阀等方式进行气瓶的维护保养，并将维护保养情况记录到档案中。

3. 保养和使用的其他制度

1）特种设备管理部门或安全管理员制定实施计划，操作人员负责设备的日常维护保养，设备检修人员负责设备的定期自行检查。

2）特种设备作业人员通过培训和学习，对所使用的设备做到懂结构、懂工艺、懂性能、懂用途；会使用、会维护保养、会排除故障，并有权制止他人私自动用自己操作的设备。对未采取防范措施或超负荷使用的设备，有权停止使用；发现设备运转不正常、超期不检修、安全装置不符合规定的应立即上报，若上级不立即处理和采取相应措施，有权停止使用。

3）特种设备经常性维护保养遵从谁使用谁负责的原则，按照要求执行，做好保养记录。

4）作业人员应正确使用设备，严格执行操作规程，参加各项培训，掌握设备的故障预防、判断和紧急处理措施，保持安全防护装置完整好用。

5）设备检修人员应按期对设备进行巡回检查，发现问题，及时解决，排除隐患。做好定期自行检查的有关记录。

1.3.3.3　特种设备使用登记、定期检验管理制度

使用单位的特种设备安全管理机构和安全管理人员要熟悉并掌握本单位特种设备使用登记和定期检验情况，根据本单位的实际情况制定定期检验计划，确保特种设备定期检验工作如期开展。

1. 使用登记制度

1）特种设备投入使用前，应当按相关规定办理使用登记。

2）应建立特种设备台账，包括特种设备名称、型号、使用地点、使用证号、登记日期、定期检验日期等。

2. 定期检验制度

1）制定特种设备定期检验计划，并督促相关部门实施计划。按照安全技术规范的要求，在检验合格有效期届满前 1 个月向特种设备检验机构提出定期检验要求。

2）定期检验前，应当备齐设备运行记录、维护保养记录、运行中出现异常情况的记录等。

3）定期检验时，向检验机构和检验人员提供检验所需的条件，配合他们做好检验工作。

4）未经定期检验或检验不合格的特种设备，不得继续使用。

5）对检验发现的问题，应当采取相应措施进行处理，合格后方可使用。

6）定期检验完成后，组织做好特种设备的管路连接、密封、附件（含零部件、安全部件、安全保护装置、仪器仪表等）和内件安装、试运行等工作，并对其安全性负责。

7）对确实需要延长检验周期的特种设备，必须依法办理延期检验手续。

8）经特种设备检验机构检验合格的设备，应及时取得相关证书，存入设备档案。对自行检验的设备，要记录检验时间及检验结论，并存入设备档案。

3. 涉及的主要特种设备及检验周期要求

（1）固定式压力容器　按照《固定式压力容器安全技术监察规程》（TSG 21—2016）和

《特种设备使用管理规则》（TSG 08—2017）的规定，在投入使用前或投入使用后 30 日内，使用单位应当按台（套）向特种设备所在地设区的市的特种设备安全监管部门申请办理使用登记；使用单位应当在压力容器定期检验有效期届满的 1 个月以前，向特种设备检验机构提出定期检验申请，并且做好定期检验相关的准备工作。

金属压力容器一般于投用后 3 年内进行首次定期检验，以后的检验周期由检验机构根据压力容器的安全状况等级，按照以下要求确定：

1）安全状况等级为 1 级、2 级的，一般每 6 年检验 1 次。

2）安全状况等级为 3 级的，一般每 3~6 年检验 1 次。

3）安全状况等级为 4 级的，监控使用，其检验周期由检验机构确定，累计监控使用时间不得超过 3 年，在监控使用期间，使用单位应当采取有效的监控措施。

4）安全状况等级为 5 级的，应当对缺陷进行处理，否则不得继续使用。

（2）工业管道　按照《压力管道安全技术监察规程——工业管道》（TSG D0001—2009）《压力管道定期检验规则——工业管道》（TSG D7005—2018）和《特种设备使用管理规则》（TSG 08—2017）的规定，在投入使用前或投入使用后 30 日内，应当以使用单位为对象，向特种设备所在地设区的市的特种设备安全监管部门申请办理使用登记；使用单位应当在压力管道定期检验有效期届满的 1 个月以前，向特种设备检验机构提出定期检验申请，并且做好定期检验相关的准备工作。

定期检验应当在年度检查的基础上进行。管道一般在投入使用后 3 年内进行首次定期检验，以后的检验周期由检验机构根据管道安全状况等级，按照以下要求确定：

1）安全状况等级为 1 级、2 级的，GC1、GC2 级管道一般不超过 6 年检验 1 次，GC3 级管道不超过 9 年检验 1 次。

2）安全状况等级为 3 级的，一般不超过 3 年检验 1 次；在使用期间，使用单位应当对管道采取有效的监控措施。

3）安全状况等级为 4 级的，使用单位应当对管道缺陷进行处理，否则不得继续使用。

（3）气瓶　按照《气瓶安全技术规程》（TSG 23—2021）和《特种设备使用管理规则》（TSG 08—2017）的规定，在投入使用前或投入使用后 30 日内，应当以使用单位为对象，向特种设备所在地设区的市的特种设备安全监管部门申请办理使用登记；使用单位应当在气瓶定期检验有效期届满的 1 个月以前，向特种设备检验机构提出定期检验申请，并且做好定期检验相关的准备工作。充装许可证书上备注了“（含定期检验）”的气瓶充装单位（车用气瓶充装单位除外)，可自行检验已办理使用登记的自有产权气瓶。

气瓶（车用气瓶除外）的首次定期检验日期应当从气瓶制造日期计算，民用液化石油气钢瓶的检验周期为 4 年。

已建立气瓶充装信息平台的充装单位检验的自有产权燃气气瓶，如果充装单位在定期检验周期内为每只气瓶购买了充装安全责任保险并能够履行维护保养职责，在向使用登记机关办理书面告知后，可以由充装单位根据气瓶安全状况确定定期检验周期或进行超过设计使用年限后的安全评估，但经过安全评估的燃气气瓶的实际使用年限最长不得超过 12 年。

有下列情况之一的气瓶，应当及时进行定期检验：

1）有严重腐蚀、损伤，或者对其安全可靠性有怀疑的。

2）库存或停用时间超过一个检验周期后投入使用的。

3）发生交通事故，可能影响车用气瓶安全的。

4）气瓶相关标准规定需要提前进行定期检验的其他情况，以及检验人员认为有必要提前检验的。

（4）安全附件和仪表　压力表校验周期为 6 个月；安全阀检验周期为 12 个月。

1.3.3.4　特种设备隐患排查治理制度

内容同 1.3.1.4 特种设备隐患排查治理制度。

1.3.3.5　特种设备安全管理员与作业人员管理和培训制度

内容同 1.3.1.5 特种设备安全管理员与作业人员管理和培训制度。

1.3.3.6　特种设备采购、安装、改造、修理、报废等管理制度

内容同 1.3.1.6 特种设备采购、安装、改造、修理、报废等管理制度。

1.3.3.7　特种设备应急救援管理制度

内容同 1.3.1.7 特种设备应急救援管理制度。

1.3.3.8　特种设备事故报告和处理制度

内容同 1.3.1.8 特种设备事故报告和处理制度。

1.3.4　车用气瓶加气站特种设备使用安全管理制度

1.3.4.1　特种设备安全管理机构（需要设置时）和相关人员岗位职责

1. 特种设备安全管理机构岗位职责

特种设备安全管理机构是使用单位中承担特种设备安全管理职责的内设机构。其职责是贯彻执行特种设备有关法律、法规和安全技术规范及相关标准，负责落实使用单位的主要义务。

特种设备（不含气瓶）总量达 50 台以上（含 50 台）的使用单位，应当根据本单位特种设备的类别、品种、用途、数量等情况设置特种设备安全管理机构，逐台落实安全责任人。

2. 相关人员岗位职责

根据《特种设备生产和充装单位许可规则》（TSG 07—2019）等法律、法规、规范要求，需要设置主要负责人、安全管理负责人、技术负责人、专职安全管理员、充装负责人、充装作业人员、设备管理责任人（设备员）、档案管理员、分析工等。

（1）主要负责人岗位职责　主要负责人是特种设备使用单位的实际最高管理者，对其单位所使用的特种设备安全节能负总责。

1）贯彻执行国家法律、法规、规章和技术标准规范，对本单位安全生产负有第一责任，领导全站质量管理和安全生产工作。严格执行国家有关特种设备安全管理的有关法律、法规、规范及有关标准的要求。

2）根据政府和客户的需求，对质量管理体系和安全生产提出总的要求，对质量管理和安全生产做出承诺，确保质量及服务的公正性。接受并配合特种设备安全监督管理部门的安全监督检查，对发现的安全隐患及时组织并督促有关部门（人员）实施整改。

3）制定质量方针和质量目标，批准颁布实施质量管理手册和管理制度，任免质量管理

体系负责人员和安全管理等各级人员。设立特种设备安全管理机构和人员。

4）负责对本单位的资源能力做出评价，确保本单位的资源配置与业务发展和质量管理体系的持续、有效运转协调一致。执行安全生产“五同时”原则，创造质量保证和安全生产的环境。负责将特种设备安全生产所需的资金，纳入使用单位年度经费计划，并有效实施。

5）开展全员质量和安全教育，向本单位各责任人员及有关人员强调满足政府和客户要求，遵守本单位质量管理体系文件、安全生产规章制度的重要性。采取措施，确保质量方针和质量目标的有效落实。

6）组织管理评审，确保质量管理体系持续的适宜性、充分性和有效性。在质量管理和安全生产方面实施严格考核和奖惩。

7）在紧急情况下，因工作需要，有权对本单位工作中的重大问题进行处置，但事后应当向有关部门备案说明。

8）有权调动全站人力、物力和财力，按照规定聘用和解聘各部门负责人和职工，制定人才开发、考核、晋级、加薪、奖惩办法，确保职工的社会保障权益、劳动安全卫生权益。

（2）安全管理负责人岗位职责　特种设备安全管理负责人是使用单位管理层中主管本单位特种设备使用安全的人员。设置安全管理机构的使用单位的安全管理负责人，应当取得相应的特种设备安全管理员资格证书。

1）协助主要负责人履行本单位特种设备安全的领导职责，确保本单位特种设备的安全使用。

2）宣传、贯彻《中华人民共和国特种设备安全法》及有关法律、法规、规章和安全技术规范。

3）制定本单位特种设备安全管理制度，落实特种设备安全管理机构设置、安全管理员配备。

4）组织制定特种设备事故应急专项预案，并且定期组织演练。

5）对本单位特种设备安全管理工作实施情况进行检查。

6）组织进行隐患排查，并且提出处理意见。

7）当安全管理员报告特种设备存在事故隐患应当停止使用时，立即做出停止使用特种设备的决定，并且及时报告本单位主要负责人。

（3）技术负责人岗位职责

1）在主要负责人的领导下，负责本站充装工艺、设备运行等技术管理工作，对站内的卸液、贮存、充装过程中的安全技术负责。

2）认真贯彻执行国家有关法律、法规、规范、标准，接受安全监察机构和有关部门的监督指导。

3）负责组织全体员工学习国家有关安全法律、法规、行业技术规范及气瓶充装《质量手册》等。

4）负责检查本站质量保证体系在充装过程中的失控现象，保证质量保证体系的正常运转，有权制止违章违纪行为。

5）负责组织制定、修订《质量手册》和解释，督促检查各项管理制度执行情况，协调各有关部门的工作，裁决工作中有技术争议的问题，负责处理重大的安全、技术、质量等问题。

6）检查质量保证体系运转过程中各种记录的见证资料。

7）定期召开质量、安全、技术等分析会议，对会议决定执行情况负责。

8）定期向主要负责人汇报工作，接受上级的监督检查。

9）负责做好设备选型、到货验收工作。

10）完成正式生产前的问题整改和闭环工作。

11）负责移交燃气工程竣工验收相关资料和手续。

12）协助本单位试运行过程中突发事件的应急处理。

13）负责设备调试及相关工作，移交调试记录。

（4）专职安全管理员岗位职责　根据《特种设备使用管理规则》（TSG 08—2017）2.4.2.2.1 的规定，从事气瓶充装的使用单位应当配备专职安全管理员，并且取得相应的特种设备安全管理员资格证书。

特种设备安全管理员是具体负责特种设备使用安全管理的人员，主要职责如下：

1）组织建立特种设备安全技术档案。

2）办理特种设备使用登记。

3）组织制定特种设备操作规程。

4）组织开展特种设备安全教育和技能培训。

5）组织开展特种设备定期自行检查。

6）编制特种设备定期检验计划，督促落实定期检验和隐患治理工作。

7）按照规定报告特种设备事故，参加特种设备事故救援，协助进行事故调查和善后处理。

8）发现特种设备事故隐患，立即进行处理，情况紧急时，可以决定停止使用特种设备，并且及时向本单位安全管理负责人报告。

9）纠正和制止特种设备作业人员的违章行为。

（5）充装负责人岗位职责

1）全面负责充装车间生产管理工作，对充装区域安全生产负全责。

2）贯彻执行国家有关产品质量、计量、标准、安全生产等法律、法规、技术规范的规定，建立健全各项管理制度，落实安全生产岗位责任制度。

3）做好安全消防工作，落实检查各种安全措施，防止事故发生。

4）参与建立本站安全质量管理体系。协助组织制定、修订并贯彻执行《质量手册》。

（6）充装作业人员岗位职责　充装作业人员应当取得相应资格，方可从事气瓶充装及检查工作，并且对其充装、检查工作的安全质量负责。

1）严格执行特种设备有关安全管理制度，并且按照操作规程进行操作。

2）按照规定填写作业、交接班等记录。

3）参加安全教育和技能培训，提高操作技能，严格遵守工艺纪律。

4）进行经常性维护保养，对发现的异常情况及时处理，并且做出记录。

5）作业过程中发现事故隐患或其他不安全因素，应当立即采取紧急措施，并且按照规定的程序向设备安全管理员和单位有关负责人报告。

6）参加应急演练，掌握相应的应急处置技能。

（7）设备管理责任人（设备员）岗位职责

1）负责仪器、设备的管理。

2）根据仪器、设备添置计划安排采购，对到站的仪器、设备应组织有关人员进行开箱、安装和验收。

3）负责对仪器、设备进行分类、编号，建立设备档案。

4）负责仪器、设备的借用和外借，督促操作人员遵守操作规程，按计划组织仪器、设备的维护保养，并检查各部门执行情况。

5）协助计量管理责任人落实仪器、设备的周期检定。

6）参加对本站事故的分析处理，对损坏的仪器、设备及时安排修理。

7）对仪器、设备管理和计量管理中出现的问题，应及时向技术负责人汇报。

8）遵守站内各项规章制度，完成领导交办的其他工作。

9）负责制定、修订使用单位生产设备管理办法，编制切实可行的设备维护、检修技术规程及各类设备管理制度和设备操作规程操作规程。

10）负责做好操作人员、维护人员及新员工的技术培训工作。

11）负责建立和完善设备运行记录、设备技术档案、设备台账等基础工作，做好各种资料的积累和分析，准确及时报出生产设备各类统计报表。

12）建立健全设备技术资料、档案，完善各项资料基础管理制度和设备账卡。

13）负责设备的日常管理和技术管理，负责设备的使用、检修（维护）、更新（改造）等工作。

14）负责编制上报生产设备更新改造计划（生产性技术改造计划）与检修费用使用计划。

15）负责编制并实施年度生产设备更新改造、检修、检定、维护计划，检查各项设备计划执行情况。

16）负责备品、备件的管理。

17）指导、监督、检查各部门设备、设施缺陷管理工作。

18）定期审核、上报设备消缺情况。

19）对各部门的报修项目，根据实际情况进行现场指导；对特种设备的重大缺陷，应跟进监督，直至缺陷消除。

20）定期组织开展设备检查，消除设备缺陷和跑、冒、滴、漏现象。

21）监督检查各部门生产设备的安装、维修、改造、停用、报废等工作的执行情况。

22）负责监督使用单位设备异动执行情况。

23）负责审核使用单位生产设备报废的技术可行性。

（8）档案管理员岗位职责

1）系统全面地掌握信息资料档案管理维护技术，建立健全气瓶充装相关信息档案资料及管理台账。

2）严格按照有关要求、方法和步骤，做好信息档案资料（包括气瓶充装相关法律、法规、规范性文件、安全技术规范、技术标准，质量手册、管理制度、操作规程、事故预案，气瓶信息化追溯管理档案，设备设施，各类记录、内审报告、用户意见反馈和内部信息反馈等）的收集、整理、编目、立卷、保存及借还登记等工作。

3）认真做好信息档案资料的保密工作。

4）负责对保管到期的档案资料按有关规定提出处理意见，报领导批准后执行。

5）有权拒绝发放、提供未经领导审批同意的文件或档案。

6）有权对不符合规定的文件、档案提出疑问。

7）有权拒绝对不符合收文、呈批、转递手续的有关文件归档。

（9）分析工岗位职责

1）严格执行国家有关法律、法规和标准，负责对进站的气体产品质量进行检验。

2）严格执行操作规程，对检验结果负责。

3）发现气体产品质量不符合国家标准的，应立即向技术负责人汇报且出具检验报告，并立刻通知充装站不得充装或不得出厂。

4）协助对检验仪器的维护、保养，定期进行自行检查，并及时同设备责任人联系定期检定，以确保检验和分析的准确性。

5）及时填写各种原始记录及检验分析数据，做好各种报表收集和整理工作。

1.3.4.2　特种设备经常性维护保养、定期自行检查和有关记录制度

为确保特种设备在使用中安全运转，设备管理部门或安全管理员应开展特种设备经常性维护保养和定期自行检查，坚持以维护为主的原则，严格执行岗位责任制，确保在用设备始终处于正常使用状态。

1. 经常性（日常）维护保养

作业人员每日对设备进行维护保养，维护保养应当符合使用设备的安全技术规范和产品使用维护保养说明的要求。对设备进行清洁、润滑、调整、紧固、防腐，更换不符合要求的易损件，保持零件完好无缺；对维护保养中发现的异常情况应及时处理，并且做出记录，保证在用特种设备始终处于正常使用状态。

2. 定期自行检查

定期自行检查根据特种设备的类别、品种和特性进行。定期自行检查的时间、内容和要求，应符合安全技术规范规定及产品使用维护保养要求。

（1）压力容器　压力容器的定期自行检查包括月度检查、年度检查。

1）月度检查：使用单位每月对所使用的压力容器至少进行 1 次月度检查，并且应当记录检查情况；当年度检查与月度检查时间重合时，可不再进行月度检查。月度检查内容主要包括压力容器本体及其安全附件、装卸附件、安全保护装置、测量调控装置、附属仪器仪表是否完好，各密封面有无泄漏，以及有无其他异常情况等。

2）年度检查：使用单位每年对所使用的压力容器至少进行 1 次年度检查，年度检查项目至少包括压力容器安全管理情况、压力容器本体及其运行状况和压力容器安全附件检查等；具体检查内容与报告格式见本书附录 A。

年度检查工作完成后，应当进行压力容器使用安全状况分析，并且及时消除年度检查中发现的隐患。年度检查工作可以由压力容器使用单位安全管理人员组织经过专业培训的人员进行。

（2）压力管道　压力管道年度检查，即定期自行检查，指使用单位在管道运行条件下，对管道是否有影响安全运行的异常情况进行检查，每年至少进行1次。年度检查应当至少包括对管道安全管理情况、管道运行状况和安全附件与仪表的检查等。具体检查内容与报告格式见本书附录B。

使用单位应当制定年度检查管理制度。年度检查工作可以由使用单位安全管理人员组织经过专业培训的人员进行，也可以委托具有工业管道定期检验资质的检验机构进行。自行实施年度检查时，应当配备必要的检验器具、设备。

（3）气瓶　使用单位根据《气瓶安全技术规程》（TSG 23—2021）的要求，应当按照气瓶出厂资料、维护保养说明，对气瓶进行经常性检查、维护保养。检查、维护保养一般包括以下内容：

1）检查规定的气瓶标志、外观涂层完好情况，定期检验有效期是否符合安全技术规范及其相关标准的规定。

2）检查气瓶附件是否齐全、有无损坏，是否超出设计使用年限或检验有效期。

3）检查气瓶是否出现变形、异常响声、明显外观损伤等情况。

4）检查气体压力显示是否出现异常情况。

5）使用单位认为需要进行检查的项目。

使用单位根据检查情况，采取表面涂敷、送检气瓶、更换瓶阀等方式进行气瓶的维护保养，并将维护保养情况记录到档案中。

3. 维护和使用的其他制度

1）特种设备管理部门或安全管理员制定实施计划，操作人员负责设备的日常维护保养，设备检修人员负责设备定期自行检查。

2）特种设备作业人员通过培训和学习，对所使用的设备做到懂结构、懂工艺、懂性能、懂用途；会使用、会维护保养、会排除故障，并有权制止他人私自动用自己操作的设备。对未采取防范措施或超负荷使用的设备，有权停止使用；发现设备运转不正常、超期不检修、安全装置不符合规定时应立即上报，若上级不立即处理和采取相应措施，有权停止使用。

3）特种设备经常性维护保养遵从谁使用谁负责的原则，按照要求执行，做好保养记录。

4）作业人员应正确使用设备，严格执行操作规程，参加各项培训，掌握设备的故障预防、判断和紧急处理措施，保持安全防护装置完整好用。

5）设备检修人员应定时按期对设备进行巡回检查，发现问题，及时解决，排除隐患。

6）做好日常保养、定期自行检查的有关记录。

1.3.4.3　特种设备使用登记、定期检验管理制度

使用单位设置的特种设备安全管理机构和安全管理员要熟悉并掌握本单位特种设备使用登记和定期检验情况，根据本单位的实际情况制定定期检验计划，确保特种设备定期检验工作如期实施。

1. 使用登记制度

1）特种设备投入使用前，应当按相关规定办理使用登记。

2）应建立特种设备台账，包括特种设备名称、型号、使用地点、使用证号、登记日期、定期检验日期等。

2. 定期检验制度

1）制定特种设备定期检验计划，并督促相关部门实施计划。按照安全技术规范的要求，在检验合格有效期届满前 1 个月向特种设备检验机构提出定期检验要求。

2）定期检验前，应当备齐设备运行记录、维护保养记录、运行中出现异常情况的记录等。

3）定期检验时，向检验机构和检验人员提供检验所需的条件，配合他们做好检验工作。

4）未经定期检验或检验不合格的特种设备，不得继续使用。

5）对检验发现的问题，应当采取相应措施进行处理，合格后方可使用。

6）定期检验完成后，组织做好特种设备的管路连接、密封、附件（含零部件、安全部件、安全保护装置、仪器仪表等）和内件安装、试运行等工作，并对其安全性负责。

7）对确实需要延长检验周期的特种设备，必须依法办理延期检验手续。

8）经特种设备检验机构检验合格后，应及时取得相关证书，存入设备档案。对自行检验的设备，要记录检验时间及检验结论，并存入设备档案。

3. 主要涉及的特种设备及检验周期要求

（1）固定式压力容器　按照《固定式压力容器安全技术监察规程》（TSG 21—2016）和《特种设备使用管理规则》（TSG 08—2017）的规定，在投入使用前或投入使用后 30 日内，使用单位应当按台（套）向特种设备所在地设区的市的特种设备安全监管部门申请办理使用登记；使用单位应当在压力容器定期检验有效期届满的 1 个月以前，向特种设备检验机构提出定期检验申请，并且做好定期检验相关的准备工作。

金属压力容器一般于投用后 3 年内进行首次定期检验，以后的检验周期由检验机构根据压力容器的安全状况等级，按照以下要求确定：

1）安全状况等级为 1 级、2 级的，一般每 6 年检验 1 次。

2）安全状况等级为 3 级的，一般每 3~6 年检验 1 次。

3）安全状况等级为 4 级的，监控使用，其检验周期由检验机构确定，累计监控使用时间不得超过 3 年；在监控使用期间，使用单位应当采取有效的监控措施。

4）安全状况等级为 5 级的，应当对缺陷进行处理，否则不得继续使用。

（2）工业管道　按照《压力管道安全技术监察规程——工业管道》（TSG D0001—2009）《压力管道定期检验规则——工业管道》（TSG D7005—2018）和《特种设备使用管理规则》（TSG 08—2017）的规定，在投入使用前或投入使用后 30 日内，应当以使用单位为对象，向特种设备所在地设区的市的特种设备安全监管部门申请办理使用登记；使用单位应当在压力管道定期检验有效期届满的 1 个月以前，向特种设备检验机构提出定期检验申请，并且做好定期检验相关的准备工作。

定期检验应当在年度检查的基础上进行。管道一般在投入使用后 3 年内进行首次定期检验，以后的检验周期由检验机构根据管道安全状况等级，按照以下要求确定：

1）安全状况等级为 1 级、2 级的，GC1、GC2 级管道一般不超过 6 年检验 1 次，GC3 级管道不超过 9 年检验 1 次。

2）安全状况等级为 3 级的，一般不超过 3 年检验 1 次；在使用期间，使用单位应当对管道采取有效的监控措施。

3）安全状况等级为 4 级的，使用单位应当对管道缺陷进行处理，否则不得继续使用。

（3）气瓶　按照《气瓶安全技术规程》（TSG 23—2021）和《特种设备使用管理规则》（TSG 08—2017）的规定，应当以使用单位为对象，向特种设备所在地设区的市的特种设备安全监管部门申请办理使用登记；使用单位应当在气瓶定期检验有效期届满的 1 个月以前，向特种设备检验机构提出定期检验申请，并且做好定期检验相关的准备工作。充装许可证书上备注了“（含定期检验）”的气瓶充装单位（车用气瓶充装单位除外），可自行检验已办理使用登记的自有产权气瓶。

车用气瓶的首次定期检验日期应当从气瓶使用登记日期计算，但制造日期与使用登记日期的间隔不得超过 1 个定期检验周期。车用液化石油气钢瓶的检验周期为 5 年，车用压缩天然气气瓶的检验周期为 3 年，低温绝热车用气瓶的检验周期为 3 年。

已建立气瓶充装信息平台的充装单位检验的自有产权燃气气瓶，如果充装单位在定期检验周期内为每只气瓶购买了充装安全责任保险并能够履行维护保养职责，在向使用登记机关办理书面告知后，可以由充装单位根据气瓶安全状况确定定期检验周期或进行超过设计使用年限后的安全评估，但经过安全评估的燃气气瓶的实际使用年限最长不得超过 12 年。

有下列情况之一的气瓶，应当及时进行定期检验：

1）有严重腐蚀、损伤，或者对其安全可靠性有怀疑的。

2）库存或停用时间超过一个检验周期后投入使用的。

3）发生交通事故，可能影响车用气瓶安全的。

4）气瓶相关标准规定需要提前进行定期检验的其他情况，以及检验人员认为有必要提前检验的。

（4）安全附件和仪表　压力表校验周期为 6 个月；安全阀检验周期为 12 个月。

1.3.4.4　特种设备隐患排查治理制度

内容同 1.3.1.4 特种设备隐患排查治理制度。

1.3.4.5　特种设备安全管理员与作业人员管理和培训制度

内容同 1.3.1.5 特种设备安全管理员与作业人员管理和培训制度。

1.3.4.6　特种设备采购、安装、改造、修理、报废等管理制度

内容同 1.3.1.6 特种设备采购、安装、改造、修理、报废等管理制度。

车用气瓶随报废车辆一同报废，其中出租车使用的车用压缩天然气瓶使用时间最长为 8 年。

1.3.4.7　特种设备应急救援管理制度

内容同 1.3.1.7 特种设备应急救援管理制度。

1.3.4.8　特种设备事故报告和处理制度

内容同 1.3.1.8 特种设备事故报告和处理制度。

1.3.4.9　气瓶信息化管理制度

（1）目的　为建立气瓶数字信息化管理，加强气瓶进出库、充装、检验、档案管理，

根据《气瓶安全技术规程》《特种设备使用管理规则》等标准规范制定本制度。

（2）档案建立

1）按照“一瓶、一码、一档”的规定，充装车间应对新瓶和检验合格的气瓶逐只填写二维码安装记录，包括对应的气瓶原始数据。

2）资料员根据二维码安装数据建立气瓶档案，并将气瓶信息录入数据库，按规定办理气瓶使用登记手续。

（3）气瓶出入库、充装

1）由气瓶收发员扫码入库。

2）气瓶充装前由检查员按信息管理系统逐只扫描检查登记，充装时逐只扫描记录，内容包括充装时间、介质、起止时间等信息。

3）充装后由检查员按信息管理系统逐只扫描检查登记。

4）卸货时由押运员（装卸管理员）逐只扫码登记。

5）对无二维码的气瓶原则上不予充装，将瓶堆放在不合格区域，并进行标识、隔离，送气瓶检验站处理。

（4）检验

1）气瓶充装检查时，气瓶的检验有效期限将自动反馈在气瓶采集终端，对超期气瓶应按不合格气瓶处理。

2）对定期检验或报废的气瓶，应按检验站体系运作要求填写相关记录，并交资料员在数据库中更新。

（5）二维码标签更换　对二维码标签损坏、模糊不清、遗失的气瓶，应予更换或补充，并更新气瓶数据库。

（6）保养

1）对新安装的二维码，应在二维码表面及安装贴合处涂透明油漆，防止氧化。

2）对在用气瓶的二维码标签，应定期洗擦、除垢、防腐，保证其能有效辨识。

第 2 章 城镇燃气特种设备安全隐患排查

2.1 隐患定义

燃气隐患指违反燃气相关法律、法规、规章、标准、规程和管理制度的规定，或者因操作、麻痹、突发等原因，可能导致燃气设施事故发生的人的不安全行为、物的危险状态和管理上的缺陷。

2.2 隐患分级管理

隐患排查治理应遵循分级负责、重在治理的原则。从城镇燃气特种设备相关从业人员到使用单位主要负责人，都应当参与隐患排查治理。

1）使用单位主要负责人作为本单位隐患排查治理体系建设的第一责任人，保证隐患排查治理的资源投入。

2）特种设备安全管理负责人负责组织进行隐患排查，并提出处理建议。

3）特种设备安全管理员负责督促推进落实隐患排查治理工作。

4）特种设备作业人员负责职责范围内的隐患排查治理工作，发现事故隐患，应当立即采取紧急措施，并按照规定向特种设备安全管理员和单位有关负责人报告。

排查项目按照隐患分为 3 级，分别是 1 级隐患、2 级隐患、3 级隐患，建议整改要求参阅表 2-1。

表 2-1 特种设备隐患分级与整改要求

隐患分级	影响程度	接受准则	整改要求
1	高度、严重危害，红色警示	不可接受	停工整顿
2	中度、中等危害，橙色警示	不愿接受	即查即改
3	轻度、轻微危害，黄色警示	可接受	限期整改

2.3 隐患排查

1. 隐患排查的定义与类型

隐患排查是使用单位组织安全管理人员、工程技术人员、作业人员及其他相关人员依据国家法律法规、安全技术规范、标准、企业管理制度和企业安全生产制度，采取一定的方式和方法，对照风险分级管控措施的有效落实情况，对本单位的事故隐患进行排查的工作过程。

1）排查类型主要包括日常排查、定期排查、专项排查、节假日重点时段隐患排查、事故警示类排查等。

2）日常排查是班组、特种设备作业人员的交接班检查和班中巡回检查，以及基层单位领导和特种设备安全管理员的日常性检查。日常排查要加强对特种设备的本体及其安全附件、装卸附件、安全保护装置、测量控制装置、附属仪器仪表等的检查和巡查。

3）定期排查是使用单位按照有关设备的安全技术规范的要求，根据所使用特种设备的类别进行的定期自行检查，如压力容器的月度检查和年度检查等。

4）专项排查主要是使用单位根据本单位的风险情况，对压力管道、储罐、水浴式加热器、收发球筒等设备、作业和管理活动进行的专项隐患排查。

5）节假日重点时段隐患排查主要是政府重大活动或法定节假日前对设备安全状况、安全管理情况、应急预案情况等进行检查，特别是对各级管理人员、检修队伍的值班安排和安全措施、应急预案的落实情况等进行重点检查。

6）事故警示类排查是对企业内和同类企业发生特种设备事故后的举一反三的安全检查。

2. 隐患排查频次

1）使用单位应结合本单位设备特点开展隐患排查工作，做到全面覆盖、责任到人，日常排查和定期排查相结合，专项排查与定期排查相结合。

2）使用单位应根据排查表定期开展各类特种设备的排查工作，宜覆盖本单位所有项目。

3）排查周期：日常排查一般为每天 1 次；定期排查根据设备维护保养计划制定；专项排查由特种设备安全管理员与特种设备操作员不定期组织进行，一般不少于 2 次/年；节假日重点排查按照节日规定及政府大型活动规定开展；同类企业发生伤亡、爆炸、泄漏等事故应及时进行事故警示类排查。

城镇燃气特种设备隐患排查表（通用）见附录 D；城镇天然气场站设施隐患排查表（门站）见附录 E；城镇天然气场站设施隐患排查表（LNG 场站）见附录 F；城镇燃气压力管道设施隐患排查表见附录 G；城镇液化石油气场站设施隐患排查表见附录 H；城镇燃气加气站设施及车用气瓶隐患排查表见附录 I。

2.4　隐患治理与验收

2.4.1　隐患治理

隐患治理实行分级治理，分类实施的原则。主要包括岗位纠正、班组治理、部门治理、公司治理等。隐患治理应遵循“五定”原则，即定人员、定时间、定责任、定标准、定措施。

1. 一般隐患治理

一般隐患，指危害和整改难度较小，单个部门或班组依靠自身能力可以立即整改排除的隐患。对一般隐患，应当场发现，当场整改；对不能当场整改的隐患，由使用单位各级（公司、部门、班组等）负责人或有关人员负责组织限期治理，治理情况要有相应层级的负责人进行确认。

2. 重大隐患治理

重大隐患，指危害和整改难度较大，单个部门或班组依靠自身能力难以立即整改排除的隐患。对重大隐患，应按以下规定处理：

1）应针对重大隐患制定并实施隐患治理方案，方案应当包括治理的目标和任务、采取的方法和措施、经费和物资的落实、负责治理的机构和人员、治理的时限和要求、安全措施和应急预案，落实整改，并从制度执行、监督考核等方面反思隐患存在的原因。

2）在依靠内部力量无法整改时，应主动联系外部单位实施整改。

3）一般每月对隐患排查治理情况进行统计分析，针对存在的不足制定改进措施，并推动落实，形成闭环管理。

2.4.2 隐患治理结果验收

特种设备使用单位应建立安全隐患治理结果确认工作机制，隐患治理完成后，应根据隐患级别组织相关人员对治理情况进行验收。

1）一般隐患整改完毕后，分级组织验收，并在隐患报告登记表或台账填写验证情况后归档留存。

2）重大隐患治理完毕后，组织相关部门进行联合验收或评估（评价），并出具验收意见，必要时上报安全管理部门，实现闭环管理。

2.5 隐患文档管理

使用单位应完整保存体现隐患排查治理过程的记录资料，并分类建档管理。至少应包括隐患排查治理制度、重大隐患清单和隐患排查治理清单等内容的文件资料，并建立和保存有关记录的电子文档；涉及重大隐患时，使用单位应对隐患排查、治理方案和验收意见等进行全程记录，并应单独建档管理。

第 3 章 城镇燃气特种设备使用单位应急预案与事故处置

3.1 编制程序

3.1.1 概述

1）特种设备使用单位应遵循以人为本，安全第一原则，将最大限度地预防和减少突发事件所造成的损失作为首要任务。结合本单位组织管理体系及事故发生的特点，编制措施明确具体的，具有很强的可操作性的专项应急预案。

2）特种设备使用单位应急预案分为专项应急预案及现场处置方案。编制程序包括下列内容：①成立应急预案编制工作组；②收集资料；③风险辨识与应急能力评估；④应急资源调查；⑤文本编制；⑥桌面演练；⑦预案评审；⑧预案发布；⑨预案备案及实施；⑩预案修订。

3.1.2 成立应急预案编制工作组

1）特种设备使用单位结合职能和分工，成立以单位主要负责人为组长，生产、技术、设备、安装、行政、人事、财务等人员参加的应急预案编制工作组。

2）编制工作组明确工作职责和任务分工，制定工作计划，组织开展应急预案编制工作。

3）编制工作组邀请有关的职能部门和单位、具有现场处置经验的人员及相关救援队伍负责人、周边相关企业、单位或社区代表参加。

4）特种设备使用单位应根据全年生产计划和目标、应急预案编制的需要等因素编制单位年度安全生产资金计划，安全生产投入应符合安全生产费用管理制度要求。

5）特种设备使用单位配备专职应急管理人员、组建应急队伍。

6）特种设备使用单位健全管理制度和操作规程，设备明确相应的安全责任人。

7）特种设备使用单位应配备与企业规模相适应的应急救援器材和设备，应包括下列内容：工程车辆、防爆工具、应急照明设备、空气呼吸类设备、围护警戒类工具、急救药品、防护设备、其他。属于危险化学品单位，还应对照《危险化学品单位应急救援物资配备要求》（GB 30077—2013）配备应急救援器材和设备。

3.1.3 收集资料

（1）应急预案编制工作组应收集下列相关资料

1）适用的法律法规、部门规章、地方性法规和政府规章、技术标准及规范性文件。

2）企业周边地质、地形、环境情况及气象、水文、交通资料。

3）企业现场特种设备分布区划分及安全距离资料。

4）特种设备工艺流程、工艺参数、作业条件、设备装置及风险评估资料。

5）本企业历史事故与隐患、国内外同行业资料。

6）收集属地政府、周边企业及单位应急预案。

（2）特种设备使用单位对周边高风险地区进行调查并收集资料

1）周边人口密集区域及人口聚集地。

2）周边可利用消防、警察、医院等设施分布情况。

3）周边重要设施，如易燃易爆品储存等。

3.1.4 风险辨识与应急能力评估

1）特种设备使用单位针对不同事故种类及特点，辨识存在的危险危害因素，分析事故可能产生的后果，评估后果的危害程度和影响范围，并提出防范和控制事故风险措施。

2）特种设备使用单位开展生产安全事故风险评估，并编写评估报告，报告应包括下列内容：①辨识单位内存在的危险有害因素，确定可能发生的事故类别；②分析各种事故类别发生的可能性、危害后果和影响范围；③评估确定相应事故类别的风险等级；④相应的处理建议。

3）风险评估等级应符合表3-1的规定。

表3-1 风险评估等级

序号	风险等级	风险颜色	风险程度
1	Ⅳ	蓝色	低风险
2	Ⅲ	黄色	一般风险
3	Ⅱ	橙色	较大风险
4	Ⅰ	红色	重大风险

3.1.5 应急资源调查

1）全面调查和客观分析本单位及周边单位和政府相关部门特种设备应急资源情况，形成相应的调查清单：① 本单位可以调用的应急队伍、物资、装备、场所；②针对特种设备及存在风险区域采用的信息化检测、监控及报警设备的完整性；③上级单位、当地政府及周边企业可提供的应急资源；④可协调使用的医疗、消防、专业抢险救援机构及其他社会化应急救援力量。

2）特种设备使用单位应将内外部应急资源编制入应急资源调查报告内。

3）城镇燃气特种设备事故应急资源调查报表示例见附录P。

3.1.6　文本编制

1）特种设备使用单位编制预案应当遵循以人为本、依法依规、符合实际、注重实效的原则，以应急处置为核心，体现自救、互救和前期处置的特点。

2）文本编制应逻辑清晰、内容完整，明确应急职责、规范应急程序、细化保障措施，尽可能简明化、图表化、流程化。

3）特种设备使用单位应分别编制专项应急预案和现场处置方案。

4）编制工作应根据事故风险评估及应急资源调查结果，结合本单位特种设备管理体系、生产及处置特点，合理考虑本单位的特种设备应急体系。

5）根据组织体系，科学合理划分应急组织机构及职能分工。

6）依据特种设备事故危害程度及区域范围，结合应急处置能力，明确界限范围，确定响应分级和处置措施。

3.1.7　桌面演练

1）特种设备使用单位针对事故情景，利用图纸、沙盘、流程图、计算机模拟、视频会议等辅助手段，依据应急预案进行交互式讨论或推演的应急演练活动。

2）在桌面演练中，人员按照应急预案或应急方案发出信息指令后，参演人员依据接收的信息，回答问题或模拟推演形式，按照注入信息、提出问题、分析决策、表达结果实施。

3）在桌面演练过程中，特种设备使用单位应逐步分析讨论并形成相关记录，检验应急预案的可行性、针对性和实用性，并进一步完善应急预案。桌面演练的相关要求见AQ/T 9007。

4）城镇燃气场站（液化天然气）特种设备事故桌面演练示例见附录S中的S.1。

5）城镇燃气压力管道（市政管网）特种设备事故桌面演练示例见附录S中的S.2。

6）城镇燃气液化气场站充装特种设备事故桌面演练示例见附录S中的S.3。

7）城镇燃气加气站特种设备事故桌面演练示例见附录S中的S.4。

3.1.8　预案评审

1）特种设备预案的评审，建议和综合预案、专项预案一起进行，若需要单独进行评审，应按法律法规有关规定组织评审和论证。评审专家应该由特种设备相关专家组成。

2）应急预案评审程序包括下列内容：

① 评审准备。成立评审工作组，落实参加评审专家，建议选用特检院认可的专家。

② 组织评审。评审采用会议材料评审和现场实际设备评审形式，专家人数为单数，评审通过专家数不能少于2/3。

③ 修改完善。根据专家评审意见修改情况说明，并经专家组组长签字确认。

3）城镇燃气特种设备事故应急预案评审示例见附录R。

3.1.9　预案发布

1）特种设备使用单位的应急预案经评审或论证后，由本单位主要负责人签署，向本单位从业人员公布，并及时发放到本单位有关部门、岗位和相关应急救援队伍。

2）事故风险可能影响周边其他单位或人员的，特种设备使用单位应将有关事故风险的性质、影响范围和应急防范措施告知可能影响到的其他单位和人员。

3.1.10 预案备案及实施

1）特种设备应急预案应与其他预案自发布之日起20个工作日内，向县级以上人民政府应急管理部门和其他负有安全生产监督管理职责的部门进行备案，并应通过企业门户网站、公众号等途径依法向社会公布。

2）特种设备使用单位申报应急预案备案，应提交下列材料：

① 应急预案备案申报表。

② 应急预案评审意见。

③ 应急预案正式签发的文本和电子文档。

④ 风险评估结果和应急资源调查清单。

3）备案通过后，特种设备使用单位应将应急预案的培训纳入安全生产培训工作计划，开展应急预案等相关知识的培训活动。

特种设备使用单位应当组织开展本单位的应急预案、应急知识、自救互救和避险逃生技能的培训活动，使有关人员了解应急预案内容，熟悉应急职责、应急处置程序和措施。应急培训的时间、地点、内容、师资、参加人员和考核结果等情况应当如实记入本单位的安全生产教育和培训档案。

4）特种设备使用单位应当按照应急预案的规定，落实应急指挥体系、应急救援队伍、应急物资及装备，建立应急物资、装备配备及其使用档案，并对应急物资、装备进行定期检测和维护，使其处于适用状态。

5）特种设备使用单位发生事故时，应当第一时间启动应急响应，组织有关力量进行救援，并按照规定将事故信息及应急响应启动情况报告事故发生地所在县级以上人民政府应急管理部门和其他负有安全生产监督管理职责的部门。

6）生产安全事故应急处置和应急救援结束后，特种设备事故发生单位应当对应急预案实施情况进行总结评估。

7）城镇燃气生产安全事故信息上报表示例见附录Q。

3.1.11 预案修订

1）特种设备使用单位建立应急预案定期评估制度，每3年进行1次分析与评估，并对应急预案是否需要修订做出结论。

2）应急预案评估可以邀请相关专业机构或者有关专家、有实际应急救援工作经验的人员参加，必要时可以委托安全生产技术服务机构实施。

3）有下列情形之一的，应急预案应当及时修订并归档。

① 依据的法律、法规、规章、标准及上位预案中的有关规定发生重大变化的。

② 应急指挥机构及其职责发生调整的。

③ 安全生产面临的风险发生重大变化的。

④ 重要应急资源发生重大变化的。

⑤ 在应急演练和事故应急救援中发现需要修订预案的重大问题的。

⑥ 编制单位认为应当修订的其他情况。

4）应急预案修订涉及组织指挥体系与职责、应急处置程序、主要处置措施、应急响应分级等内容变更的，应重新进行预案编制程序，并重新报备。

3.2　城镇燃气特种设备专项应急预案编制内容及重点

1）特种设备使用单位专项应急预案是对某一种或多种类型生产安全事故，或者针对重要生产设施、重大危险源、重大活动防止生产安全事故而制定的专项工作方案。

2）根据特种设备使用场所不同，特种设备使用单位专项预案分为：城镇天然气场站设施专项应急预案、城镇燃气压力管道专项应急预案、城镇液化气场站充装设施专项应急预案、加气站设施及车用气瓶专项应急预案。

3）专项应急预案应包括适用范围、应急指挥机构与职责、响应启动、处置措施及应急保障等内容。

4）采用图表形式明确应急救援组织机构的构成。由于专项预案相对范围比较小，根据企业特点，分组应尽量简单，可分为应急救援领导小组、现场处置组、疏散警戒组、后勤保障组和事故处理组。

5）专项应急预案应针对可能发生的事故风险、危害程序和影响范围，制定相应的应急处置措施。

6）城镇燃气特种设备事故专项应急预案示例见附录 J，城镇天然气场站（门站）事故专项应急预案示例见附录 K 中的 K.1。

7）城镇液化天然气场站事故专项应急预案示例见附录 L 中的 L.1。

8）城镇燃气压力管道（市政管网）事故专项应急预案示例见附录 M 中的 M.1。

9）城镇液化石油气场站充装特种设备事故专项应急预案示例见附录 N 中的 N.1。

10）城镇燃气加气站特种设备事故专项应急预案示例见附录 O 中的 O.1。

3.3　城镇燃气特种设备现场（事故）处置方案编制内容及重点

1）对于危险性较大的场所、装置或设施，特种设备使用单位应编制现场处置方案，并与专项应急预案相衔接。

2）现场处置方案应包括事故风险描述、应急工作职责、应急处置及注意事项等内容。

3）应急工作职责应包括负责人职责和应急人员职责。

4）应急处置措施应包括下列内容。

① 应急处置程序：根据可能发生的事故及现场情况，明确事故报警、各项应急措施启动、应急救护人员的引导、事故扩大及同综合或专项应急预案的衔接。

② 现场应急处置措施：针对可能发生的事故从人员救护、工艺操作、事故控制、消防、现场恢复等方面制定明确的应急处置措施。

③ 明确报警负责人、报警电话、管理部门等的联络方式和联系人员，以及事故报告的

要求和内容。

5）注意事项应包括人员防护、自救互救、装备使用、现场安全等内容。

6）事故风险单一、危险性较小的燃气经营单位可只编制现场处置方案。

7）城镇天然气场站（门站）事故现场处置方案示例见附录 K 中的 K. 2。

8）城镇液化天然气场站事故现场处置方案示例见附录 L 中的 L. 2。

9）城镇燃气压力管道（市政管网）事故现场处置方案示例见附录 M 中的 M. 2。

10）城镇液化石油气场站充装特种设备事故现场处置方案示例见附录 N 中的 N. 2。

11）城镇燃气加气站特种设备事故现场处置方案示例见附录 O 中的 O. 2。

3.4 城镇燃气特种设备应急预案评审

（1）总体要求　评审应符合现行《生产经营单位生产安全事故应急预案编制导则》要求，同时要符合特种设备相关规范等要求。

（2）评审人员　评审人员主要由燃气行业专家、特种设备专家、消防及应急专家组成，建议采用专家库名录内专家。

（3）评审形式　评审分为形式评审和要素评审，评审可采取符合、根本符合、不符合 3 种方式。对根本符合和不符合的，提出指导性建议或建议。

形式评审主要是针对预案层次结构、内容格式、语言文字和制定过程等内容进行审查。

要素评审是依据有关规定和标准，从符合性、适用性、针对性、完整性、科学性、标志性和衔接性等方面进行评审。

（4）准备评审

1）成立预案评审组，明确评审单位或人员。

2）通知参加单位或个人具体评审时间。

3）被评审预案在评审前送达参加评审单位或个人。

（5）会议评审

1）介绍应急评审人员构成，推选会议评审组组长。

2）预案编制单位或部门向评审人员介绍应急预案编制或修订情况。

3）评审人员进行讨论，提出修改和建设性意见。

4）预案评审组根据会议讨论情况，提出会议评审意见。

5）讨论通过会议评审意见，参加会议评审人员签字。

（6）意见处理　评审组组长负责对各位评审人员的意见进行协调和归纳，综合提出预案评审的结论性意见。特种设备使用单位应按照评审意见，对预案存在的问题及不合格项进行分析，对预案进行修订和完善。反响意见要求重新审查的，按照要求重新组织审查。

3.5 城镇燃气特种设备应急预案演练及总结评估

3.5.1 应急演练

（1）时间间隔　特种设备使用单位制定应急预案演练计划，根据事故风险特点，每年至少组织1次专项应急预案演练，每半年至少组织1次现场处置方案演练。

（2）预设事故状况　特种设备使用过程中存在的事故风险而预先设定的事故状况（包括事故发生的时间、地点、特征、波及范围及变化趋势）。

（3）实战演练　针对事故情景，选择（或模拟）生产经营活动中的设备、设施、装置或场所，利用各类应急器材、装备、物资，通过决策行动、实际操作，完成真实应急响应的过程。

（4）桌面演练　针对事故情景，利用图纸、沙盘、流程图、计算机模拟、视频会议等辅助手段，进行交互式讨论和推演的应急演练活动。

（5）应急演练目的

1）检验预案：发现应急预案中存在的问题，提高应急预案的针对性、实用性和可操作性。

2）完善准备：完善应急管理标准制度，改进应急处置技术，补充应急装备和物资，提高应急能力。

3）磨合机制：完善应急管理部门、相关单位和人员的工作职责，提高协调配合能力。

4）宣传教育：普及应急管理知识，提高参演和观摩人员风险防范意识和自救互救能力。

5）锻炼队伍：熟悉应急预案，提高应急人员在紧急情况下妥善处置事故的能力。

（6）应急演练应遵循以下原则

1）符合相关规定：按照国家相关法律、法规、标准及有关规定组织开展演练。

2）依据预案演练：结合生产面临的风险及事故特点，依据应急预案组织开展演练。

3）注重能力提高：突出以提高指挥协调能力、应急处置能力和应急准备能力组织开展演练。

4）确保安全有序：在保证参演人员、设备设施及演练场所安全的条件下组织开展演练。

（7）计划

1）需求分析：全面分析和评估应急预案、应急职责、应急处置工作流程和指挥调度程序、应急技能和应急装备、物资的实际情况，提出需通过应急演练解决的问题，有针对性地确定应急演练目标，提出应急演练的初步内容和主要科目。

2）明确任务：确定应急演练的事故情景类型、等级、发生地域，演练方式，参演单位，应急演练各阶段主要任务，应急演练实施的拟定日期。

3）制定计划：根据需求分析及任务安排，组织人员编制演练计划文本。

（8）准备　根据演练规模大小，可以建立演练领导小组，下设策划组、执行组、保障组和评估组等专业工作组。

（9）工作方案

1）目的及要求。

2）事故情景。

3）参与人员及范围。

4）时间与地点。

5）主要任务及职责。

6）筹备工作内容。

7）主要工作步骤。

8）技术支撑及保障条件。

9）评估与总结。

（10）脚本　演练一般按照应急预案进行。按照应急预案进行时，根据工作方案中设定的事故情景和应急预案中规定的程序开展演练工作。演练单位根据需要确定是否编制脚本，若编制脚本，一般采用表格形式，主要内容包括：

1）模拟事故情景。

2）处置行动与执行人员。

3）指令与对白、步骤及时间安排。

4）视频背景与字幕。

5）演练解说词。

6）其他。

（11）实战演练

1）实战演练定义：针对事故情景，选择（或模拟）生产经营活动中的设备、设施、装置或场所，利用各类应急器材、装备、物资，通过决策行动、实际操作，完成真实应急响应的过程。

2）实战演练执行：按照应急演练工作方案，启动应急演练，有序推进各个场景，完成各项应急演练活动，妥善处理各类突发情况，宣布结束与意外终止应急演练，并开展现场点评等。实战演练执行主要按照以下步骤进行：

① 演练执行组负责应急演练实施全过程的指挥控制。

② 执行组按照应急演练工作方案（脚本）发出信息指令，导调人员向参演单位和人员及模拟人员传递信息。执行组按照应急演练工作方案（脚本）发出信息指令，向参演单位和人员及模拟人员传递信息。信息指令可由人工传递，也可以用对讲机、电话、手机、传真机、网络等方式传送，或者通过特定声音、标志与视频等呈现。

③ 应急演练执行人员应充分掌握应急演练工作方案（脚本、预案），按照应急演练工作方案（脚本）规定程序，熟练发布控制信息，调度参演单位和人员完成各项应急演练任务。应急演练过程中，执行人员应随时掌握应急演练进展情况，并向领导小组组长报告应急演练中出现的各种问题。

④ 各参演单位和人员，根据导调信息和指令，依据应急演练工作方案（脚本）规定流程，按照发生真实事件时的应急处置程序，采取相应的应急处置行动。

⑤ 模拟人员按照应急演练方案要求，做出信息反馈。

⑥ 演练评估组跟踪参演单位和人员的响应情况，进行成绩评定并做好记录。

（12）桌面演练

1）桌面演练定义：针对事故情景，利用图纸、沙盘、流程图、计算机模拟、视频会议等辅助手段，进行交互式讨论和推演的应急演练活动。

2）桌面演练执行：在桌面演练过程中，演练执行人员按照应急预案或应急演练方案发出信息指令后，参演单位或人员按照接收到的信息，回答问题或模拟推演的形式，完成应急处置活动，通常按照 4 个环节往返循环进行。

① 注入信息：执行人员通过多媒体文件、沙盘、消息单等多种形式向参演单位和人员展示应急演练场景，展现生产安全事故发生发展情况。

② 提出问题：在每个演练场景中，执行人员在场景展现完毕后，根据应急演练方案，提出一个或多个问题，或者在场景展现过程中自动呈现应急处置任务，供应急演练参与人员根据各自角色和职责分工讨论。

③ 分析决策：根据执行人提出的问题或所展现的应急决策处置任务及场景信息，参演单位和人员分组开展思考讨论，形成处置决策意见。

④ 表达结果：在组内讨论结束后，各组代表按要求提交或口头阐述本组的分析决策结果，或者通过模拟操作与动作展示应急处置活动。

各组决策结果表达结束后，导调人员可对演练情况进行简要讲解，接着注入新的信息。

（13）记录　燃气经营单位应将应急演练工作方案、应急演练评估表、应急演练记录，以及实施过程中的相关图片、视频、音频等资料归档保存。

（14）总结　燃气经营单位应根据演练记录、演练评估报告、应急预案、现场总结等材料，对演练进行全面总结，并形成演练书面总结报告。报告可对应急演练准备、策划等工作进行简要总结分析。

（15）示例

1）城镇燃气场站（门站）特种设备事故应急预案示例见附录 T 中的 T. 1。

2）城镇燃气压力管道（市政管网）特种设备事故应急演练示例见附录 T 中的 T. 2。

3）城镇燃气特种设备事故演练记录示例见附录 V。

3. 5. 2　应急演练总结评估

1）预案总结评估应与应急演练同步进行。

2）应急演练结束后，演练组织单位应根据演练记录、演练评估报告、应急预案、现场总结材料，对演练进行全面总结，并形成演练书面总结报告。报告可对应急演练准备、策划工作进行简要总结分析。参与单位也可对本单位的演练情况进行总结。

3）演练评估报告的主要内容一般包括演练执行情况、预案的合理性与可操作性、应急指挥人员的指挥协调能力、参演人员的处置能力、演练所用设备装备的适用性、演练目标的实现情况、演练的成本效益分析、对完善预案的建议等。

4）应急演练活动结束后，演练组织单位应将应急演练工作方案、应急演练书面评估报告、应急演练总结报告文字资料，以及记录演练实施过程的相关图片、视频、音频资料归档保存。

5）应急演练结束后，演练组织单位应根据应急演练评估报告、总结报告提出的问题和建议，对应急管理工作（包括应急演练工作）进行持续改进。

6）演练组织单位应督促相关部门和人员，制定整改计划，明确整改目标，制定整改措施，落实整改资金，并跟踪督查整改情况。

7）城镇燃气特种设备事故演练记录示例见附录 U 中的表 U-1。

8）城镇燃气特种设备事故演练总结报告表示例见附录 U 中的表 U-2。

附　录

附录A　压力容器年度检查要求

压力容器年度检查项目至少包括压力容器安全管理情况检查、压力容器本体及其运行状况检查和压力容器安全附件及仪表检查等。

A.1　压力容器安全管理情况检查

压力容器安全管理情况检查至少包括以下内容：

1）压力容器的安全管理制度是否齐全有效。

2）《固定式压力容器安全技术监察规程》（TSG 21—2016）规定的设计文件、竣工图样、产品合格证、产品质量证明文件、安装及使用维护保养说明、监检证书，以及安装、改造、修理资料等是否完整。

3）“使用登记证”“特种设备使用登记表”（以下简称“使用登记表”）是否与实际相符。

4）压力容器日常维护保养、运行记录、定期安全检查记录是否符合要求。

5）压力容器年度检查、定期检验报告是否齐全，检查、检验报告中所提出的问题是否得到解决。

6）安全附件及仪表的校验（检定）、修理和更换记录是否齐全真实。

7）是否有压力容器应急专项预案和演练记录。

8）是否对压力容器事故、故障情况进行了记录。

A.2　压力容器本体及其运行状况检查

压力容器本体及其运行状况的检查至少包括以下内容：

1）压力容器的产品铭牌及其有关标志是否符合有关规定。

2）压力容器的本体、接口（阀门、管路）部位、焊接（粘接）接头等有无裂纹、过热、变形、泄漏、机械接触损伤等。

3）外表面有无腐蚀，有无异常结霜、结露等。

4）隔热层有无破损、脱落、潮湿、跑冷。

5）检漏孔、信号孔有无漏液、漏气，检漏孔是否通畅。

6）压力容器与相邻管道或者构件有无异常振动、响声或者相互摩擦。

7）支承或者支座有无损坏，基础有无下沉、倾斜、开裂，紧固件是否齐全、完好。

8）排放（疏水、排污）装置是否完好。

9）运行期间是否有超压、超温、超量等现象。

10）罐体有接地装置的，检查接地装置是否符合要求。

11）监控使用的压力容器，监控措施是否有效实施。

A.3　压力容器安全附件及仪表检查

A.3.1　安全阀

安全阀检查至少包括以下内容和要求：

1）选型是否正确。

2）是否在校验有效期内使用。

3）杠杆式安全阀的防止重锤自由移动和杠杆越出的装置是否完好，弹簧式安全阀的调整螺钉的铅封装置是否完好，静重式安全阀的防止重片飞脱的装置是否完好。

4）如果安全阀和排放口之间装设了截止阀，截止阀是否处于全开位置及铅封是否完好。

5）安全阀是否有泄漏。

6）放空管是否通畅，防雨帽是否完好。

A.3.2　压力表

压力表的检查至少包括以下内容：

1）压力表的选型是否符合要求。

2）压力表的定期检修维护、检定有效期及其封签是否符合规定。

3）压力表外观、精度等级、量程是否符合要求。

4）在压力表和压力容器之间装设三通旋塞或者针形阀时，其位置、开启标记及其锁紧装置是否符合规定。

5）同一系统上各压力表的读数是否一致。

A.3.3　液位计

液位计的检查至少包括以下内容：

1）液位计的定期检修维护是否符合规定。

2）液位计外观及其附件是否符合规定。

3）寒冷地区室外使用或者盛装0℃以下介质的液位计选型是否符合规定。

4）介质为易爆、毒性危害程度为极度或者高度危害的液化气体时，液位计的防止泄漏保护装置是否符合规定。

A.3.4　测温仪表

测温仪表的检查至少包括以下内容：

1）测温仪表的定期校验和检修是否符合规定。

2）测温仪表的量程与其检测的温度范围是否匹配。

3）测温仪表及其二次仪表的外观是否符合规定。

A.4　年度检查报告及结论

年度检查工作完成后，检查人员根据实际检查情况出具检查报告（见图A-1和表A-1、表 A-2)，做出以下结论意见：

1）符合要求，指未发现或者只有轻度不影响安全使用的缺陷，可以在允许的参数范围内继续使用。

2）基本符合要求，指发现一般缺陷，经过使用单位采取措施后能保证安全运行，可以有条件地监控使用，结论中应当注明监控运行需要解决的问题及其完成期限。

3）不符合要求，指发现严重缺陷，不能保证压力容器安全运行的情况，不允许继续使用，应当停止运行或者由检验机构进行进一步检验。

年度检查由使用单位自行实施时，按照本附录检查项目、要求进行记录，并且出具年度检查报告，年度检查报告应当由使用单位安全管理负责人或者授权的安全管理人员审批。

报告编号：____________

压力容器年度检查报告

装 置 名 称：________________________

管 道 名 称：________________________

使用单位名称：________________________

单 位 内 编 号：________________________

检 查 日 期：________________________

（印刷检查单位名称）

图 A-1　压力容器年度检查报告封面

表 A-1　压力容器年度检查报告　　　　报告编号：

<table>
<tr><td colspan="2">设备名称</td><td colspan="2"></td><td colspan="2">容器类别</td><td></td></tr>
<tr><td colspan="2">使用登记证编号</td><td colspan="2"></td><td colspan="2">单位内编号</td><td></td></tr>
<tr><td colspan="2">使用单位名称</td><td colspan="5"></td></tr>
<tr><td colspan="2">设备使用地点</td><td colspan="5"></td></tr>
<tr><td colspan="2">安全管理人员</td><td colspan="2"></td><td colspan="2">联系电话</td><td></td></tr>
<tr><td colspan="2">安全状况等级</td><td colspan="2"></td><td colspan="2">下次定期检验日期</td><td>年　　月</td></tr>
<tr><td>检查依据</td><td colspan="6">《固定式压力容器安全技术监察规程》（TSG 21—2016）</td></tr>
<tr><td>问题及其处理</td><td colspan="6">检查发现的缺陷位置、性质、程度及处理意见（必要时附图或附页）</td></tr>
<tr><td rowspan="4">检查结论</td><td rowspan="3">（符合要求、基本符合要求、不符合要求）</td><td colspan="5">允许（监控）使用参数</td></tr>
<tr><td>压力</td><td>MPa</td><td>温度</td><td colspan="2">℃</td></tr>
<tr><td>介质</td><td colspan="4"></td></tr>
<tr><td colspan="6">下次年度检查日期：　　　年　　　月</td></tr>
<tr><td>说明</td><td colspan="6">（监控运行需要解决的问题及完成期限）</td></tr>
</table>

<table>
<tr><td>检查：</td><td>日期：</td><td rowspan="3">（检查单位检查专用章或公章）
年　　月　　日</td></tr>
<tr><td>审核：</td><td>日期：</td></tr>
<tr><td>批准：</td><td>日期：</td></tr>
</table>

表 A-2　压力容器年度检查报告附页　　　　报告编号：

序号	检查项目		检查结果	备注
1	安全管理情况			
2	压力容器本体及其运行状况			
3	安全附件及仪表	安全阀		
		压力表		
		液位计		
		测温仪表		

注：未进行的检查项目在检查结果栏打“—”；符合要求的检查项目在检查结果栏打“√”；基本符合要求的检查项目在检查结果栏打“○”，并在备注中说明；不符合要求的检查项目在检查结果栏打“×”，并在备注中说明。

附录 B　工业管道年度检查要求

工业管道年度检查应当至少包括对管道安全管理情况、管道运行状况和安全附件与仪表的检查，必要时应当进行壁厚测定和电阻值测量。

B.1　管道安全管理情况检查内容

1）安全管理制度和操作规程是否齐全有效。

2）相关安全技术规范规定的设计文件、安装竣工图、质量证明文件、监督检验证书，以及安装、改造、修理资料等是否完整。

3）安全管理人员是否持证上岗。

4）日常维护、运行记录、定期安全检查记录是否符合要求。

5）年度检查、定期检验报告是否齐全，检查、检验报告中所提出的问题是否得到解决。

6）安全附件与仪表校验（检定）、修理和更换记录是否齐全。

7）是否已按照相关要求制定专项应急预案，并且有演练记录。

8）是否对事故、故障以及处理情况进行了记录。

B.2　管道运行状况检查

B.2.1　检查内容

1）检查管道漆色、标志等是否符合相关规定。

2）检查管道组成件及其焊接接头等有无裂纹、过热、变形、泄漏、损伤等缺陷。

3）外表面有无腐蚀、异常结霜、结露等情况。

4）管道有无异常振动，管道与相邻构件之间有无相互碰撞、摩擦等情况。

5）管道隔热层有无破损、脱落、跑冷以及防腐层破损等情况，必要时可以采用红外热成像检测、热流密度检测等技术手段进行监测和节能评价。

6）检查支吊架有无脱落、变形、腐蚀、损坏，主要受力焊接接头有无开裂，支架与管道接触处是否积水，恒力弹簧支吊架转体位移指示是否符合要求，变力弹簧支吊架有无异常变形、偏斜、失载，刚性支吊架状态、转导向支架间隙、阻尼器和减振器位移、液压阻尼器液位是否符合要求等情况。

7）检查阀门表面有无腐蚀，阀体表面有无裂纹、严重缩孔，连接螺栓是否松动等情况。

8）检查放空（气）阀和排污（水）阀设置位置是否合理，有无异常集气、积液等情况。

9）检查法兰有无偏口以及异常翘曲、变形、泄漏，紧固件是否齐全、有无松动、腐蚀等情况。

10）检查波纹管膨胀节表面有无划痕、凹痕、腐蚀穿孔、开裂以及波纹管波间距是否符合要求，有无失稳现象，铰链型膨胀节的铰链、销轴有无变形、脱落、损坏现象，拉杆式膨胀节的拉杆、螺栓、连接支座是否符合要求等情况。

11）对有阴极保护装置的管道，检查其保护装置是否完好。

12）对有蠕胀测量要求的管道，检查管道蠕胀测点或蠕胀测量带是否完好。

13）检查人员认为有必要的其他检查。

B.2.2 检查重点部位

检查时，应当重点考虑以下部位：

1）压缩机、泵的进、出口部位。

2）补偿器、三通、弯头（弯管）、异径管、支管连接、阀门连接以及介质流动的死角等部位。

3）支吊架易损坏部位以及附近的管道组成件和焊接接头。

4）曾经发生过影响管道安全运行问题的部位。

5）处于生产流程要害部位以及与重要装置或者设备相连接的管段。

6）工作条件苛刻以及承受交变载荷的管段。

7）基于风险的检验分析报告中给出的高风险管段。

8）上次定期检验提出重点监控的管段。

B.3 壁厚测定

需要重点管理的管道或者有明显腐蚀的弯头、三通、异径管以及相邻直管段等部位，应当采取定点或者抽查的方式进行壁厚测定。壁厚测定的布点和测定频次应当依据腐蚀部位测量结果确定。

定点测厚的测点位置应当在单线图上标明，并且在年度检查报告中给出壁厚测定结果。发现壁厚异常时，应当适当增加壁厚测定点，必要时对所测管道的所有管段和管件进行壁厚测定。

B.4 电阻值测量

应当对输送易燃、易爆介质的管道，以抽查方式进行防静电接地电阻值和法兰间接触电阻值测定。防静电接地电阻值应当不大于100Ω，法兰间接触电阻值应当小于0.03Ω。

B.5 安全附件与仪表检查

B.5.1 一般要求

安全附件与仪表应当符合安全技术规范及相应现行国家标准的要求。存在下列情况之一的安全附件与仪表，不得投入使用。

1）无产品合格证和铭牌的。

2）性能不符合要求的。

3）逾期不检查、不校验、不检定的。

4）无产品监督检验证书的（相关安全技术规范有要求的）。

B.5.2 安全阀检查内容

1）安全阀选型是否符合设计要求。

2）安全阀是否在校验有效期内，整定压力是否符合管道的运行要求。

3）弹簧式安全阀调整螺钉的铅封装置是否完好。

4）如果安全阀和排放口之间设置了截断阀，截断阀是否处于全开位置，铅封是否完好。

5）安全阀是否泄漏。

6）放空管是否通畅，防雨帽是否完好。

在检查中，如果发现选型错误、超过校验有效期或者有泄漏现象，使用单位应当采取有效处理措施，确保管道的安全运行，否则应当暂停该管道运行。

B.5.3　阻火器装置检查内容

1）阻火器装置安装方向是否正确（限单向阻火器）。

2）阻火器装置标定的公称压力、适用介质和温度是否符合运行要求。

3）阻火器装置是否有泄漏及其他异常情况。

在检查中，发现阻火器装置存在安装方向错误、标定的参数不符合运行要求、本体泄漏、超过规定的检定或者检修期限，出现凝结、结晶或者结冰等情况，使用单位应当采取有效处理措施，确保管道的安全运行，否则必须暂停该管道运行。

B.5.4　紧急切断阀检查内容

1）紧急切断阀铭牌是否符合要求。

2）紧急切断阀是否泄漏及其他异常情况。

3）紧急切断阀的过流保护装置动作是否达到要求。

在检查中，发现紧急切断阀存在铭牌内容不符合要求或者阀体泄漏、紧急切断阀动作异常等情况，使用单位应当采取有效处理措施，确保管道的安全运行，否则必须暂停该管道运行。

B.5.5　压力表检查内容

1）压力表选型是否符合要求。

2）压力表定期检修维护制度、检定有效期及其封签是否符合要求。

3）压力表外观、精度等级、量程、表盘直径是否符合要求。

4）在压力表和管道之间设置三通旋塞或者针形阀的位置、开启标记及其锁紧装置是否符合要求。

5）同一系统上各压力表的读数是否合理。

在检查中，发现压力表选型错误、表盘封面玻璃破裂、表盘刻度模糊不清、封签损坏、超过检定有效期限、弹簧管泄漏、指针松动或者扭曲、外壳腐蚀严重、三通旋塞或者针形阀开启标记不清以及锁紧装置损坏等情况，使用单位应当采取有效处理措施，确保管道的安全运行，否则必须暂停该管道运行。

B.5.6　测温仪表检查内容

1）测温仪表定期校验和检修是否符合要求。

2）测温仪表量程与其检测的温度范围是否匹配。

3）测温仪表及其二次仪表的外观是否符合要求。

在检查中，发现测温仪表超过规定的校验、检修期限，仪表及其防护装置破损或者仪表量程选择错误等情况，使用单位应当采取有效处理措施，确保管道的安全运行，否则必须暂停该管道运行。

B.6　年度检查报告及结论

年度检查工作中，检查人员应当进行记录；检查工作完成后，应当分析管道使用安全状况，出具检查报告（见图 B-1 和表 B-1、表 B-2）。按照以下要求做出年度检查结论，年度检查结论分为符合要求、基本符合要求和不符合要求：

1）符合要求，指未发现影响安全使用的缺陷或者只发现轻度的、不影响安全使用的缺陷，可以在允许的参数范围内继续使用。

2）基本符合要求，指发现一般缺陷，经过使用单位采取措施后能够保证管道安全运行，可以在监控条件下使用，并且在检查结论中，应当注明监控条件、监控运行需要解决的问题及其完成期限。

3）不符合要求，指发现严重缺陷，不能保证管道安全运行的情况，不允许继续使用，必须停止运行或者由检验机构进行进一步检验。

年度检查由使用单位自行实施时，检查记录和年度检查报告应当由使用单位安全管理负责人或者授权的安全管理员审查批准。

使用单位应当将年度检查报告及其记录（单项报告）存档保存，保存期限至少到下一个定期检验周期。

报告编号：__________

工业管道年度检查报告

装 置 名 称：__________

管 道 名 称：__________

使用单位名称：__________

单 位 内 编 号：__________

检 查 日 期：__________

（印刷检查单位名称）

图 B-1　工业管道年度检查报告封面

表 B-1　工业管道年度检查报告　　　　报告编号：

<table>
<tr><td colspan="2">管道名称</td><td colspan="2"></td><td colspan="2">管道级别</td><td colspan="2"></td></tr>
<tr><td colspan="2">起始—终止位置</td><td colspan="2"></td><td colspan="2">单位内编号</td><td colspan="2"></td></tr>
<tr><td colspan="2">使用登记证编号</td><td colspan="6"></td></tr>
<tr><td colspan="2">使用单位名称</td><td colspan="6"></td></tr>
<tr><td colspan="2">管道使用地点</td><td colspan="6"></td></tr>
<tr><td colspan="2">安全管理人员</td><td colspan="2"></td><td colspan="2">联系电话</td><td colspan="2"></td></tr>
<tr><td colspan="2">安全状况等级</td><td colspan="2"></td><td colspan="2">下次定期检验日期</td><td colspan="2">年　　月</td></tr>
<tr><td>检查依据</td><td colspan="7">《压力管道安全技术监察规程——工业管道》（TSG D0001）
《压力管道定期检验规则——工业管道》（TSG D7005）</td></tr>
<tr><td>问题及其处理</td><td colspan="7">检查发现的缺陷位置、性质、程度及处理意见（必要时附图或附页）</td></tr>
<tr><td rowspan="4">检查结论</td><td rowspan="3">（符合要求、基本符合要求、不符合要求）</td><td colspan="6">允许（监控）工作条件</td></tr>
<tr><td>压力</td><td colspan="2">MPa</td><td>温度</td><td colspan="2">℃</td></tr>
<tr><td>介质</td><td colspan="2"></td><td>其他</td><td colspan="2"></td></tr>
<tr><td colspan="7">下次年度检查日期：　　　年　　　月</td></tr>
<tr><td>说明</td><td colspan="7">（监控运行需要解决的问题及完成期限）</td></tr>
<tr><td colspan="3">检查：</td><td colspan="2">日期：</td><td colspan="3" rowspan="3">（检查单位检查专用章或公章）
年　　月　　日</td></tr>
<tr><td colspan="3">审核：</td><td colspan="2">日期：</td></tr>
<tr><td colspan="3">批准：</td><td colspan="2">日期：</td></tr>
</table>

表 B-2　工业管道年度检查报告附页　　　　报告编号：

<table>
<tr><th>序号</th><th colspan="2">检查项目</th><th>检查结果</th><th>备注</th></tr>
<tr><td>1</td><td colspan="2">安全管理情况</td><td></td><td></td></tr>
<tr><td>2</td><td colspan="2">管道运行状况</td><td></td><td></td></tr>
<tr><td rowspan="5">3</td><td rowspan="5">安全附件及
仪表检查情况</td><td>安全阀</td><td></td><td></td></tr>
<tr><td>阻火器装置</td><td></td><td></td></tr>
<tr><td>紧急切断阀</td><td></td><td></td></tr>
<tr><td>压力表</td><td></td><td></td></tr>
<tr><td>测温仪表</td><td></td><td></td></tr>
<tr><td>4</td><td colspan="2">电阻值测量</td><td></td><td></td></tr>
<tr><td>5</td><td colspan="2">壁厚测定</td><td></td><td></td></tr>
<tr><td></td><td colspan="2"></td><td></td><td></td></tr>
<tr><td></td><td colspan="2"></td><td></td><td></td></tr>
<tr><td></td><td colspan="2"></td><td></td><td></td></tr>
<tr><td></td><td colspan="2"></td><td></td><td></td></tr>
<tr><td></td><td colspan="2"></td><td></td><td></td></tr>
<tr><td></td><td colspan="2"></td><td></td><td></td></tr>
</table>

注：未进行的检查项目在检查结果栏打“—”；符合要求的检查项目在检查结果栏打“√”；基本符合要求的检查项目在检查结果栏打“○”，并在备注中说明；不符合要求的检查项目在检查结果栏打“×”，并在备注中说明。

附录C　公用管道年度检查要求

公用管道年度检查包括资料审查、宏观检查、防腐（保温）层检查、电性能测试、阴极保护系统测试、壁厚测定、GB1级管道介质腐蚀性检查、安全保护装置检查，必要时进行腐蚀防护系统检查。部分检查内容可以结合日常巡线进行。

C.1　资料审查

1）安全管理资料，包括使用登记证、安全管理规章制度与安全操作规则、作业人员持证上岗情况。

2）技术档案资料，包括定期检验报告，必要时还包括设计资料和安装、改造、维修等施工、竣工验收资料。

3）运行状况资料，包括日常运行维护记录、隐患排查治理记录、改造与维修资料、故障与事故记录。

C.2　宏观检查

1）泄漏检查，主要检查管道穿跨越段、阀门、阀井、法兰、凝水缸、补偿器调压器、套管等组成件，铸铁管连接接口、非金属管道熔接接口（含钢塑转换接口）的泄漏情况[对管道，采用相应的泄漏检测仪进行泄漏点检测或者地面钻孔检测，必要时对燃气可能泄漏扩散到的地沟、窨井、地下建（构）筑物内进行检查；对次高压燃气压力管道，必要时可以采用声学泄漏检测方法进行远距离泄漏检测]。

2）位置与走向检查（注C-1）。

3）地面标志检查。

4）管道沿线地表环境调查，主要检查管道与其他建（构）筑物或者管道的净距、占压状况、管道裸露土壤扰动情况等。

5）穿跨越管段检查，主要检查穿越管道锚固墩、套管检查孔的完好情况以及河流冲刷侵蚀情况，跨越管道防腐（保温）层、补偿器完好情况，吊索、支架、管子墩架的变形、腐蚀情况。

6）凝水缸检查，主要检查定期排放积水情况，护盖、排水装置的泄漏、腐蚀和堵塞情况。

7）阀门、法兰、补偿器等管道元件的检查。

8）检查人员认为有必要的其他检查。

注C-1：如果管道周围地表环境无较大变动、管道无沉降等情况，可以不要求。

C.3　防腐（保温）层检查（适用于钢质管道）

主要检查入土端与出土端、露管段、阀井内、阀室内管道防腐（保温）层的完好情况。检查人员认为有必要时，可以对风险较高地段管道采用检测设备进行地面不开挖检测。

C.4　电性能测试（适用于有阴极保护的钢质管道）

1）测试绝缘法兰、绝缘接头、绝缘短管、绝缘套、绝缘固定支墩和绝缘垫块等电绝缘装置的绝缘性能。

2）对采用法兰和螺纹等非焊接件连接的阀门等管道附件的跨接电缆或者其他电连接设施，测试其电连续性。

C.5　阴极保护系统测试（适用于有阴极保护的钢质管道）

1）管道沿线保护电位，测量时应考虑 IR（注 C-2）降的影响。

2）牺牲阳极输出电流开路电位（当管道保护电位异常时测试）。

3）管内电流（当管道保护电位异常时测试）。

4）辅助阳极床和牺牲阳极接地电阻（牺牲阳极接地电阻应当在管道保护电位异常时测试）。

5）阴极保护系统运行状况，检查管道阴极保护率和运行率、排流效果，阴极保护系统设备及其排流设施。

注 C-2：管道外防腐层破损部位的阴极保护电流在土壤介质中产生的电位梯度。

C.6　壁厚测定

利用阀井或者探坑，对重要压力管道或者有明显腐蚀和冲刷减薄的弯头、三通盲管、管径突变部位以及相邻直管部位进行壁厚抽样测定。

C.7　GB1 级管道介质腐蚀性检查（适用于燃气压力管道）

对管输介质成分测试报告进行分析，开展介质腐蚀性检查。

C.8　安全保护装置检查

参照工业管道年度检查有关要求执行，特殊的安全保护装置参照现行相关标准的规定。

C.9　年度检查报告及结论

年度检查工作中，检查人员应当进行记录；检查工作完成后，应当分析管道使用安全状况，出具检查报告（见图 C-1 及表 C-1、表 C-2）。按照以下要求做出年度检查结论，年度检查结论分为符合要求、基本符合要求和不符合要求：

1）符合要求，指未发现影响安全使用的缺陷或者只发现轻度的、不影响安全使用的缺陷，可以在允许的参数范围内继续使用。

2）基本符合要求，指发现一般缺陷，经过使用单位采取措施后能够保证管道安全运行，可以在监控条件下使用，并且在检查结论中，应当注明监控条件、监控运行需要解决的问题及其完成期限。

3）不符合要求，指发现严重缺陷，不能保证管道安全运行的情况，不允许继续使用，必须停止运行或者由检验机构进行进一步检验。

年度检查由使用单位自行实施时，检查记录和年度检查报告应当由使用单位安全管理负责人或者授权的安全管理员审查批准。

使用单位应当将年度检查报告及其记录（单项报告）存档保存，保存期限至少到下一个定期检验周期。

报告编号：________

公用管道年度检查报告

装 置 名 称：________

管 道 名 称：________

使用单位名称：________

单 位 内 编 号：________

检 查 日 期：________

（印刷检查单位名称）

图 C-1　公用管道年度检查报告封面

表 C-1　公用管道年度检查报告　　　　报告编号：

<table>
<tr><td>管道名称</td><td colspan="2"></td><td colspan="2">管道级别</td><td></td></tr>
<tr><td>起始—终止位置</td><td colspan="2"></td><td colspan="2">单位内编号</td><td></td></tr>
<tr><td>使用单位名称</td><td colspan="5"></td></tr>
<tr><td>管道使用地点</td><td colspan="5"></td></tr>
<tr><td>安全管理人员</td><td colspan="2"></td><td colspan="2">联系电话</td><td></td></tr>
<tr><td>安全状况等级</td><td colspan="2"></td><td colspan="2">下次定期检验日期</td><td>年　　月</td></tr>
<tr><td>检查依据</td><td colspan="5">《压力管道定期检验规则——公用管道》（TSG D7004—2010）</td></tr>
<tr><td>问题及其处理</td><td colspan="5">检查发现的缺陷位置、性质、程度及处理意见（必要时附图或附页）</td></tr>
<tr><td rowspan="4">检查结论</td><td rowspan="3">（符合要求、基本符合要求、不符合要求）</td><td colspan="4">允许（监控）工作条件</td></tr>
<tr><td>压力</td><td>MPa</td><td>温度</td><td>℃</td></tr>
<tr><td>介质</td><td></td><td>其他</td><td></td></tr>
<tr><td colspan="5">下次年度检查日期：　　　　年　　　月</td></tr>
<tr><td>说明</td><td colspan="5">（监控运行需要解决的问题及完成期限）</td></tr>
<tr><td colspan="2">检查：</td><td colspan="2">日期：</td><td colspan="2" rowspan="3">（检查单位检查专用章或公章）
年　　月　　日</td></tr>
<tr><td colspan="2">审核：</td><td colspan="2">日期：</td></tr>
<tr><td colspan="2">批准：</td><td colspan="2">日期：</td></tr>
</table>

表 C-2　公用管道年度检查报告附页　　　　报告编号：

序号	检查项目	检查结果	备注
1	资料审查		
2	宏观检查		
3	防腐（保温）层检查（适用于钢质管道）		
4	电性能测试（适用于有阴极保护的钢质管道）		
5	阴极保护系统测试（适用于有阴极保护的钢质管道）		
6	壁厚测定		
7	GB1 级管道介质腐蚀性检查（适用于燃气压力管道）		
8	安全保护装置检查		

注：未进行的检查项目在检查结果栏打“—”；符合要求的检查项目在检查结果栏打“√”；基本符合要求的检查项目在检查结果栏打“○”，并在备注中说明；不符合要求的检查项目在检查结果栏打“×”，并在备注中说明。

附录 D　城镇燃气特种设备隐患排查表（通用）

序号	排查项目		排查标准	排查方法	隐患分级	治理措施	排查情况
1	特种设备管理机构设置及人员持证	管理机构及人员配置	1）本单位是否设立特种设备安全管理机构或特种设备管理人员 2）管理机构是否按要求设有特种设备管理主要负责人、技术负责人、安全负责人，并明确相关安全管理人员的职责	查阅 1）本单位成立特种设备安全管理机构红头文件，以及人员调动、变更文件 2）相关人员任命及岗位职责的红头文件	3	单位建立特种设备管理机构，配备专/兼职特种设备管理人员	
		人员持证	排查本单位特种设备相关各岗位人员持证情况、资质证件与岗位相匹配情况及资质证件有效期	查阅特种设备管理人员、作业人员证件 1）特种设备安全管理人员需取得特种设备安全管理证（A证） 2）压力容器作业人员需取得相关资质证件（R1、R2） 3）气瓶充装作业人员需取得相关资质证件（P证）	2	定期对本单位特种设备相关岗位人员持证情况进行动态管理，确保相关人员全员持证，证件有效期	
2	制度与操作规程	特种设备安全管理制度	1）特种设备安全管理机构和相关人员岗位职责 2）特种设备经常性维护保养、定期自行检查和有关记录制度 3）特种设备使用登记、定期检验制度 4）特种设备隐患排查治理制度 5）特种设备安全管理人员与作业人员管理和培训制度 6）特种设备采购、安装、改造、修理、报废等管理制度 7）特种设备应急预案管理制度 8）特种设备事故报告和处理制度	查阅管理制度	3	1）及时对特种设备安全检查制度、操作规程和安全技术规程等相关制度进行修订，并会签、发布 2）组织各类制度学习记录	

（续）

序号	排查项目		排查标准	排查方法	隐患分级	治理措施	排查情况
3	制度与操作规程	特种设备操作规程	应当根据所使用设备运行特点等制定操作规程。操作规程一般包括设备运行参数、操作程序和方法、维护保养要求、安全注意事项、巡回检查和异常情况处置规定，以及相应记录等	查阅操作规程	3		
4	使用登记证	设备登记	排查本单位所有特种设备是否均依法办理注册登记	1）现场查阅特种设备使用位置是否粘贴有特种设备使用标志 2）查阅特种设备使用登记证 3）查阅现场特种设备数量与特种设备在线平台数量是否一致	1	1）对未进行特种设备登记的设备，及时联系特种设备管理部门，进行设备使用登记 2）对于现场标志模糊、遗失等情形，应在检查发现后，及时补办并在现场合适位置妥善张贴 3）压力容器定期检验周期到期前，压力容器管理人员应及时整理有关资料；在检验到期前30天，向特种设备检验机构申报定期检验	
5	事故应急救援	应急预案	1）应编制特种设备专项应急预案 2）当应急演练发现专项应急预案存在缺陷，法律法规或特种设备发生变化，是否对专项应急预案符合性进行实时评审更新 3）每年对专项应急预案进行内部符合性评审 4）成立特种设备应急救援队伍，并明确各功能小组职责	1）检查应急预案是否齐全，内容是否正确，是否定期评审 2）相关人员的任命文件、预案编制及运行的整套程序是否齐全	3		

（续）

序号	排查项目		排查标准	排查方法	隐患分级	治理措施	排查情况
5	事故应急救援	应急预案	5）特种设备应急物资是否齐全，存放位置是否明确，是否定期进行完好性检查及数量盘点，并建立特种设备应急物资台账	1）检查应急预案是否齐全，内容是否正确，是否定期评审 2）相关人员的任命文件、预案编制及运行的整套程序是否齐全	3		
		应急预案的演练	1）年初有实施特种设备应急预案的计划，年末有预案实施总体评价 2）每年至少进行1次特种设备专项应急预案演练，有演练方案、演练过程记录、影像资料和总结等	查阅上一年度应急演练相关资料	3		
6	特种设备安全技术档案	特种设备安全技术档案存档要求	特种设备使用单位应当逐台建立特种设备安全技术档案	查阅特种设备台账和技术档案	2		
		特种设备安全技术档案至少包含的内容	1）使用登记证 2）特种设备使用登记表 3）特种设备设计、制造技术资料和文件，包括设计文件、产品质量合格证明（含合格证及其数据表、质量证明书）、安装及使用维护保养说明、监督检验证书、型式试验证书等 4）特种设备安装、改造和修理的方案、图样，材料质量证明书和施工质量证明文件、安装改造修理监督检验报告、验收报告等技术资料	查阅特种设备档案内容	2		

（续）

序号	排查项目		排查标准	排查方法	隐患分级	治理措施	排查情况
6	特种设备安全技术档案	特种设备安全技术档案至少包含的内容	5）特种设备定期自行检查记录和定期检验报告 6）特种设备日常使用状况记录 7）特种设备及其附属仪器仪表维护保养记录 8）特种设备安全附件和安全保护装置校验、检修、更换记录和有关报告 9）特种设备运行故障和事故记录及事故处理报告	查阅特种设备档案内容	2		
7	设备管理	设备使用	禁止使用以下特种设备 1）国家明令淘汰的 2）应报废或已报废的 3）超过特种设备规定范围参数使用的 4）缺少安全附件、安全装置，或者安全附件、安全装置失灵而继续使用的 5）安全监察指令书责令改正而未改正的 6）发生事故不予报告而继续使用的 7）特种设备发生召回，仍继续使用的（含企业主动召回、政府相关部门强制召回） 8）特种设备存在必须停用修理的超标缺陷 9）安全状况等级为4级的固定式压力容器未制定监控措施或措施不到位仍在使用的	1）查看设备技术档案 2）查看相关记录 3）查看检验报告及相关资料	1	1）立即停用 2）超参数范围使用的、发生事故不予报告而继续使用的特种设备，及时检修、维护、保养并进行安全评估 3）安全附件、安全保护装置安装齐全并保证灵敏可靠 4）责令整改而不予整改的特种设备，按监察指令完成整改并经确认 5）应报废的特种设备，采取必要措施消除使用功能 6）制定切实有效监控措施或者确保措施执行到位	

（续）

序号	排查项目		排查标准	排查方法	隐患分级	治理措施	排查情况
8	设备管理	安全警示	根据设备特点和使用环境、场所，设置安全使用说明、安全注意事项和安全警示标志	现场查看	3	1）结合设备特性制作安全使用说明、安全注意事项和安全警示标志 2）按要求张贴	
9	安全附件	安全阀	1）安全阀表面是否存在大面积锈蚀状况 2）安全阀是否竖直安装 3）安全阀下方球阀是否处于常开状态 4）安全阀检定铅封、检定标牌是否完好，并且检定压力小于所连接压力管道/容器设计压力 5）安全阀出口侧是否与放空管道连接，放空管道是否接至撬装设备外部 6）安全阀是否在检定周期内 7）安全阀与放散管连接螺栓是否牢固	现场检查	2	1）对安全阀表面锈蚀进行清除，并做好阀门防腐措施 2）正确安装安全阀 3）及时打开球阀，确保在安全阀投运状态下，该球阀保持全开状态 4）日常巡检过程中，每月对铅封进行1次检查，确保铅封完好 5）联系撬装设备供应商/施工单位，要求将安全阀放空管线接入场站放空系统，杜绝可燃气体在防爆区域内排放 6）对超期未检定设备，应及时送检（每年1次） 7）紧固安全阀与放空管线紧固螺栓，及时消除泄漏点	
10		紧急切断阀	1）紧急切断阀是否存在锈蚀状况 2）紧急切断阀通电工作是否正常	现场检查	2	1）对紧急切断阀锈蚀及时除锈防腐 2）定期对紧急切断装置进行测试并留有记录，确保运行正常	

（续）

序号	排查项目		排查标准	排查方法	隐患分级	治理措施	排查情况
11	安全附件	压力表	1）建立压力表检测台账（压力表型号、安装位置、检验有效期、下次检验时间等） 2）检查压力表是否在检验有效期内 3）现场压力表选型、精度、量程是否符合要求 4）仪表工作是否正常	查看现场及压力表台账	2	1）梳理建立压力表管理台账 2）超期未检测的压力表及时更换送检	
12		温度计	1）温度计表面是否存在锈蚀情况 2）表盘玻璃是否存在开裂 3）表盘示值是否清晰可读	现场检查	2	1）及时对温度计表面锈蚀点进行除锈、防腐 2）及时对温度计进行更换	
13		液位计	1）液位计表面是否存在锈蚀情况 2）液位计表盘玻璃是否存在开裂 3）表盘示值是否清晰可读 4）两侧液位计示值是否存在偏差 5）与液位计连接阀门开关是否顺畅 6）液位计与阀门连接处是否存在可燃气体泄漏	现场检查	2	1）及时对液位计表面锈蚀点进行除锈、防腐 2）及时对液位计进行更换 3）将安装有该液位计的过滤器退出运行，检查产生示值偏差原因，必要时对集液罐进行清洗 4）对开关过程中存在卡涩的球阀加注润滑油，保证开关顺畅 5）对液位计与阀门连接处紧固螺栓进行紧固，及时消除隐患	

附录 E　城镇天然气场站设施隐患排查表（门站）

序号	排查项目	排查标准	排查方法	隐患等级	治理措施	排查情况
1	加热器	1）罐体外观无明显锈蚀 2）水位正常，定期按设备的规定要求加水和防锈剂	现场检查	3	1）及时除锈、补漆 2）定期巡查水位情况，定期按设备的规定要求加水和防锈剂	
2	调压装置	1）调压器是否完好，表面有无破损、腐蚀现象 2）检查调压器气密性，有无漏气现象 3）管道、设备及附件防腐涂层应完好，无严重锈蚀现象，支架固定应牢靠 4）汽化器气体出口、调压器进口、调压器出口有压力表，压力表完好，压力正常，在最高工作压力处有红线标记，工作压力不超过红线标识 5）汽化器气体出口管上有温度检测装置，且具有远传功能，温度不低于5℃ 6）安全阀排气口和储罐排气口有放散管，放散管为紫红色（不锈钢管可采用色环） 7）法兰连接紧密，无泄漏现象，少于5个螺栓的法兰两侧有导线跨接 8）管道外表无异常结霜和出汗现象 9）气相管为中黄色，放散管为大红色管道上有流向标识和管道名称，阀门应悬挂开关状态标志牌 10）电气设施均应防爆，隔离密封措施完好，电缆和接线盒处无破损和空隙 11）设备接地线完好连接	现场检查	2	1）定期对地面上管道、支架、调压器外观进行锈蚀情况全面排查，对存在锈蚀的管线、调压器，应及时安排人员进行除锈防腐，保证运行安全 2）定期对调压撬装进行检漏巡查 3）建立现场压力、温度数据与远传数据的比对机制，确保现场压力、温度设备正常使用 4）定期对管道上的标识进行补漆，确保能清楚辨识 5）定期巡查电气设施防爆装置是否损坏，及时维修，保持密封状态	

（续）

序号	排查项目	排查标准	排查方法	隐患等级	治理措施	排查情况
3	压力管道	1）管道是否存在大面积锈蚀 2）管道上是否标注有气流方向，是否涂有压力等级色环 3）管道支架是否贴紧管道、表面有无锈蚀 4）管道紧固螺栓是否存在松动、锈蚀现象 5）场站管道是否检验且在有效期内	现场检查	1	1）定期对地面上管道、支架进行锈蚀情况全面排查，对存在锈蚀的管线，应及时安排人员进行除锈防腐，保证管线运行安全 2）对管道内输送的气体进行辨识确认，管道上喷涂相应色彩的色环 3）对存在漆面厚度异常减薄的管道进行原因分析，并及时对管道进行补漆 4）对松动的螺栓及时调整、除锈，抹黄油保养 5）建立管线定检台账并及时报检	
4	过滤器	1）过滤器表面是否存在大面积锈蚀；过滤器底座是否存在锈蚀 2）过滤器快开盲板紧固螺栓表面是否存在锈蚀 3）过滤器快开盲板与过滤器本体密封接触面是否存在锈蚀 4）过滤器快开盲板与过滤器本体密封接触面是否存在气体泄漏 5）过滤器差压表取压针阀内部是否有异物，开关是否顺畅 6）过滤器滤芯表面固体颗粒附着情况 7）快开门式压力容器的安全联锁装置是否完好，功能是否符合要求 8）符合特种设备定义的过滤器要检查是否经过检验且在有效期内	现场检查	2	1）定期对过滤器及支架、底座表面锈蚀情况进行全面排查，对存在的锈蚀点及时除锈防腐，保证过滤器运行安全 2）定期对过滤器开关盲板紧固螺栓表面涂刷防锈剂，防止紧固螺栓与设备锈蚀粘连 3）在快开盲板关闭前，对快开盲板与设备本体接触面涂抹锂基脂，防止锈蚀产生 4）过滤器存在燃气泄漏的情况下，应当将过滤器退出运行，对密封圈进行杂质清洗，确认老化情况，必要时更换密封圈 5）定期巡查测试差压表指针，确保旋转顺畅，如无法顺利旋转，建议更换差压表 6）定期巡查，及时清理附着物 7）定期巡查连锁装置连锁性，若失效要及时报修	

附录 F　城镇天然气场站设施隐患排查表（LNG 场站）

序号	排查项目	排查标准	排查方法	隐患等级	治理措施	排查情况
1	场站压力容器	1）储罐的铭牌、漆色、标志及喷涂的使用证号码是否符合有关规定 2）储罐的本体、接口（阀门、管道）部位、焊接接头等是否有裂纹、过热、变形、泄漏、损伤等 3）储罐外表面有无腐蚀，有无异常结霜、结露、冒汗等 4）保温层有无破损、脱落、潮湿、跑冷等 5）检漏孔、信号孔有无漏液、漏气、检漏孔是否畅通 6）储罐与相邻管道或者构件有无异常振动、响声或摩擦 7）支承或者支座有无损坏，基础有无下沉、倾斜、开裂，紧固螺栓是否齐全、完好 8）排放（疏水、排污）装置是否完好 9）运行期间是否有超压、超温、超量等现象 10）罐体有接地装置的，检查接地装置是否符合要求 11）储罐是否经过检验且在有效期内	现场检查	1	1）进行外观检查，对标志、证号及时更新 2）发现裂纹、变形、泄漏等情况，按照应急处置程序及时上报处理 3）有冒汗、结霜等现象是真空度损坏，要及时倒灌进行应急处置 4）保温层破损会出现跑冷结冻现象，要更换保温层 5）出现漏液等现象要及时倒灌处置 6）发现异常，需要排查管道连接的牢固性，及时处置 7）出现沉降，需要对重要基础设施进行监测，对沉降的基础要停罐整改 8）每月对污水进行排放，保障排污装置正常运行 9）出现超压、超温等警报需现场确认，分析原因及时处置 10）每半年进行 1 次防雷检测 11）定期检验	检查现场压力容器状态

（续）

序号	排查项目	排查标准	排查方法	隐患等级	治理措施	排查情况
2	场站管道	1）管道是否存在大面积锈蚀 2）管道上是否标注有气流方向，是否涂有压力等级色环 3）管道支架是否贴紧管道、表面有无锈蚀 4）管道紧固螺栓是否存在松动、锈蚀现象，场站管道是否经过检验且在有效期内	现场检查	1	1）定期对地面上管道、支架进行锈蚀情况全面排查，对存在锈蚀的管线，应及时安排人员进行除锈防腐，保证管线运行安全 2）对管道内输送的气体进行辨识确认，管道上喷涂相应色彩的色环 3）对存在漆面厚度异常减薄的管道进行原因分析，并及时对管道进行补漆 4）对松动的螺栓及时调整、除锈，抹黄油保养 5）建立管线定检台账并及时报检	检查现场管道状态
3	过滤器	1）过滤器表面是否存在大面积锈蚀；过滤器底座是否存在锈蚀 2）过滤器快开盲板紧固螺栓表面是否存在锈蚀 3）过滤器快开盲板与过滤器本体密封接触面是否存在锈蚀 4）过滤器快开盲板与过滤器本体密封接触面是否存在气体泄漏 5）过滤器差压表取压针阀内部是否有异物，开关是否顺畅 6）过滤器滤芯表面固体颗粒附着情况 7）快开门式压力容器的安全联锁装置是否完好，功能是否符合要求 8）符合特种设备定义的过滤器要检查是否经过检验且在有效期内	现场检查	2	1）定期对过滤器及支架、底座表面锈蚀情况进行全面排查，对存在的锈蚀点及时除锈防腐，保证过滤器运行安全 2）定期对过滤器开关盲板紧固螺栓表面涂刷防锈剂，防止紧固螺栓与设备锈蚀粘连 3）在快开盲板关闭前，对快开盲板与设备本体接触面涂抹锂基脂，防止锈蚀产生 4）过滤器存在燃气泄漏的情况下，应当将过滤器退出运行，对密封圈进行杂质清洗，确认老化情况，必要时更换密封圈 5）定期巡查测试差压表指针，确保旋转顺畅，如无法顺利旋转，建议更换差压表 6）定期巡查、及时清理附着物 7）定期巡查连锁装置连锁性，若失效要及时报修 8）建立台账并及时送检	检查现场过滤器状态

（续）

序号	排查项目	排查标准	排查方法	隐患等级	治理措施	排查情况
4	装卸软管	1）装卸软管出厂时应当随产品提供质量证明文件，并且在产品的明显部位装设牢固的金属铭牌，制造单位应当注明软管的设计使用寿命 2）装卸软管与充装介质接触部分 3）软管有无按要求定期由具有资质的单位进行检定，检定标签是否贴在软管上，并注明下次检定时间	检查装卸软管的出厂质量证明文件和产品铭牌，按要求对软管进行耐压试验和气密性试验	2	更换属于下列情况之一的装卸软管 1）超过设计使用寿命 2）充装介质对软管具有强烈的腐蚀 3）软管的公称压力与最小爆破压力不符合要求 4）耐压或气密性试验不合格 5）及时送检，取得相关检验合格证	检查现场装卸软管状态
5	鹤管	1）检查鹤管有无腐蚀、各旋转接头是否泄漏 2）管道无明显变形 3）检查内外臂法兰跨接连线是否完好 4）检查紧固件是否松动	1）现场查看 2）使用泄漏检测仪检测	2	及时维修或更换	检查现场鹤管状态
6	水浴加热器	1）罐体外观无明显锈蚀 2）水位正常，定期按设备的规定要求加水和防锈剂	现场检查	3	1）及时除锈、补漆 2）定期巡查水位情况，定期按设备的规定要求加水和防锈剂	检查现场水浴加热器状态
7	调压装置	1）调压器是否完好，表面有无破损、腐蚀现象 2）检查调压器气密性，有无漏气现象 3）管道、设备及附件防腐涂层应完好，无严重锈蚀现象，支架固定应牢靠 4）汽化器气体出口、调压器进口、调压器出口有压力表，压力表完好，压力正常，在最高工作压力处有红线标记，工作压力不超过红线标识	现场检查	2	1）定期对地面上管道、支架、调压器外观进行锈蚀情况全面排查，对存在锈蚀的管线、调压器，应及时安排人员进行除锈防腐，保证运行安全 2）定期对调压撬装进行检漏巡查 3）建立现场压力、温度数据与远传数据的比对机制，确保现场压力温度设备正常使用	检查现场调压装置状态

（续）

序号	排查项目	排查标准	排查方法	隐患等级	治理措施	排查情况
7	调压装置	5）汽化器气体出口管上有温度检测装置，且具有远传功能，温度不低于5℃ 6）安全阀排气口和储罐排气口有放散管，放散管为紫红色（不锈钢管可采用色环） 7）法兰连接紧密，无泄漏现象，少于5个螺栓的法兰两侧有导线跨接 8）管道外表无异常结霜和出汗现象 9）气相管为中黄色，放散管为大红色管道上有流向标识和管道名称，阀门应悬挂开关状态标志牌 10）电气设施均应防爆，隔离密封措施完好，电缆和接线盒处无破损和空隙 11）设备接地线完好连接	现场检查	2	4）定期对管道上的标识进行补漆，确保能清楚辨识 5）定期巡查电气设施防爆装置是否损坏，及时维修，保持密封状态	检查现场调压装置状态

附录 G　城镇燃气压力管道设施隐患排查表

序号	排查项目		排查标准	排查方法	隐患分级	治理措施	排查情况
1	压力管道	压力管道登记	1）建立压力管道使用登记台账 2）查阅已通气管道是否有使用登记证，是否在检验有效期内	查阅压力管道台账与现有管线	1	1）梳理已建管道，建立台账 2）对未办理使用登记的管道重新申请，检验有效期已过的管道申请重新检验工作	

（续）

序号	排查项目		排查标准	排查方法	隐患分级	治理措施	排查情况
2	钢制管道	管道本体	1）管道有无出现明显的变形现象 2）管道元件有无明显的锈蚀 3）管道是否被占压、圈占及安全间距不足 4）管道有无泄漏现象，是否有燃气设施年度泄漏检测计划，并按计划开展检测工作 5）是否开展评估及定检工作	1）现场查看 2）使用燃气泄漏检测仪对管线进行检测 3）查看评估报告或定检报告	1	1）制定年度检测计划并内部审批，按照计划开展泄漏检测工作并形成记录 2）查找原因，及时更换或维修 3）根据检验报告内容，确定下次检验日期	
3		管道附件	1）管道支吊架是否出现倾斜、悬空、偏移等现象 2）管道管卡是否出现松动、脱落、偏移 3）管廊架是否出现倾斜、变形，基础存在可见沉降 4）膨胀节、波纹补偿器是否变形严重 5）标志桩、标志牌、阴极保护测试桩是否损坏、缺失 6）静电接地、静电跨接是否损坏或缺失 7）阀门、法兰等连接螺栓是否出现锈蚀或松动，螺纹未穿出螺母、未配备齐全，阀门盘缺失	1）现场查看 2）对阴极保护测试桩进行测试	2	查找原因，及时更换或维修	
4	PE 管道	管道本体	1）管道有无泄漏现象，是否有燃气设施年度泄漏检测计划，并按计划开展检测工作 2）管道是否被占压、圈占及安全间距不足	检查年度泄漏检测计划、检测台账记录	1	1）制定年度检测计划并内部审批，按照计划开展泄漏检测工作并形成记录 2）查找原因，及时更换或维修 3）根据检验报告内容，确定下次检验日期	

（续）

序号	排查项目		排查标准	排查方法	隐患分级	治理措施	排查情况
5	PE 管道	管道附件	1）建立阀门井管理台账（阀门井型号、安装位置、维护保养时间等），检查阀门井维护保养记录 2）标志桩、标示牌有无损坏、缺失 3）阀门井内有无积水 4）阀门开关是否灵活	查看现场及阀门井维护保养记录	2	1）梳理管线附属设施，建立阀门井管理台账 2）按照阀门井维护保养制度要求及时开展相应的维护保养工作	
6	附属设施	调压设施	1）建立调压设施管理台账（调压设施型号、安装位置、维护保养时间等） 2）检查调压设施维护保养记录	查看调压设施管理台账及维护保养记录	2	1）梳理管线附属设施，建立调压设施管理台账 2）按照调压设施维护保养制度要求及时开展相应的维护保养工作	
7		压力表	1）建立压力表检测台账（压力表型号、安装位置、检验有效期、下次检验时间等） 2）检查压力表是否在检验有效期内 3）现场压力表选型、精度、量程是否符合要求 4）仪表工作是否正常	查看现场及压力表台账	2	1）梳理、建立压力表管理台账 2）超期未检测的压力表及时更换送检	
8		安全阀	1）建立安全阀管理台账（安全阀型号、安装位置、检验有效期、下次检验时间等） 2）检查安全阀是否在检验有效期内 3）安全阀入口截止阀是否处于全开位置，铅封是否完好	查看现场及安全阀台账	2	1）梳理、建立安全阀管理台账 2）超期未检测的安全阀及时更换送检 3）定期巡查安全阀，确保铅封完好	

附录 H　城镇液化石油气场站设施隐患排查表

序号	排查项目	排查标准	排查方法	隐患分级	治理措施	排查情况
1	储罐	1）储罐的铭牌、漆色、标志及喷涂的使用证号码是否符合有关规定 2）储罐的本体、接口（阀门、管道）部位、焊接接头等是否有裂纹、过热、变形、泄漏、损伤等 3）储罐外表面有无腐蚀，有无异常结霜、结露、冒汗等 4）保温层有无破损、脱落、潮湿、跑冷等 5）检漏孔、信号孔有无漏液、漏气，检漏孔是否畅通 6）储罐与相邻管道或者构件有无异常振动、响声或摩擦 7）支承或者支座有无损坏，基础有无下沉、倾斜、开裂，紧固螺栓是否齐全、完好 8）排放（疏水、排污）装置是否完好 9）运行期间是否有超压、超温、超量等现象 10）罐体有接地装置的，检查接地装置是否符合要求 11）储罐是否经过检验且在有效期内	现场检查	1	1）进行外观检查，对标志、证号按规定及时更新 2）发现裂纹、变形、泄漏等情况，按照应急处置程序及时上报处理 3）有冒汗、结霜等现象是真空度损坏，要及时倒灌进行应急处置 4）保温层破损会出现跑冷结冻现象，要更换保温层 5）出现漏液等现象要及时倒灌处置 6）发现异常，需要排查管道连接的牢固性，及时处置 7）出现沉降，需要对重要基础设施进行监测，对沉降的基础要停罐整改 8）每月对污水进行排放，保障排污装置正常运行 9）出现超压、超温等警报须现场确认，分析原因并及时处置 10）定期检查接地装置，应无外观脱离状况，且每年两次防雷检测均有效开展 11）建立特种设备定检台账并及时报检	

（续）

序号	排查项目	排查标准	排查方法	隐患分级	治理措施	排查情况
2	气瓶	1）气瓶满瓶存放不符合安全要求（环境温度超过规定值） 2）是否存在过量充装且未采取措施 3）气瓶瓶阀损坏、泄漏，瓶体腐蚀、严重变形，超检验期限、报废，无字色、瓶色	现场检查	1	1）禁止露天的堆放，如果露天存放需加遮阳措施 2）按要求堆放，层数不能超标 3）加强充装过程控制，严禁过量充装 4）充装后检查发现压力升高很快的及时处理 5）对气瓶瓶阀进行检查，发现歪斜、螺纹损坏及时更换 6）对气瓶瓶体进行检查，瓶体腐蚀严重及时送检 7）对超期气瓶及时送检 8）颜色分辨不清的及时送检涂覆 9）对报废气瓶及时予以报废，送交瓶检站消除其使用功能，并向登记机关办理报废手续	
3	过滤器	1）过滤器表面是否存在大面积锈蚀；过滤器底座是否存在锈蚀 2）过滤器快开盲板紧固螺栓表面是否存在锈蚀 3）过滤器快开盲板与过滤器本体密封接触面是否存在锈蚀 4）过滤器快开盲板与过滤器本体密封接触面是否存在气体泄漏	现场检查	2	1）定期对过滤器及支架、底座表面锈蚀情况进行全面排查，对存在的锈蚀点及时除锈防腐，保证过滤器运行安全 2）定期对过滤器开关盲板紧固螺栓表面涂刷防锈剂，防止紧固螺栓与设备锈蚀粘连 3）在快开盲板关闭前，对快开盲板与设备本体接触面涂抹锂基脂，防止产生锈蚀 4）过滤器存在燃气泄漏的情况下，应当将过滤器退出运行，对密封圈进行杂质清洗，确认老化情况，必要时更换密封圈	

（续）

序号	排查项目	排查标准	排查方法	隐患分级	治理措施	排查情况
3	过滤器	5）过滤器差压表取压针阀内部是否有异物，开关是否顺畅 6）过滤器滤芯表面固体颗粒附着情况 7）快开门式压力容器的安全联锁装置是否完好，功能是否符合要求 8）符合特种设备定义的过滤器要检查是否经过检验且在有效期内	现场检查	2	5）定期巡查测试差压表指针，确保旋转顺畅，如无法顺利旋转，建议更换差压表 6）定期巡查，及时清理附着物 7）定期巡查连锁装置连锁性，若失效要及时报修 8）建立台账并及时送检	
4	鹤管	1）检查鹤管有无腐蚀、各旋转接头是否泄漏 2）管道有无明显变形 3）检查内外臂法兰跨接连接线是否完好 4）检查紧固件是否松动	1）现场查看 2）使用泄漏检测仪检测	2	及时维修或更换	
5	压力管道	1）管道是否存在大面积锈蚀 2）管道上是否标注有气流方向，是否涂有压力等级色环 3）管道支架是否贴紧管道、表面有无锈蚀 4）管道紧固螺栓是否存在松动、锈蚀现象 5）场站管道是否经过检验且在有效期内	现场检查	1	1）定期对地面上管道、支架进行锈蚀情况全面排查，对存在锈蚀的管线，应及时安排人员进行除锈防腐，保证管线运行安全 2）对管道内输送的气体进行辨识确认，管道上喷涂相应色彩的色环 3）对存在漆面厚度异常减薄的管道进行原因分析，并及时对管道进行补漆 4）对松动的螺栓及时调整、除锈，抹黄油保养 5）建立管线定检台账并及时报检	

附录I 城镇燃气加气站设施及车用气瓶隐患排查表

序号	排查项目	排查标准	排查方法	隐患分级	处理方法	排查情况
1	储气井	1）井口固定牢靠，水泥无开裂现象 2）进气总管和每个储气井上有压力表，压力表完好，且不超过25MPa 3）进气总管和每个储气井均有切断阀，切断阀动作灵活，关闭紧密 4）法兰、卡套、锥管螺纹连接紧密，无泄漏现象 5）阀门应悬挂开关状态标志牌 6）电气设施均应防爆，隔离密封措施完好，电缆和接线盒处无破损和空隙	现场检查	1	1）加固井口，修复水泥裂纹 2）对损坏的压力表、切断阀进行维修、更换 3）对法兰、卡套等有泄漏的，进行重新维修 4）阀门处悬挂开关状态标志牌 5）对破损的防爆接线管盒进行维修，保持隔离密封完好	
2	储罐	1）储罐的铭牌、漆色、标志及喷涂的使用证号码是否符合有关规定 2）储罐的本体、接口（阀门、管道）部位、焊接接头等是否有裂纹、过热、变形、泄漏、损伤等 3）储罐外表面有无腐蚀，有无异常结霜、结露、冒汗等 4）保温层有无破损、脱落、潮湿、跑冷等 5）检漏孔、信号孔有无漏液、漏气，检漏孔是否畅通 6）储罐与相邻管道或者构件有无异常振动、响声或摩擦 7）支承或者支座有无损坏，基础有无下沉、倾斜、开裂，紧固螺栓是否齐全、完好 8）排放（疏水、排污）装置是否完好	现场检查	1	1）进行外观检查，对标志、证号及时更新 2）发现裂纹、变形、泄漏等情况，按照应急处置程序及时上报处理 3）有冒汗、结霜等现象是真空度损坏，要及时倒灌进行应急处置 4）保温层破损会出现跑冷结冻现象，要更换保温层 5）出现漏液等现象要及时倒灌处置 6）发现异常，需要排查管道连接的牢固性，及时处置 7）出现沉降，需要对重要基础设施进行监测，对沉降的基础要停罐整改 8）每月对污水进行排放，保障排污装置正常运行	

（续）

序号	排查项目	排查标准	排查方法	隐患分级	处理方法	排查情况
2	储罐	9）运行期间是否有超压、超温、超量等现象 10）罐体有接地装置的，检查接地装置是否符合要求 11）储罐是否经过检验且在有效期内	现场检查	1	9）出现超压、超温等警报需现场确认，分析原因及时处置 10）定期检查接地装置，应无外观脱离状况，且每年两次防雷检测均有效开展 11）建立特种设备定检台账并及时报检	
3	泵池	1）每台泵正常工作，无异常声响、部件过热、异常结霜或异常震动等现象 2）每台泵进、出口管线上有压力表，压力表完好，压力正常，在最高工作压力处有红线标记，工作压力不超过红线标记 3）潜液泵罐出口管有温度计，温度符合设备工况要求 4）潜液泵出口管上有紧急切断阀，竖直安装，铅封完好；安全阀与管道间的阀门全开，配备锁止装置，防止误关，并应挂牌标明“常开” 5）安全阀排气口和储罐排气口有放散管，放散管为紫红色（不锈钢管可采用色环） 6）电气设施均应防爆，隔离密封措施完好，电缆和接线盒处无破损和空隙 7）工艺装置接地线完好 8）管道外表无异常结霜和出汗现象 9）法兰连接紧密，无泄漏现象，少于5个螺栓的法兰两侧有导线跨接 10）液相管为淡黄色，连接泵的各条管道上有流向标识和管道名称，阀门应悬挂开关状态标识牌 11）泵池管道上方需加装可燃气体探测器	现场检查	2	1）及时对泵体进行维修 2）在出口管线上加装压力表、温度计，并对损坏的压力表、温度计及时更换 3）按照要求安装切断阀，并配备锁止装置 4）安全阀排气口与储罐排气口加装放散管，进行集中放散 5）定期巡查电气设备，对防爆接线盒、套管破损的，及时维修，保持隔离密封完好 6）对工艺装置整体进行接地 7）对管道保温层进行维修 8）对法兰进行重新紧密，对少于5个螺栓的法兰加装跨接 9）对管道增加流量表和管道名称，保证明显辨识 10）泵池管道上方加装可燃气体探测器	

（续）

序号	排查项目	排查标准	排查方法	隐患分级	处理方法	排查情况
4	气瓶	1）是否存在过量充装且未采取措施 2）气瓶瓶阀损坏、泄漏；瓶体腐蚀、严重变形，超检验期限、报废	现场检查	1	1）充装前进行泄漏检测 2）加强充装过程控制，严禁过量充装 3）充装后，检查发现压力升高很快的及时处理，检测有无泄漏 4）对气瓶瓶阀进行检查，发现歪斜、螺纹损坏及时更换 5）对气瓶瓶体进行检查，瓶体腐蚀严重及时送检 6）对超期气瓶及时予以报废，送交瓶检站消除其使用功能，并向登记机关办理报废手续	
5	爆破片	1）爆破片选型正确，符合运行要求 2）爆破片装置的安装方向正确，运行中无渗漏 3）爆破片未超过规定使用期限，使用过程中不存在未超压爆破或者超压未爆破的情况 4）爆破片和压力容器间装设的截止阀处于全开状态，铅封完好 5）爆破片和安全阀串联使用，如果爆破片装在安全阀的进口侧，检查爆破片和安全阀之间装设的压力表有无压力显示，打开截止阀检查有无气体排出 6）与爆破片夹持器相连的放空管通畅，放空管内无存水（或者冰），防水帽、防雨片完好	1）检查爆破片装置的出厂资料、产品名牌及其安装情况 2）现场查看	2	更换具有下列情况之一的爆破片装置 1）爆破片超过规定使用期限的 2）爆破片安装方向错误的 3）爆破片标定的爆破压力、温度和运行要求不符的 4）爆破片使用中超过标定爆破压力而未爆破的 5）爆破片和安全阀串联使用时，爆破片和安全阀之间的压力表有压力显示，或者截止阀打开后有气体漏出的 6）爆破片单独作泄压装置或者爆破片与安全阀并联使用时，爆破片和压力容器间的截止阀未处于全开状态或者铅封损坏的 7）爆破片装置泄漏的	

附录 J　城镇燃气特种设备事故专项应急预案示例

××××特种设备事故
专项应急预案

文件号：	
版本号：	
日期：	××××年××月××日

发布日期：××××年××月××日　　　　实施日期：××××年××月××日

×××××燃气有限公司　　　　编制

批　准　页

项目	姓名	职务	签字	备注
编制				
审核				
批准				

修　订　页

版本	更新内容	生效日期

附录K 城镇天然气场站（门站）事故专项应急预案与现场处置方案示例

K.1 城镇天然气场站（门站）事故专项应急预案示例

K.1.1 概述

为加强公司内部安全管理，保障职工生命安全，保护环境，有效控制城镇高压天然气特种设备事故的发生，根据《中华人民共和国特种设备安全法》《特种设备安全监察条例》及相关法律、法规和省、市相关职能部门的要求，结合城镇高压天然气公司自身实际情况，就可能发生的各类压力容器、压力管道等突发特种设备事件（事故）的影响，特制定本预案。

K.1.2 适用范围

本预案适用于天然气门站造成的特种设备事故，这些特种设备可能造成的事故有火灾、爆炸。

K.1.3 事故分析

（1）危险源 天然气为易燃易爆气体，与空气混合能形成爆炸性混合物，爆炸极限为5%~15%（体积分数）。天然气密度为0.7174kg/m^3，主要成分是甲烷。

（2）事故类型 本公司天然气门站可能因设计缺陷、材料缺陷、施工缺陷、各种腐蚀、焊缝缺陷、外力破坏、操作不当等导致天然气泄漏，引发火灾、爆炸等事故。

K.1.4 应急救援组织机构及其职责

K.1.4.1 组织机构

××燃气有限公司生产安全事故应急救援组织机构如图K-1所示，设立应急救援领导小组及若干应急救援工作组。应急救援领导小组主要人员由总指挥、现场指挥及各应急救援工作组负责人组成，负责生产安全事故应急救援的指挥与管理工作；应急救援工作组主要有现场处置组、技术保障组、疏散警戒组、后勤保障组和事故处理组，各设组长一名。

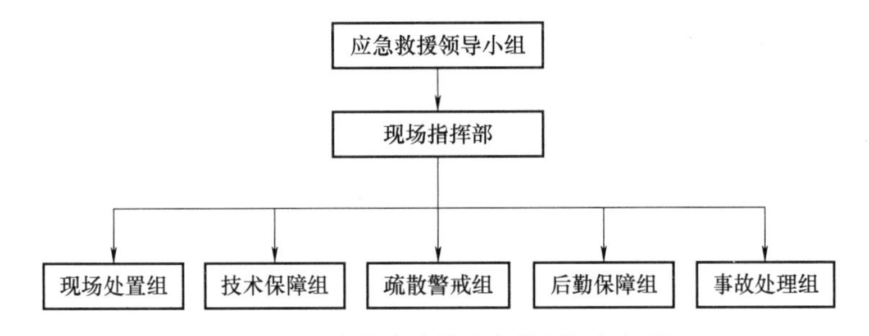

图K-1 生产安全事故应急救援组织机构

注：机构中的部门设置可根据公司预案实际内容进行调整。

当发生生产安全事故时，应急救援领导小组立即启动应急预案，总经理任总指挥（根据单位实际情况进行调整），分管安全副总经理为现场指挥，负责开展各项应急救援工作。考虑公司的实际情况，公司各职能部门日常办公地点与各场站不在同一个地点，若场站发生生产安全事故，公司总经理、分管安全副总经理及相关人员不在现场或尚未到达现场前，则由分公司经理或场站负责人及应急救援工作组的人员指挥，分工协作开展应急救援工作，待公司总经理、分管安全副总经理及相关人员到达事故现场后，则及时完成应急救援组织机构的职务交接，投入应急救援工作。

K. 1. 4. 2　职责

应急救援领导小组由公司主要负责人担任组长（总指挥），指挥部设在办公楼内，配备联系电话。

总指挥：×××

现场指挥：×××

成员：×××　×××　×××　×××　×××　×××

现场人员如遇突发事故，而应急救援领导小组总指挥不在现场时，由现场最高职务的人员担任临时总指挥，如果有多名同等级别的人，以负责安全工作的人员作为总指挥。

（1）应急救援领导小组主要职责

1）保证本单位安全生产投入的有效实施。

2）组建应急救援工作组，并组织实施和演练。

3）检查督促并做好重大事故的预防措施和应急救援的各项准备工作。

4）发布和解除应急救援命令、信号。

5）协调组织指挥救援队伍实施救援行动。

6）组织安全检查，及时消除安全事故隐患。

7）及时、准确报告生产安全事故。

8）组织事故调查，总结应急救援工作经验教训。

（2）总指挥主要职责

1）领导和决策应急响应与危机处理工作。

2）启动预案，做到快速反应、从容应对、指挥得当、部署及时。

3）协调应急救援处理工作，提升团队应急能力。

4）宣布应急结束，恢复控制受影响地点。

5）评估事故的规模和发展态势，建立应急步骤。

6）审核对外发布的信息，并向有关部门报告等。

（3）现场指挥主要职责

1）协助并完成总指挥指派的工作，总指挥不在时承担总指挥职责。

2）向总指挥负责，及时报告事发情况、已采取措施、拟定实施建议或意见。

3）全面指挥现场抢修，执行指挥部各项指令。

4）保障人员安全，减少财产损失，采取切实有效的抢修措施，迅速控制险情。

5）险情解除后，收集有关事故现场的资料等。

（4）现场指挥部主要职责

1）现场指挥部是现场最高指挥机构，负责现场全面处置工作。

2）协调各工作组工作。

3）协调各专业、各救援队伍的现场工作。

（5）各应急救援工作组的人员构成及主要职责（见表 K-1）

表 K-1　各应急救援工作组的人员构成及主要职责

序号	应急救援工作组名称	组长	成员	主要职责
1	现场处置组			1）熟悉各类机械设备及其安全附件的性能、特征及抢修办法 2）了解各种抢修工具、器械、配件的用途、存放地点、数量规格（包括木尖、铁箍、篷布条、棉胎、钢线、堵漏夹具、金属补漏剂等），并妥善保管 3）当发生机械故障、天然气泄漏等事故时，全组人员必须迅速组合，在组长带领下，根据现场指挥员的要求，选取合适的工具及器械，全力开展抢修工作 4）发生火警时，全组人员根据火险情况，在指挥员的调度下全力参加灭火工作
2	技术保障组			1）向总指挥负责，负责拟定抢修技术方案，解决方案实施过程中的各种技术问题 2）监督检查事故现场作业的质量等
3	疏散警戒组			1）发生事故后，疏散警戒组根据事故情景穿好防护服，戴好防毒面具等，迅速奔赴现场；根据火灾、爆炸（泄漏）影响范围，设置禁区，布置岗哨，加强警戒，疏散人群，巡逻检查，严禁无关人员进入禁区 2）遭遇袭击时，使用安防器材对袭击人员进行牵制；在保护好自身安全的基础上，对施暴人员实施控制；将闹事人员劝至监控摄像头区域或对事发区进行录像，保留证据 3）接到报警后，封闭门站大门，维持门站道路交通秩序，引导外来救援力量进入事故发生点，严禁外来人员入站围观 4）疏散警戒组应到事故发生区域封路，指挥救援车辆行驶路线 5）根据现场指挥部发布的警报和防护措施，指导相关人员实施隐蔽；引导必须撤离的人员有序地撤至安全区；组织好特殊人群的疏散安置工作；维护安全区或安置区的秩序和治安
4	后勤保障组			1）负责提供现场救援车辆 2）负责伤者的初步转运，以及与医疗救护人员的交接 3）负责应急人员后勤物资的提供 4）负责救生设备器材的保管、维护等 5）负责事故现场联络和对外联系，传达指挥部指令，同时通报险情 6）确保现场指挥与各组之间的信息畅通，做好与“110”“119”“120”等单位联系，在需要的情况下拨打求救电话，负责伤者医疗救治和家属的安排 7）选择有利地形设置安全急救点，进行现场医疗救护及中毒、受伤人员分类；抢救受伤人员并进行救护，向其他医疗单位申请救援并迅速转移伤者就医
5	事故处理组			1）查明事故发生的经过、原因、人员伤亡情况等 2）负责有关赔偿事项的谈判及落实 3）负责安抚工作，协助事故调查分析 4）总结事故教训，落实防范和整改措施

K.1.5　响应启动

K.1.5.1　信息上报

（1）内部通报

1）程序。事故发生后，事故现场有关人员应当立即向安全管理员、主要负责人报告。

2）事故报警。事故报警方式采用内部电话和外部电话（包括手机、电话等）线路进行报警，由应急救援领导小组向公司内部发布事故消息，做出紧急疏散和撤离等警报。

报警应包括的内容：发生事故的地点；发生事故的性质或类型；有无人员伤亡，事故处理情况及发展情况。

3）内部通信联络手段。公司总值班电话：×××—××××××××。

应急救援领导小组成员的电话必须保持24h畅通，禁止随意更换电话号码的行为。特殊情况下，若电话号码发生变更，必须在变更之日起48h内向应急救援领导小组报告。应急预案编制工作组必须在24h内向各成员和部门发布变更通知。

（2）向上级报告

1）事故信息上报。按照生产安全事故报告有关规定，由主要负责人（总指挥）或其授权人在1h内向××市应急管理局、××市综合行政执法局（燃气主管部门）和××市市场监管局等有关部门报告。

情况紧急时，事故现场有关人员可以直接向××市应急管理局、××市综合行政执法局（燃气主管部门）和××市市场监管局等有关部门报告。

2）报告事故信息应当包括公司名称、地址、性质，事故发生的时间、地点，事故已经造成或可能造成的伤亡人数（包括下落不明、涉险的人数）。

（3）向周边单位通报　需要向社会和周边发布警报时，由应急救援领导小组向政府及周边单位发送警报消息。事态严重紧急时，通过应急救援领导小组直接联系政府及周边单位负责人，由总指挥亲自向政府及周边单位负责人发布消息，要求组织撤离疏散或请求援助，随时保持电话联系。

K.1.5.2　资源协调

各应急救援工作组在收到总指挥的指令后，按照要求迅速组织应急救援设施及物资且运抵现场，并根据事故实际现状，预测、补充将要使用应急物资。

K.1.5.3　信息公开

（1）信息发布　由应急救援领导小组配合政府主管部门进行信息发布。所提交的信息应实事求是、客观公正、内容翔实、及时准确，并经总指挥审核。

（2）内部员工信息告知　当事故发生后，由应急救援领导小组通过内部公文、微信等渠道或信息沟通会等方式对内部员工告知事故的情况，及时进行正面引导，齐心协力，共同应对事故。

（3）业务合作伙伴信息告知　当事故发生后，由应急救援领导小组或授权部门向与本公司有业务关系的单位、投资者提供有关信息，介绍事故的情况，处理好相关的法律和商务关系。

（4）事故影响的相关方的告知　事故发生后，若初步判断事故原因与设备、物料质量等有关，或者事故中有相关方员工伤亡时，应急救援领导小组应及时将事故信息告知设备厂家、安装单位、供货商等相关方。

K.1.5.4　后勤保障

根据危险分析与安全预防及应急处置要求配备应急救援装备、物资与常用药品，根据气站特点配置相应的应急物资（灭火器、消防泵、快速密封胶、包扎棉絮或绒布、应急药箱等）。以上设施、物资的保管维护人员应定期做好检查、维护工作，及时更换与采购，确保完好有效，数量充足。

K.1.5.5　财力保障

公司财务部按照规定标准提取安全资金，在成本中列支，专门用于完善和改进企业应急救援体系建设、监控设备定期检测、应急救援物资采购、应急救援演习和应急人员培训等。由总经理负责落实应急救援需要的各项经费。公司财务部将采取计划和措施，确保事故应急处置的资金需求。

K.1.6　处置措施

K.1.6.1　进站总阀门前管线发生严重泄漏

1）当班人员在巡检时发现进站管线泄漏，应立即向安全运行部负责人、门站站长报告事件状态。

2）当班人员应关闭门站内部所有进出站电动阀门（紧急情况下可优先使用远程控制功能关闭相应阀门）并及时切断站内的电源，协助安全运行部调度室与上游分输站联系，请求关闭分输站的供气阀门。

3）在确认上述阀门关闭后，指派专人打开门站进站总阀前的放散阀门进行放散操作，达到快速排除管段内残留天然气的目的，必要时安排保安人员协助疏散邻近的群众。

4）在进行上述操作的同时，门站人员及后续赶到的抢险人员必须以最快的速度划定警戒区，疏散周围人员，禁止一切火种带入禁戒区进行任何起火的操作。禁戒区的划定应依据区域内天然气浓度、风向、周围环境等因素综合确定。

5）禁戒区内严禁动用明火、开关电器、穿化纤衣服、打手机、发动汽车、敲击铁器等。

K.1.6.2　站内管线发生严重泄漏

1）当班人员在巡检时发现站内管线泄漏，应立即向运管部调度室、站长（或负责人）及安全运行部有关领导报告。

2）根据现场情况，立即切断相应的上游气源和供气阀门（紧急情况下可优先使用远程控制功能关闭相应阀门），关闭所有电源。

3）对泄漏管段进行放散处理至管线内呈微正压，必要时通知消防、公安、救护等部门，要求协助加强周围环境的安全警戒及群众疏散工作，并做好预防天然气中毒、爆炸等其他灾害的发生工作，以防事态进一步扩大。

4）根据现场漏气位置和方向，确定天然气可能聚集的建筑物和地下管道、沟槽，并立即检查这些建筑物和地下设施，发现有燃气聚集的，应立即划定为警戒区，按照警戒区管理。

5）在漏气得以有效控制、无发生灾害危险情况下，可根据现场实际情况向安全运行部负责人报告，申请切换备用路供气或恢复部分供气管路，减小停气事件的影响。

K.1.6.3　发生爆炸或起火事故

1）当班人员立即通知运管部调度室和门站站长。

2）迅速有效地切断上游来气和中压出站回流气。

3）有人员伤亡时，应立即拨打120急救电话。

4）根据应急预案，迅速组织救火工作，火势较大时，立即通知119援助。

5）在上述工作基本结束时，应立即组织险情排查工作。

K.1.6.4　设备发生故障，造成泄漏、火灾、爆炸

1）当班人员在巡检时发现管线及设备故障，应立即通知站长、报告。

2）当班人员根据现场情况，立即切断漏气点上下游阀门（紧急情况下，有权先启动远程控制，再汇报）。

3）根据现场漏气位置和方向，确定天然气可能聚集的建筑物和地下管道、沟槽，并立即检查这些建筑物和地下设施，发现有燃气聚集的，应立即划定为警戒区，按照警戒区管理。

4）抢险人员到达现场后，按应急预案进行抢修作业。

5）在漏气得以有效控制、无发生灾害危险情况下，必须立即启动置换流程，及早恢复城市供气。

6）当分路调压、计量管线出现泄漏时，应向站长、运管部调度中心及部门领导汇报，站内人员马上采取应变措施：关闭事故管线上下游阀门，通过流程切换到另一路调压或计量管线继续供气。

7）如果发生爆炸或起火事故，按照 K. 1. 6. 3 进行处置。

K. 1. 7　应急保障

（1）通信与信息保障

1）有线通信方式主要为公司固定电话，无线通信方式主要为公司内有关人员的手机通信系统，进入爆炸危险场所则采用防爆对讲机联系。

2）应急人员的手机平时应 24h 开通，不得无故关闭。

3）相关人员与部门应做好应急通信工具与器材的保障和维护工作。

4）在控制中心等场所张贴应急人员联系方式。

（2）应急队伍保障　应急队伍根据人员素质与个人特长、工作岗位及作业班次等确定，并根据人员在岗情况及时调整，通过日常训练不断提高人员与队伍的应急能力与稳定。

（3）应急物资装备保障

1）主要技术资料：场站图样（场站平面图、消防设施配置图、工艺流程图、液化天然气安全技术说明书等）、区域燃气管网总图存放在×××××，保管人为×××，联系电话为××××××××。

2）应急照明设施：设置××××柴油发电机组作为应急电源，另配备防爆手电筒等照明设备。

（4）制度保障措施　公司应建立一套确保本预案在紧急情况下能够得以有效实施的安全管理制度，包括应急指挥组成人员岗位责任制、安全值班制度、培训制度（应急救援预案、专业队伍、职工学习、培训制度），以及应急救援装备、物资、药品维护、保养与检查制度等。

（5）交通运输保障　在应急响应状态时，利用现有的交通资源，请求交通部门提供交通支持，保证及时调运有关应急救援人员、装备和物资。

（6）医疗卫生保障　办公室负责应急处置工作中的医疗卫生保障，与附近的医疗机构建立联系。

（7）治安保障　气站保卫班负责事故现场的治安警戒和治安管理，加强对重要物资和设备的保护，维持现场秩序，及时疏散群众。必要时请求当地公安部门协助事故灾难现场治安警戒和治安管理。

（8）技术储备与保障　充分利用现有的技术人才资源和技术设备设施资源，提供在应急状态下的技术支持。

（9）社会技术保障　在应急响应状态时，请求当地气象部门为应急救援决策和响应行动提供所需的气象资料和气象技术支持。

K. 2　城镇天然气场站（门站）事故现场处置方案示例（见表 K-2）

表 K-2　城镇天然气场站（门站）事故现场处置方案示例

<table>
<tr><td rowspan="6">事故风险分析</td><td colspan="2">事故可能发生的区域、装置的名称</td><td colspan="2">天然气门站；管道系统、各类阀门等</td></tr>
<tr><td colspan="2">事故可能发生的时间</td><td colspan="2">本公司发生天然气泄漏事故的时间或季节不确定，在各个时段都有可能发生</td></tr>
<tr><td colspan="2">事故危害程度</td><td colspan="2">存在火灾、爆炸、中毒、窒息等危险，可能导致重大安全事故。高浓度的天然气对人体有窒息和麻醉的作用，可导致人体缺氧而造成神经系统损害，严重时表现为呼吸麻痹、昏迷、甚至死亡</td></tr>
<tr><td colspan="2">事故影响范围</td><td colspan="2">事故的发生会影响公司的正常经营活动，给公司造成直接经济损失；给受伤职工造成严重伤害，甚至死亡；还会导致公司经营信誉受到负面影响，影响公司持续运营模式，间接给公司造成损失；还可能造成不良的社会舆论，给公司的安全形象造成负面影响</td></tr>
<tr><td colspan="2">可能出现的征兆</td><td colspan="2">1）作业人员在进入门站时，未执行安全操作规程制度
2）未得到管理员的批准，私自进入现场
3）阀门垫片损坏，出现裂纹，引起泄漏；压力表损坏；管道破裂
4）门站未按照规定进行定期安全检测、设备保养等</td></tr>
<tr><td colspan="2">可能引发的次生灾害</td><td colspan="2">中毒、窒息、火灾、爆炸</td></tr>
<tr><td rowspan="3">应急工作职责</td><td colspan="2">应急分工</td><td>构成形式及具体职责</td><td>岗位人员或姓名</td></tr>
<tr><td colspan="2">应急人员构成</td><td>1）根据本预案的规定，现场作业人员和现场安全管理员都是事故发生后的应急处置人员，由事故发生现场所有工作人员构成现场处置组
2）天然气泄漏事故发生后，以现场的门站管理人员和现场安全管理员，以及周围工作人员为主要的应急处置人员，现场其他的作业人员辅助其进行应急救援行动</td><td>现场作业人员、气站管理人员、现场安全管理员</td></tr>
<tr><td colspan="2">应急人员工作职责</td><td>1）由现场安全管理员担任现场处置小组组长，履行现场指挥和伤员救护职责
2）由作业负责人关停相关气体设备泄漏装置，及时将事故上报给应急救援领导小组和相关的救援单位
3）现场的其他工作人员负责协助现场的一切救援工作，服从安全管理员的指挥，自觉进行现场处置救援行动</td><td>现场处置组</td></tr>
<tr><td rowspan="2">应急处置</td><td rowspan="2">事故应急处置程序</td><td>步骤</td><td>处置措施</td><td>责任人</td></tr>
<tr><td>事故报警程序</td><td>1）当天然气泄漏事故造成作业人员受伤时，或者事故严重程度为不明等状态时，现场气站管理人员或作业人员发现事故后要立即报告给应急救援领导小组和现场的安全管理员，现场安全管理员立即赶到事发现场进行现场处置，应急救援领导小组根据事故情况调动公司的各应急救援工作组到达现场开展救援行动
2）当天然气泄漏事故造成作业人员死亡或昏迷时，现场作业负责人要立即拨打医院急救中心电话报警，同时向公司各级救援机构报警</td><td>现场作业人员、疏散警戒组</td></tr>
</table>

（续）

		步骤	处置措施	责任人
应急处置	事故应急处置程序	应急措施启动	1）现场应急处置措施由现场处置组组长启动，当天然气泄漏事故发生后，立即暂停气站周围的所有热工作业，指挥无关人员快速撤离危险区域 2）现场人员要服从安全管理员的指挥，放下手头工作，立即协助进行现场应急救援工作，承担应急物资的运送，协助救治伤员、设备的搬运等工作；无关人员尽快根据引导进行撤离	现场处置组长
		应急救援人员引导	1）现场负责人在向专业救援单位发出报警后，应落实人员到门口或进入的关键路口等待，并引导专业救援人员准确、快速到达事发现场 2）保安或作业人员收到报警电话后，应立即对门口的道路进行疏通，疏散车辆，搬除所有影响救护车到达目标地的障碍物并疏散人员，确保救护车顺利、快速通行，在疏通道路时，应注意预留救援车辆的空地	疏散警戒组
		事故扩大、预案衔接程序	现场处置组组长在指挥现场事故救援的过程中，要随时保持和应急救援领导小组及其他各工作组的信息联系，以应对事故可能扩大时的信息通报，保证救援信息及时、快速传达到专业救援单位和相关领导，以便于公司领导和相应救援单位启动相应的应急救援预案	现场处置组长
	天然气泄漏处理方法		1）天然气一旦发生泄漏，排险人员到达现场后，主要任务是关掉阀门，切掉气源。如果是阀门损坏，可用麻袋片缠住漏气处，或者用大卡箍堵漏，更换阀门；如果是管道破裂，可用木楔子堵漏 2）及时防止燃烧爆炸，迅速排除险情。现场人员应把主要力量放在各种火源的控制方面，为迅速堵漏创造条件。对天然气已经扩散的地方，电器要保持原来的状态，不要随意开或关；对接近扩散区的地方，要切断电源；对进入天然气泄漏区的排险人员，严禁穿带钉鞋和化纤衣服，严禁使用金属工具，以免碰撞产生火花或火星 3）用水枪对泄漏处进行稀释、降温	现场处置组、技术保障组
	着火处置措施		1）小火用干粉灭火器或二氧化碳灭火器灭火 2）大火用喷水或喷水雾灭火 3）在确保安全的前提下，要把盛有可燃气的容器运离火灾现场 4）对燃烧剧烈的大火，要与火源保持尽可能大的距离，或者用遥控水枪或水炮，否则撤离火灾现场，让其自行燃尽	现场处置组、技术保障组
	疏散方法		1）立即将泄漏区周围至少隔离 50m 2）撤离非指派人员 3）留在上风向 4）不要进入地势低洼地区	疏散警戒组
	伤员现场急救方法		1）积极抢救人员，让窒息人员立即脱离现场，到户外新鲜空气流通处休息。有条件的应吸氧或接受高压氧舱治疗，出现呼吸停止者应进行心肺复苏；呼吸恢复后，立即转运至附近医院救治。呼叫“120”或其他急救医疗中心 2）脱去并隔离受污染的衣服和鞋，保持患者温暖和安静 3）应让医务人员知道事故中涉及的有关物质，并采取自我防护措施	后勤保障组

（续）

<table>
<tr><td rowspan="13">应急处置</td><td rowspan="7">报警处置措施</td><td>报警形式</td><td>单位</td><td>电话</td><td>责任人</td><td>报警内容</td></tr>
<tr><td rowspan="3">内部报警</td><td>应急总指挥</td><td></td><td></td><td rowspan="6">1）讲清事故发生的装置
2）事故发生的具体部位
3）现场有无人员被困或受伤
4）现场是否有爆炸，天然气泄漏的程度等
5）当时的大致风向等</td></tr>
<tr><td>安全生产分管领导</td><td></td><td></td></tr>
<tr><td>固定报警电话</td><td></td><td></td></tr>
<tr><td rowspan="3">外部报警</td><td>消防队</td><td>119</td><td>—</td></tr>
<tr><td>急救中心</td><td>120</td><td>—</td></tr>
<tr><td>派出所</td><td>110</td><td>—</td></tr>
<tr><td>抢险救援器材</td><td colspan="5">对天然气泄漏事故用到的一些专业防护设备，救援人员在日常训练时要严格按照训练要求进行培训、学习，熟练掌握防护设备的技术参数</td></tr>
<tr><td>救援对策及措施</td><td colspan="5">1）扩散的天然气遇到火源即可发生燃烧和爆炸。一旦发生爆炸，将对人们的生命财产安全带来更大的灾害。因此，在处理天然气泄漏的过程中，必须坚持防爆重于排险的思想
2）由于现场人员走动，铁器摩擦等因素易产生火花，势必造成扩散的天然气燃烧爆炸，不仅排险人员的生命安全受到威胁，而且周围的建筑物将遭到毁坏
3）设置警戒区，禁止无关人员进入；严禁车辆通行，禁止一切火源，如禁止开关泄漏区电源</td></tr>
<tr><td>自救与互救</td><td colspan="5">1）若事故发生在夜间，应设置临时照明灯，以便于抢救。在抢救伤员的同时要保护自己，防止抢救人员受到另外的伤害
2）注意保护现场，应先抢救伤员和防止事故扩大。需要移动现场物件时，应做出标志、拍照，详细记录和绘制事故现场图</td></tr>
<tr><td>应急能力及安全防护确认</td><td colspan="5">1）救护人员应懂得基本的医疗救护知识，参加过相关技术培训。如果没有经过专业的培训，不要对受伤人员进行心肺复苏和伤口处理
2）急救时应仔细观察伤员的变化，如脸色、呼吸声、手指、眼睛的变化</td></tr>
<tr><td>应急结束后</td><td colspan="5">保护现场，人员不得随意进入事故发生区域，只有在应急总指挥批准后人员才能进入事故发生区域</td></tr>
</table>

附录L　城镇液化天然气场站事故专项应急预案与现场处置方案示例

L.1　城镇液化天然气场站事故专项应急预案示例

L.1.1　概述

为加强公司内部安全管理，保障职工生命安全，保护环境，有效控制城镇中压管道特种设备事故的发生，根据《中华人民共和国特种设备安全法》《特种设备安全监察条例》

及相关法律、法规和省、市相关职能部门的要求，结合城镇中压管道公司自身实际情况，就可能发生的各类压力容器、压力管道等突发特种设备事件（事故）的影响，特制定本预案。

L.1.2　适用范围

本预案适用于城镇液化天然气场站发生的特种设备事故，这些特种设备可能造成的事故有火灾、爆炸。

L.1.3　事故分析

（1）危险源　天然气为易燃易爆气体，与空气混合能形成爆炸性混合物，爆炸极限为5%~15%（体积分数）。天然气密度为0.7174kg/m^3，主要成分是甲烷。

（2）事故类型　本公司城镇液化天然气场站主要包含压力容器、压力管道、压力管道元件和安全附件，其中压力容器主要包含LNG储罐和杜瓦瓶（焊接绝热气瓶），压力管道包含气相管道和液相管道。

本公司城镇液化天然气场站可能因设计缺陷、材料缺陷、施工缺陷、各种腐蚀、焊缝缺陷、外力破坏、操作不当等导致天然气泄漏或超温超压，引发火灾、爆炸、冻伤等事故。

L.1.4　应急救援组织机构及其职责

L.1.4.1　组织机构

××燃气有限公司生产安全事故应急救援组织机构如图L-1所示，设立应急救援领导小组及若干应急救援工作组。应急救援领导小组主要人员由总指挥、现场指挥及各应急救援工作组负责人组成，负责生产安全事故应急救援的指挥与管理工作；应急救援工作组主要有现场处置组、技术保障组、疏散警戒组、后勤保障组和事故处理组，各设组长一名。

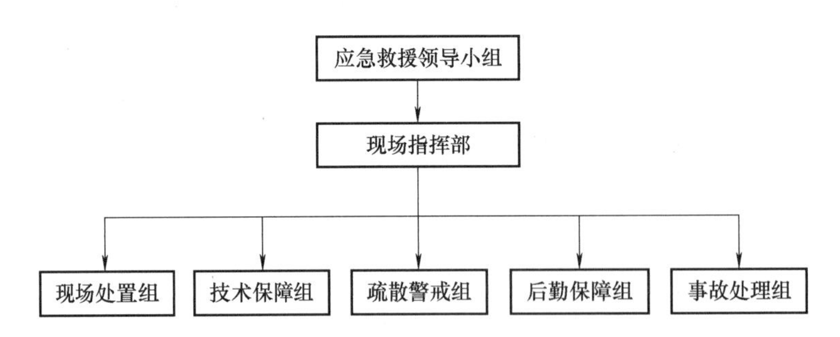

图L-1　生产安全事故应急救援组织机构

注：机构中的部门设置可根据公司预案实际内容进行调整。

当发生生产安全事故时，应急救援领导小组立即启动应急预案，总经理任总指挥（根据单位实际情况进行调整），分管安全副总经理为现场指挥，负责开展各项应急救援工作。考虑公司的实际情况，公司各职能部门日常办公地点与各场站不在同一个地点，若场站发生生产安全事故，公司总经理、分管安全副总经理及相关人员不在现场或尚未到达现场前，则由分公司经理或场站负责人及应急救援工作组的人员指挥，分工协作开展应急救援工作，待公司总经理、分管安全副总经理及相关人员到达事故现场后，则及时完成应急救援组织机构的职务交接，投入应急救援工作。

L.1.4.2　职责

应急救援领导小组由公司主要负责人担任组长（总指挥）指挥部设在办公楼内，配备联系电话。

总指挥：×××

现场指挥：×××

成员：×××　×××　×××　×××　×××　×××

现场人员如遇突发事故，而应急救援总指挥不在现场时，由现场最高职务的人员担任临时总指挥，如果有多名同等级别的人，以负责安全工作的人员作为总指挥。

（1）应急救援领导小组主要职责

1）保证本单位安全生产投入的有效实施。

2）组建应急救援工作组，并组织实施和演练。

3）检查督促并做好重大事故的预防措施和应急救援的各项准备工作。

4）发布和解除应急救援命令、信号。

5）协调组织指挥救援队伍实施救援行动。

6）组织安全检查，及时消除安全事故隐患。

7）及时、准确报告生产安全事故。

8）组织事故调查，总结应急救援工作经验教训。

（2）总指挥主要职责

1）领导和决策应急响应与危机处理工作。

2）启动预案，做到快速反应、从容应对、指挥得当、部署及时。

3）协调应急救援处理工作，提升团队应急能力。

4）宣布应急结束，恢复控制受影响地点。

5）评估事故的规模和发展态势，建立应急步骤。

6）审核对外发布的信息，并向有关部门报告等。

（3）现场指挥主要职责

1）协助并完成总指挥指派的工作，总指挥不在时承担总指挥职责。

2）向总指挥负责，及时报告事发情况、已采取措施、拟定实施建议或意见。

3）全面指挥现场抢修，执行指挥部各项指令。

4）保障人员安全，减少财产损失，采取切实有效的抢修措施，迅速控制险情。

5）险情解除后，收集有关事故现场的资料等。

（4）现场指挥部主要职责

1）现场指挥部是现场最高指挥机构，负责现场全面处置工作。

2）协调各工作组工作。

3）协调各专业、各救援队伍的现场工作。

（5）各应急救援工作组的人员构成及主要职责（见表 L-1）

表 L-1　各应急救援工作组的人员构成及主要职责

序号	应急救援工作组名称	组长	成员	主要职责
1	现场处置组			1）熟悉各类机械设备及其安全附件的性能、特征及抢修办法 2）了解各种抢修工具、器械、配件的用途、存放地点、数量规格（包括木尖、铁箍、篷布条、棉胎、钢线、堵漏夹具、金属补漏剂等），并妥善保管 3）当发生机械故障、天然气泄漏等事故时，全组人员必须迅速组合，在组长带领下，根据现场指挥员的要求，选取合适的工具及器械，全力开展抢修工作 4）发生火警时，全组人员根据火险情况，在指挥员的调度下全力参加灭火工作
2	技术保障组			1）向总指挥负责，负责拟定抢修技术方案，解决方案实施过程中的各种技术问题 2）监督检查事故现场作业的质量等
3	疏散警戒组			1）发生事故后，疏散警戒组根据事故情景穿好防护服，戴好防毒面具等，迅速奔赴现场；根据火灾、爆炸（泄漏）影响范围，设置禁区，布置岗哨，加强警戒，疏散人群，巡逻检查，严禁无关人员进入禁区 2）遭遇袭击时，使用安防器材对袭击人员进行牵制；在保护好自身安全的基础上，对施暴人员实施控制；将闹事人员劝至监控摄像头区域或对事发区进行录像，保留证据 3）接到报警后，封闭场站大门，维持场站道路交通秩序，引导外来救援力量进入事故发生点，严禁外来人员入场围观 4）疏散警戒组应到事故发生区域封路，指挥救援车辆行驶路线 5）根据现场指挥部发布的警报和防护措施，指导相关人员实施隐蔽；引导必须撤离的人员有序地撤至安全区；组织好特殊人群的疏散安置工作；维护安全区或安置区的秩序和治安 6）根据事故的严重程度、危害范围，必要时可启动站区消防喷淋进行储罐的冷却及间隔
4	后勤保障组			1）负责提供现场救援车辆 2）负责伤者的初步转运，以及与医疗救护人员的交接 3）负责应急人员后勤物资的提供 4）负责救生设备器材的保管、维护等 5）负责事故现场联络和对外联系，传达指挥部指令，同时通报险情 6）确保现场指挥与各组之间的信息畅通，做好与“110”“119”“120”等单位联系，在需要的情况下拨打求救电话，负责伤者医疗救治和家属的安排 7）选择有利地形设置安全急救点，进行现场医疗救护及中毒、受伤人员分类；抢救受伤人员并进行救护，向其他医疗单位申请救援并迅速转移伤者就医

（续）

序号	应急救援工作组名称	组长	成员	主要职责
5	事故处理组			1）查明事故发生的经过、原因、人员伤亡情况等 2）负责有关赔偿事项的谈判及落实 3）负责安抚工作，协助事故调查分析 4）总结事故教训，落实防范和整改措施

L.1.5 响应启动

L.1.5.1 信息上报

（1）内部通报

1）程序。事故发生后，事故现场有关人员应当立即向安全管理员、主要负责人报告。

2）事故报警。事故报警方式采用内部电话和外部电话（包括手机、电话等）线路进行报警，由应急救援领导小组向公司内部发布事故消息，做出紧急疏散和撤离等警报。

报警应包括的内容：发生事故的地点；发生事故的性质或类型；有无人员伤亡，事故处理情况，发展情况。

3）内部通信联络手段。公司总值班电话×××-××××××××。

应急救援领导小组的电话必须保持24h畅通，禁止随意更换电话号码的行为。特殊情况下，若电话号码发生变更，必须在变更之日起48h内向应急救援领导小组报告。应急预案编制工作组必须在24h内向各成员和部门发布变更通知。

（2）向上级报告

1）事故信息上报。按照生产安全事故报告有关规定，由主要负责人（总指挥）或其授权人在1h内向××市应急管理局、××市综合行政执法局（燃气主管部门）和××市市场监管局等有关部门报告。

情况紧急时，事故现场有关人员可以直接向××市应急管理局、××市综合行政执法局（燃气主管部门）和××市市场监管局等有关部门报告。

2）报告事故信息应当包括公司名称、地址、性质，事故发生的时间、地点，事故已经造成或可能造成的伤亡人数（包括下落不明、涉险的人数）。

（3）向周边单位通报　需要向社会和周边发布警报时，由救援领导小组人员向政府及周边单位发送警报消息。事态严重紧急时，通过救援领导小组直接联系政府及周边单位负责人，由总指挥亲自向政府及周边单位负责人发布消息，要求组织撤离疏散或请求援助，随时保持电话联系。

L.1.5.2 资源协调

各应急救援工作组在收到总指挥的指令后，按照要求迅速组织应急救援设施及物资且运抵现场，并根据事故实际现状，预测、补充将要使用应急物资。

L.1.5.3 信息公开

（1）信息发布 由应急救援领导小组新闻发布组配合政府主管部门进行信息发布。所提交的信息应实事求是、客观公正、内容翔实、及时准确，并经总指挥审核。

（2）内部员工信息告知 事故发生后，由应急救援领导小组通过内部公文、微信等渠道或信息沟通会等方式对内部员工告知事故的情况，及时进行正面引导，齐心协力，共同应对事故。

（3）业务合作伙伴信息告知 事故发生后，由应急救援领导小组或授权部门向与本公司有业务关系的单位、投资者提供有关信息，介绍事故的情况，处理好相关的法律和商务关系。

（4）受事故影响的相关方的告知 事故发生后，若初步判断事故原因与设备、物料质量等有关，或者事故中有相关方员工伤亡时，应急救援领导小组应及时将事故信息告知设备厂家、安装单位、供货商等相关方。

L.1.5.4 后勤保障

根据危险分析与安全预防及应急处置要求配备应急救援装备、物资与常用药品，根据气站特点配置相应的应急物资（灭火器、消防泵、快速密封胶、包扎棉絮或绒布、应急药箱等）。以上设施、物资的保管维护人员应定期做好检查、维护工作，及时更换与采购，确保完好有效，数量充足。

L.1.5.5 财力保障

公司财务部按照规定标准提取安全资金，在成本中列支，专门用于完善和改进企业应急救援体系建设、监控设备定期检测、应急救援物资采购、应急救援演习和应急人员培训等。由总经理负责落实应急救援需要的各项经费。公司财务部将采取计划和措施，确保事故应急处置的资金需求。

L.1.6 处置措施

L.1.6.1 应急处置指导原则

当事故发生时，要迅速、果断地采取应急处置救援措施。启动本公司救援方案，边处置边上报，现场班组自救与单位救援相结合，同时应根据事故发展情况，尽最大的力量减少事故造成的生命财产损失。根据本公司的特点，在应急救援工作中必须坚持以下原则和要求：

1）以人为本，安全第一。把保障生命安全和员工的身体健康、最大限度地减少安全生产事故灾难造成的人员伤亡和危害作为首要任务。

2）救灾与保障并重。针对城镇燃气经营的特点，应及时保障居民、企事业单位的用气安全，做到救灾与保障并重。

3）统一指挥，分级负责。在应急救援领导小组的统一领导组织协调下，公司每个人按照各自的职责和权限，负责有关生产安全事故灾难应急管理和应急处置工作。

4）防止发生次生、衍生事故，如环境污染、火灾、爆炸。救援过程中，要利用现有的器材，尽最大努力防止发生环境污染等次生、衍生事故和伤亡扩大事故。

5）一旦发生泄漏事故，现场人员立即停止所有作业，切断压力容器、压力管道控制阀门。

6）发生事故后，立即组织场站应急救援人员展开应急处置工作，同时向公司领导报告，做好启动公司一级响应程序准备；向周边社区、单位发出预警信息，同时向政府部门报告。

7）消防队到达现场后，担负治安和交通指挥，在事故现场周围设岗，划分禁区并加强警戒和巡逻检查。当事故扩大危及周围人员安全时，立即扩大警戒范围，同时立即组织人员撤离，组织有关人员协助友邻单位、过往行人在政府指挥部的指挥协调下，向上侧风方向300m以外的安全地带疏散。

8）公司燃气抢险人员到达现场后，穿戴好防护用品，利用堵漏工具进行现场堵漏，控制危险源。

9）当消防救援大队到达现场后，将事故情况向消防救援大队说明清楚。在消防救援大队的指挥下进行应急救援。

10）后勤保障组到达现场后，当现场有人受伤时，对伤员进行清洗包扎等急救处置，重伤员及时送往医院抢救。根据现场指挥的命令，对内对外联系，准确报警，及时向社会救援组织传递安全信息，发布险情，进行现场与外界有效沟通，以获得有力的社会支援。

11）物资保障组到达现场后，根据指挥部的命令，及时组织事故抢险过程中所需物资的供应、调运。

12）现场指挥根据事态的变化，如事故扩大无法控制时，立即组织人员撤离，同时向公司应急救援领导小组报告，启动公司应急响应程序。

13）处置过程中应使用防爆工具。

14）可能危及抢修人员安全时，采取应急措施并报告有关部门后，应撤离现场，接应有关部门的支援。

15）发生事故，应立即赶赴事故现场，协助有关单位或用户进行抢险救援。

L.1.6.2　应急处置措施

1. 发生泄漏

（1）轻微泄漏

1）当发生轻微泄漏时，操作人员应尽快切断泄漏位置的气源，并使用警示带将泄漏位置进行隔离。

2）若无法切断泄漏位置的气源，应将故障储罐中的LNG卸到其他安全的储罐或槽车上。

3）阻止泄漏时，操作人员必须使用有安全保护性衣服和用具。

4）在泄漏附近范围不允许有火源，以免发生爆炸。

（2）严重泄漏

1）当泄漏无法控制或有扩大的趋势时，操作人员须立即致电政府主管部门、消防及公安部门，寻求协助，并按照规定上报公司应急救援领导小组。

2）为避免发生着火危险，须立即熄灭厂区内所有明火，并根据泄漏情况及风向派人截停附近道路上的交通车辆。在危险区内不准使用手提电话，进入泄漏区域的人员身上不得携带易燃易爆物品。

3）应尽力将泄漏处隔离，当操作人员必须进入泄漏范围内时，应穿戴保护性衣服和其他合适的保护物，以防突然着火而引起损伤。

4）启动泡沫发生系统，向罐区进行覆盖以防爆炸。

5）当大量泄漏情况不能制止时，除抢险人员，所有人员禁止进入现场，并应疏散到安全地方。

（3）阀门泄漏

1）阀门泄漏分内漏和外漏两种情况，若是内漏，可以用扳手拧紧，若仍泄漏，则关闭该阀门的上下游阀门，泄压且温度升至常温后更换密封垫；若继续泄漏，则可能是阀座损坏，须更换阀门。

2）阀门外漏分阀体泄漏和阀杆填料泄漏两种，一般采用紧固的方法处理，或者更换填料。

注：若液相根部阀门损坏，造成 LNG 大量泄漏，应立即停止向外供气，设置警戒区，关闭所有进、出液阀门，打开槽车放散阀进行放散，直至把罐内燃气放散完毕。若泄漏后着火，此种险情也无法抢救和控制，应立即停止向外供气，并立即向 119 报警，同时启动消防装置，以保护附近设备、设施。

（4）高中压调压设施及连接管道管件泄漏

1）当发现泄漏时，根据泄漏大小判断是否需要关闭泄漏点两端阀门或切换至其他设备运行，并使用警示带将泄漏位置进行隔离。

2）无法关闭两端阀门或切换至其他设备运行的，可根据实际情况适当降低输气压力来减小泄漏量。

3）管件泄漏的可紧固法兰处螺栓，无法紧固的则须关闭两端阀门，泄压后更换垫片。

4）阻止泄漏时，操作人员必须穿戴有安全保护性衣服，使用有安全工具，采取合理的维修处理方式。

（5）LNG 卸车过程/软管等泄漏

1）LNG 卸车过程发生泄漏的，应尽快关闭槽车自增压器出液阀，确定泄漏位置，使用警示带将泄漏位置进行隔离。

2）根据泄漏点判断是否可以处理，可以处理的，使用槽车出液阀及气相回收阀对槽车进行降压处理，越低越好。

3）待泄漏位置泄压完成直至升温至常温时对泄漏位置进行处理维修。

4）若泄漏点是连接软管及密封垫造成的，确定泄漏点，可关闭槽车自增压液相、气相、出液阀、进液管道上总阀，并给软管泄压。

5）软管泄漏的直接更换软管，泄漏点由厂家维修。

6）密封垫处泄漏的先紧固螺栓，无法紧固的须泄压后更换垫片。

（6）法兰及连接处泄漏

1）泄漏量较小或微漏，采用对角均匀紧固法兰螺栓处理，直至无泄漏，继续运行作业。

2）若是取样引压导管和仪表连接处泄漏，则重新紧固连接处即可。

3）若紧固后仍有泄漏，则开启旁路或备用路运行，关闭维修路阀门，两端放空余气后，需更换连接法兰的垫片。

（7）LNG 气相管道及连接处泄漏

1）根据泄漏的浓度检测和泄漏量，关闭气相截止阀门后，排空气相管道气体即可实施维修作业。

2）如泄漏量加大、有异响等，关闭上游或直至储罐气相总阀，待气体完全释放后，使用检测仪器检测浓度至爆炸下限后，实施维修更换垫片和填料，以及其他维修作业。

3）需要动火维修，如汽化器的泄漏维修等，在关闭阀门的同时，需用惰性气体（氮气）置换并检测氧含量后方可进行，同时执行相关的工作许可证制度。

（8）LNG 进出液相管道及连接处泄漏

1）LNG 液相管道及连接处泄漏，汽化后易形成高浓度天然气，极可能产生火灾或爆炸，需紧急处置，第一原则是及时远控关闭电（气）动紧急切断阀和手动关闭储罐根部阀门。

2）关闭紧急切断阀，泄漏得到控制后，即可对泄漏处进行维修更换垫片或填料等作业，并随时采用泄漏检测仪检测泄漏情况。

3）如果泄漏量较大，液体汽化后无法进入维修区域，则在关闭切断阀的同时，开启储罐的喷淋系统和泡沫发生器系统，隔离缓解和控制汽化状态，实施有效控制。

4）同时对泄漏至导流槽和集液池的液体和喷淋水及时开启排水泵进行排水作业，防止罐区水位蔓延而影响其他设施。

5）维修作业人员需穿戴好防护服和防低温手套等，方可在现场实施紧急处置和维修作业。

6）对液态泄漏量较大的维修和控制，严格执行工作许可证制度，必要时启动公司级相应的紧急预案。

（9）LNG 储罐液（气）相管道及连接阀泄漏

1）LNG 储罐液（气）相管道及连接处泄漏一般是有一定的过程，第一时间发现后，即采取紧急措施，停止进出液工作，并根据泄漏程度紧急处置。

2）此处的泄漏往往无法关闭相应的阀门，则采取与其他管道和储罐进行倒罐操作，排空泄漏罐体的液化天然气。

3）对倒罐完成后的气液共存状态，则尽可能通过 BOG 排入管网。

4）同时对泄漏储罐采用氮气置换的原则进行整体充氮。

5）当检测浓度低于规定值时，进行必要的焊接维修和更换阀门等作业，直至修复检测合格。

6）根据储罐置换天然气的方案进行 LNG 储罐的投运工作。

7）此种情况下，严格执行工作许可证制度，同时启动公司级相应的紧急预案，各个环节严格按照审批要求执行。

2. LNG 储罐、装置及管道火灾、爆炸

1）及时关闭离灾区最近的所有阀门，因为源源不断地供气，不利于扑救工作，同时向119 报警。

2）对未发生火灾、爆炸的设备使用消防水进行隔离冷却。

3）特种设备关键部位，如场站值班人员，及时向应急救援领导小组定时汇报压力等情况。

4）根据燃烧或爆炸情况，现场指挥应及时预计其可能的后果，必要时将抢险人员撤离至其他安全地点。

5）组织或协助公安、消防人员紧急设置路障，疏散危险区内的人员，只许出不许进。

6）为消防人员扑救工作提供必要的资料。

7）协助医疗单位进行救护。

8）火灾现场负责人判断现场火情是否需要“紧急疏散”，如果决定疏散，应打开消防警铃，对警铃覆盖不到的区域，进行喊话或派人通知。场站周边企业、居民小区应由政府部门通知联络人安排应急疏散。

9）在公司应急救援领导小组总指挥或现场指挥未到达现场前，由起火部位的部门或班组负责人组织疏散人员、重要物资，扑灭火灾。

10）明确场站紧急疏散时为安全集合的地点。

11）根据现场火灾具体情况，拨打“120”“110”“119”寻求援助。

12）扑救工作结束后，组织人员进入检查事故现场，安全技术组制定出有关的处理方案，以最快的时间、最安全有效的办法恢复正常供气。

L.1.7 应急保障

（1）通信与信息保障

1）有线通信方式主要为公司固定电话，无线通信方式主要为公司内有关人员的手机通信系统，进入爆炸危险场所则采用防爆对讲机联系。

2）应急人员的手机平时应 24h 开通，不得无故关闭。

3）相关人员与部门应做好应急通信工具与器材的保障和维护工作。

4）在控制中心等场所张贴应急人员联系方式。

（2）应急队伍保障　应急队伍根据人员素质与个人特长、工作岗位及作业班次等确定，并根据人员在岗情况及时调整，通过日常训练不断提高人员与队伍的应急能力与稳定。

（3）应急物资装备保障

1）主要技术资料：场站图样（场站平面图、消防设施配置图、工艺流程图、液化天然气安全技术说明书等）、区域燃气管网总图存放在×××××，保管人为×××，联系电话为××××××××。

2）应急照明设施：设置××××柴油发电机组作为应急电源，另配备防爆手电筒等照明设备。

（4）制度保障措施　公司应建立一套确保本预案在紧急情况下能够得以有效实施的安全管理制度，包括应急指挥组成人员岗位责任制、安全值班制度、培训制度（应急救援预案、专业队伍、职工学习、培训制度），以及应急救援装备、物资、药品维护、保养与检查制度等。

（5）交通运输保障　在应急响应状态时，利用现有的交通资源，请求交通部门提供交通支持，保证及时调运有关应急救援人员、装备和物资。

（6）医疗卫生保障　办公室负责应急处置工作中的医疗卫生保障，与附近的医疗机构建立联系。

（7）治安保障　气站保卫班负责事故现场的治安警戒和治安管理，加强对重要物资和设备的保护，维持现场秩序，及时疏散群众。必要时请求当地公安部门协助事故灾难现场治安警戒和治安管理。

（8）技术储备与保障　充分利用现有的技术人才资源和技术设备设施资源，提供在应急状态下的技术支持。

（9）社会技术保障　在应急响应状态时，请求当地气象部门为应急救援决策和响应行动提供所需的气象资料和气象技术支持。

L.2　城镇液化天然气场站事故现场处置方案示例（见表 L-2）

表 L-2　城镇液化天然气场站事故现场处置方案示例

事故风险分析	事故可能发生的区域、装置的名称	LNG 储罐、管道系统、各类设施及阀门等
	事故可能发生的时间	本公司发生燃气泄漏事故的时间或季节不确定，在各个时段都有可能发生
	事故危害程度	存在火灾、爆炸、中毒、窒息等危险，可能导致重大安全事故。高浓度的液化天然气有窒息和麻醉的作用，可导致人体缺氧而造成神经系统损害，严重时表现为呼吸麻痹、昏迷、甚至死亡
	事故影响范围	事故的发生会影响公司的正常经营活动，给公司造成直接经济损失；给受伤职工造成严重的伤害，甚至死亡；还会导致公司经营信誉受到负面影响，影响公司持续运营模式，间接给公司造成损失；还可能造成不良的社会舆论，给公司的安全形象造成负面影响
	可能出现的征兆	1）液化天然气发生火灾、爆炸前一般会出现泄漏，泄漏时可燃气体浓度报警仪报警，值班中心会出现报警显示，有报警记录 2）储罐、设备、管线压力异常，值班中心会出现报警显示，有报警记录 3）巡查时，设备、管线出现漏气（液）时，会出现“发雾”“冷凝水”和“结冰”现象，泄漏量较大时，伴随响声 4）安全阀起跳，设备、管线出现超压
	可能引发的次生灾害	中毒、窒息、火灾、爆炸

（续）

	应急分工	构成形式及具体职责	岗位人员或姓名
应急工作职责	应急人员构成	1）根据本预案的规定，现场作业人员和现场安全管理员都是事故发生后的应急处置人员，由事故发生现场所有工作人员构成现场处置小组 2）液化天然气泄漏事故发生后，以现场的场站管理人员和现场安全管理员，以及周围工作人员为主要的应急处置人员，现场其他的作业人员辅助其进行应急救援行动	现场作业人员、气站管理人员、现场安全管理员
应急工作职责	应急人员工作职责	1）由现场安全管理员担任现场处置组组长，履行现场指挥和伤员救护职责 2）由作业负责人关停相关气体设备泄漏装置，及时将事故上报给应急救援领导小组和相关的救援单位 3）现场的其他工作人员负责协助现场的一切救援工作，服从安全管理员的指挥，自觉进行现场处置救援行动	现场负责人

		步骤	处置措施	责任人
应急处置	事故应急处置程序	事故报警程序	1）当液化天然气泄漏事故造成作业人员受伤时，或者事故严重程度为不明等状态时，现场气站管理人员或作业人员发现事故后要立即报告应急救援领导小组和现场的安全管理员，现场安全管理员立即赶到事发现场进行现场处置，应急救援领导小组根据事故情况调动公司的各应急救援工作组到达现场进行救援行动 2）当液化天然气泄漏事故造成作业人员死亡或昏迷时，现场作业负责人要立即拨打“120”急救中心电话报警，同时向公司各级救援机构报警	现场作业人员
应急处置	事故应急处置程序	应急措施启动	1）现场应急处置措施由现场处置组组长启动，当液化天然气泄漏事故发生后，立即暂停气站周围的所有作业，指挥无关人员快速撤离危险区域 2）现场人员要服从安全管理员的指挥，放下手头工作，立即协助进行现场应急救援工作，承担应急物资的运送，协助抬治伤员、设备的搬运等工作；无关人员尽快根据引导进行撤离	现场处置组、技术保障组
应急处置	事故应急处置程序	应急救援人员引导	1）现场负责人在向专业救援单位发出报警后，应落实人员到门口或进入的关键路口等待，并引导专业救援人员准确、快速到达事发现场 2）保安或作业人员收到报警电话后，应立即对门口的道路进行疏通，疏散车辆，搬除所有影响救护车到达目标地的障碍物并疏散人员，确保救护车顺利、快速通行，在疏通道路时，应注意预留救援车辆的空地	现场处置组
应急处置	事故应急处置程序	事故扩大、预案衔接程序	现场处置组组长在指挥现场事故救援的过程中，要随时保持和公司应急救援领导小组信息联系，以应对事故可能扩大时的信息通报，保证救援信息及时、快速传达到专业救援单位和相关领导，以便于公司领导和相应救援单位启动相关的应急救援预案	现场处置组

（续）

	步骤	处置措施	责任人
应急处置	液化天然气泄漏处理方法	1）在确保人身安全的情况下，应首先关闭泄漏点上下游的阀门。如果是室内液化天然气漏气，则在关闭阀门的同时，还应迅速打开防爆风机并打开门窗，加强通风换气 2）确定泄漏点，设置警戒区 3）疏散现场无关人员，隔离危险，并禁止无关人员及车辆进入现场 4）清除危险区域内的所有火焰、火星（包括产生静电火花的介质）和车辆等 5）严密监控罐内压力，确保罐内压力处于正压状态，以防止罐内因产生负压而对罐体造成损害 6）对所有受限空间进行通风处理，并检测可燃气体浓度 7）对可控的液化天然气泄漏，采用控制气体扩散的方式，直到气体扩散完毕 8）若发现泄漏是由于罐体的罐壁渗漏引起的，在条件允许的情况下，必须及时进行倒罐或生产作业 9）用水枪对泄漏处进行稀释、降温	技术保障组、现场处置组
	液化天然气泄漏并着火处理方法	1）设法在人员能够靠近的、距离事故点最近的阀门关断气源。如果无法关闭气源，则设法控制其燃烧速度 2）使用消防水采用喷雾的方式，对相邻设备及管线进行冷却处理，减少对设备、管线及抢修人员所造成的危害和伤害，同时防止火势蔓延 3）在落实有效堵漏处理措施的前提下，可先灭火再关闭阀门实施堵漏。在对火源进行有效控制或完全消灭之前，要严格防止复燃情况发生 4）密切监视罐体及管道的压力变化，若发现压力急剧升高，须通过增加泄放口以加大泄放速度 5）应密切监视泄放过程中的声音及罐体颜色变化。若听到频率升高的声音，看到排放量、密度增加的信号或罐体变色，考虑将现场人员立即撤离	现场处置组、技术保障组
	疏散方法	1）立即将泄漏区周围至少隔离50m 2）撤离非指派人员 3）留在上风向 4）不要进入地势低洼地区	疏散警戒组
	伤员现场急救方法	1）积极抢救人员，让窒息人员立即脱离现场，到户外新鲜空气流通处休息。有条件的应吸氧或接受高压氧舱治疗，出现呼吸停止者应进行心肺复苏；呼吸恢复后，立即转运至附近医院救治。呼叫“120”或其他急救医疗中心 2）脱去并隔离受污染的衣服和鞋，保持患者温暖和安静 3）应让医务人员知道事故中涉及的有关物质，并采取自我防护措施	后勤保障组

（续）

<table>
<tr><td rowspan="12">应急处置</td><td rowspan="7">报警处置措施</td><td>报警形式</td><td>单位</td><td>电话</td><td>责任人</td><td>报警内容</td></tr>
<tr><td rowspan="3">内部报警</td><td>应急总指挥</td><td></td><td></td><td rowspan="6">1）事故的具体位置
2）受伤人员的数量
3）坠落者的伤势情况
4）事故发生的时间
5）事故发生的经过等</td></tr>
<tr><td>安全生产负责人</td><td></td><td></td></tr>
<tr><td>固定报警电话</td><td></td><td></td></tr>
<tr><td rowspan="3">外部报警</td><td>消防队</td><td>119</td><td>—</td></tr>
<tr><td>急救中心</td><td>120</td><td>—</td></tr>
<tr><td>派出所</td><td>110</td><td>—</td></tr>
<tr><td>抢险救援器材</td><td colspan="5">对液化天然气泄漏事故用到的一些专业防护设备，救援人员在日常训练时要严格按照训练要求进行培训、学习，熟练掌握防护设备的技术参数</td></tr>
<tr><td>救援对策及措施</td><td colspan="5">1）扩散的液化天然气遇到火源即可发生燃烧和爆炸。一旦发生爆炸，将对人们的生命财产安全带来更大的灾害。因此，在处理液化天然气泄漏的过程中，必须坚持防爆重于排险的思想
2）由于现场人员走动，铁器摩擦等因素易产生火花，势必造成扩散的液化天然气燃烧爆炸，不仅排险人员的生命安全受到威胁，而且周围的建筑物将遭到毁坏
3）设置警戒区，禁止无关人员进入；严禁车辆通行和禁止一切火源，如禁止开关泄漏区电源</td></tr>
<tr><td>自救与互救</td><td colspan="5">1）若事故发生在夜间，应设置临时照明灯，以便于抢救。在抢救伤员的同时要保护自己，防止抢救人员受到另外的伤害
2）注意保护现场，应先抢救伤员和防止事故扩大。需要移动现场物件时，应做出标志、拍照，详细记录和绘制事故现场图</td></tr>
<tr><td>应急能力及安全防护确认</td><td colspan="5">1）救护人员应懂得基本的医疗救护知识，参加过相关技术培训。如果没有经过专业的培训，不要对受伤人员进行心肺复苏和伤口处理
2）急救时应仔细观察伤员的变化，如脸色、呼吸声、手指、眼睛的变化</td></tr>
<tr><td>应急结束后</td><td colspan="5">保护现场，人员不得随意进入事故发生区域，只有在应急总指挥批准以后人员才能进入事故发生区域</td></tr>
<tr><td>注意事项</td><td colspan="6">1）所有处置人员应按照要求穿戴防护服，佩戴相应工具
2）处置人员要在保证自身生命安全的原则下，相互配合、进行施救</td></tr>
</table>

城镇液化天然气场站槽车卸液泄漏事故现场处置方案示例见表 L-3。

表 L-3 城镇液化天然气场站槽车卸液泄漏事故现场处置方案示例

<table>
<tr><td rowspan="6">事故风险描述</td><td colspan="2">事故可能发生的区域、装置的名称</td><td colspan="2">本公司可能发生液化石油气槽车卸液泄漏事故的区域主要为卸液台</td></tr>
<tr><td colspan="2">事故可能发生的时间</td><td colspan="2">事故一般发生在液化天然气卸车过程中</td></tr>
<tr><td colspan="2">事故危害程度</td><td colspan="2">槽车卸液泄漏后，会导致火灾，爆炸；人员冻伤、中毒、窒息，甚至死亡</td></tr>
<tr><td colspan="2">事故影响范围</td><td colspan="2">槽车卸液泄漏事故的发生会给员工带来受伤，甚至死亡的严重后果；导致公司信誉受到负面影响，影响公司持续运营，间接给公司造成损失</td></tr>
<tr><td colspan="2">可能出现的征兆</td><td colspan="2">1）卸液管被槽车拉断或卸液期间突然发生液相鹤管开裂或破裂
2）卸液期间发生槽车侧一道阀门或管路发生破裂
3）槽车罐体发生开裂</td></tr>
<tr><td colspan="2">可能引发的次生、衍生灾害</td><td colspan="2">冻伤、中毒、窒息、火灾、爆炸</td></tr>
<tr><td rowspan="3">应急工作职责</td><td colspan="2">应急分工</td><td>构成形式及具体职责</td><td>岗位人员</td></tr>
<tr><td colspan="2">应急人员构成</td><td>1）根据本预案的规定，现场作业人员和现场安全管理员都是事故发生后的应急处置人员，由事故发生现场所有人员构成现场处置小组
2）槽车卸液时要有现场负责人监护，当槽车卸液泄漏事故发生后，以现场监护人员、负责人、抢修人员为主要的应急处置人员，现场其他的作业人员辅助其进行应急救援行动</td><td>现场作业人员、安全管理员</td></tr>
<tr><td colspan="2">应急人员工作职责</td><td>1）承担事故现场的救援工作，在确保安全的条件下进行救护，或者将伤者转移出事故现场，进行必要的现场急救
2）立即向“120”急救中心报警，同时报告公司的相关领导
3）各现场处置组成员听从指挥，执行应急救援措施；负责防止和控制事故的扩大化，并保护好现场，必要时拨打急救电话</td><td>现场处置组</td></tr>
<tr><td rowspan="4">应急处置</td><td rowspan="4">事故应急处置程序</td><td>步骤</td><td>处置措施</td><td>责任人</td></tr>
<tr><td>事故报警程序</td><td>1）当槽车卸液泄漏事故造成作业人员受伤时，或者事故严重程度为不明等状态时，现场作业负责人发现事故后要立即报告给应急总指挥小组和现场的安全管理员，现场安全管理员立即赶到事发现场进行现场处置，应急总指挥领导小组根据事故情况调动公司的应急救援工作组到达现场进行救援行动
2）当槽车卸液泄漏事故造成作业人员死亡或昏迷的状况时，现场作业负责人要立即拨打“120”急救中心电话报警，同时向公司各级救援机构报警</td><td>第一发现人、现场安全管理员</td></tr>
<tr><td>应急措施启动</td><td>槽车卸液泄漏事故发生后，现场处置组要立即使用现场配备的救援器材，或者自身携带的可以使用的器材或物资进行现场救援，并迅速将现场的具体情况报告给上级救援人员，便于专业救援人员准备救援所需的器材和急救用品</td><td>现场处置组组长</td></tr>
<tr><td>应急救援人员引导</td><td>事故造成的危害需要专业救援队伍，如消防救援或医疗救护时，现场处置组组长在拨打救援报警电话后要安排人员到门口或进入的关键路口等待救援人员，引导他们快速到达事发现场</td><td>现场处置组</td></tr>
</table>

（续）

<table>
<tr><td rowspan="4">应急处置</td><td rowspan="4">事故应急处置程序</td><td>步骤</td><td colspan="4">处置措施</td><td>责任人</td></tr>
<tr><td>事故扩大、预案衔接程序</td><td colspan="4">现场处置组组长在指挥现场事故救援的过程中，要随时保持和公司安全管理负责人的信息联系，以应对事故可能扩大时的信息通报，保证救援信息及时、快速传达到专业救援单位和相关领导，以便于公司领导和相关救援单位启动相关的应急救援预案</td><td>现场处置组组长</td></tr>
<tr><td>卸液泄漏的急救措施</td><td colspan="4">1）发现泄漏并使卸液人员无法靠近
2）卸液台卸液人员通知当班领导，告知卸液发生较大泄漏，立即回到槽车附近。当班领导立即向公司总经理汇报
3）卸液台卸液人员关闭槽车尾部气动紧急切断阀，迅速关闭气站（特别是罐车装卸台的）紧急切断系统，停止压缩机的运转
4）总经理下令启动本公司应急总预案、通知本公司抢险队迅速赶赴现场配合抢险；动员本公司所有应急力量赶赴现场。部门领导到达现场后，立即进行现场抢险协调与指挥工作
5）现场灭火组队员利用开花水枪分层驱散漏出的气雾，降低液化天然气浓度
6）抢修组队员根据应急抢险组组长的指示，在确保安全的情况下对现场泄漏点采取措施，进行堵漏处理
① 关闭罐车装卸台上游阀门，切断气源，降低泄漏压力
② 用湿被包住泄漏点，用水对其进行喷射冷却，使其冻成冰坨，减少物料的泄漏
③ 采用上盲板、预制管卡、箍卡、钢带捆扎、堵漏夹具等方法，对泄漏的气站液化天然气管线和受损的罐车装卸口管线进行堵漏处理，直到管线或罐车停止泄漏
7）如果罐车拉裂部位在车底罐体凸缘与紧急切断阀连接密封件开裂失效或紧急切断阀拉爆而导致无法关闭、泄漏难以控制时，必须通知应急总指挥，启动全体应急响应行动和当地社会应急预案</td><td>现场处置组、技术保障组</td></tr>
<tr><td>人员疏散</td><td colspan="4">当应急救援人员到达事故现场，在进行救援的过程中，应安排疏散警戒组人员对事故现场进行警戒，并疏散人员，留出救援空间，防止围观人员给救援造成阻碍</td><td>疏散警戒组</td></tr>
<tr><td rowspan="8"></td><td colspan="2" rowspan="8">报警处置措施</td><td>报警形式</td><td>单位</td><td>电话</td><td>责任人</td><td>报警内容</td></tr>
<tr><td rowspan="3">内部报警</td><td>应急总指挥</td><td></td><td></td><td rowspan="6">1）事故的具体位置
2）现场有无受伤人员
3）伤者的伤势情况
4）事故发生的时间
5）事故发生的经过等</td></tr>
<tr><td>安全生产分管领导</td><td></td><td></td></tr>
<tr><td>固定报警电话</td><td></td><td></td></tr>
<tr><td rowspan="3">外部报警</td><td>消防队</td><td>119</td><td>—</td></tr>
<tr><td>急救中心</td><td>120</td><td>—</td></tr>
<tr><td>派出所</td><td>110</td><td>—</td></tr>
<tr><td>事故报告基本要求</td><td colspan="4">报警时应逐级上报，若事故情况紧急或事态严重，则可以越级上报，之后向各级管理机构补充报告</td></tr>
</table>

（续）

	项目	具体内容
注意事项	个人防护	防冻服、防冻帽、防冻手套
	抢险救援器材	防爆扳手、水、棉布条、灭火器等
	救援对策及措施	1）救护人员在对伤者进行救治时，必须对伤情进行初步判断；检查伤者情况时，不要乱晃动，不可盲目进行救护，避免因施救不当造成伤者伤情恶化 2）急救时应仔细观察伤员的变化，如脸色、呼吸声、手指、眼睛的变化 3）以尽快让伤员得到专业医疗人员的救治为宗旨进行救援工作，在不明伤情时不盲目施救
	应急能力及安全防护确认	1）救护人员应懂得基本的医疗救护知识，参加过相关技术培训 2）以尽快让伤员得到专业医疗人员的救治为宗旨进行救援工作，在不明伤情时不盲目施救。
	应急结束后	注意保护现场，应先抢救伤员和防止事故扩大。需要移动现场物件时，应做出标志、拍照，详细记录和绘制事故现场图
	其他警示	若事故发生在夜间，应设置临时照明灯，以便于抢救

附录 M　城镇燃气压力管道（市政管网）事故专项应急预案与现场处置方案示例

M.1　城镇燃气压力管道（市政管网）事故专项应急预案示例

M.1.1　概述

为加强公司内部安全管理，保障职工生命安全，保护环境，有效控制城镇中压管道特种设备事故的发生，根据《中华人民共和国特种设备安全法》《特种设备安全监察条例》及相关法律、法规和省、市相关职能部门的要求，结合城镇中压管道公司自身实际情况，就可能发生的各类压力容器、压力管道等突发特种设备事件（事故）的影响，特制定本预案。

M.1.2　适用范围

本专项应急预案适用于燃气管道遭受第三方损坏造成的特种设备事故，这些特种设备可能造成的事故有火灾、爆炸。

M.1.3　事故分析

（1）危险源　天然气易燃易爆气体。与空气混合能形成爆炸性混合物，爆炸极限为5%~15%（体积分数）。天然气密度为0.7174kg/m^3，主要成分为甲烷。

（2）事故类型　公司城镇天然气管道主要包含压力管道、调压装置、压力管道元件和安全附件。

公司城镇天然气管道，可能因设计缺陷、材料缺陷、施工缺陷、各种腐蚀、焊缝缺陷、外力破坏、操作不当等导致天然气泄漏或超温超压，引发火灾、爆炸等事故。

M.1.4　应急组织机构及其职责

M.1.4.1　组织机构

××燃气有限公司生产安全事故应急救援组织机构如图M-1所示，设立应急救援领导小组及若干应急救援工作组。应急救援领导小组主要人员由总指挥、现场指挥及各应急救援工作组负责人组成，负责生产安全事故应急救援的指挥与管理工作；应急救援工作组主要有现场处置组、技术保障组、疏散警戒组、后勤保障组和事故处理组，各设组长一名。

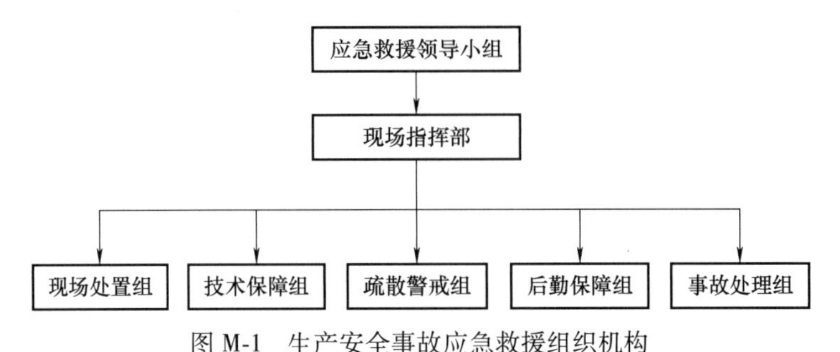

图 M-1　生产安全事故应急救援组织机构

注：机构中的部门设置可根据公司预案实际内容进行调整。

当发生生产安全事故时，应急救援领导小组立即启动应急预案，总经理任总指挥（根据单位实际情况进行调整），分管安全副总经理为现场指挥，负责开展各项应急救援工作。考虑公司的实际情况，公司各职能部门日常办公地点与各场站不在同一个地点，若场站发生生产安全事故，公司总经理、分管安全副总经理及相关人员不在现场或尚未到达现场前，则由分公司经理或场站负责人及应急救援工作组的人员指挥，分工协作开展应急救援工作，待公司总经理、分管安全副总经理及相关人员到达事故现场后，则及时完成应急救援组织机构的职务交接，投入应急救援工作。

M. 1. 4. 2　职责

应急救援领导小组成员由公司主要负责人担任组长（总指挥），指挥部设在办公楼内，配备联系电话。

总指挥：×××

现场指挥：×××

成员：×××　×××　×××　×××　×××

现场人员如遇突发事故，而应急救援领导小组总指挥不在现场时，由现场最高职务的人员担任临时总指挥，如果有多名同等级别的人，以负责安全工作的人员作为总指挥。

（1）应急救援领导小组主要职责

1）保证本单位安全生产投入的有效实施。

2）组建应急救援工作组，并组织实施和演练。

3）检查督促并做好重大事故的预防措施和应急救援的各项准备工作。

4）发布和解除应急救援命令、信号。

5）协调组织指挥救援队伍实施救援行动。

6）组织安全检查，及时消除安全事故隐患。

7）及时、准确报告生产安全事故。

8）组织事故调查，总结应急救援工作经验教训。

（2）总指挥主要职责

1）领导和决策应急响应与危机处理工作。

2）启动预案，做到快速反应、从容应对、指挥得当、部署及时。
3）协调应急救援处理工作，提升团队应急能力。
4）宣布应急结束，恢复控制受影响地点。
5）评估事故的规模和发展态势，建立应急步骤。
6）审核对外发布的信息，并向有关部门报告等。
（3）现场指挥主要职责
1）协助并完成总指挥指派的工作，总指挥不在时承担总指挥职责。
2）向总指挥负责，及时报告事发情况、已采取措施、拟定实施建议或意见。
3）全面指挥现场抢修，执行指挥部各项指令。
4）保障人员安全，减少财产损失，采取切实有效的抢修措施，迅速控制险情。
5）险情解除后，收集有关事故现场的资料等。
（4）现场指挥部主要职责
1）现场最高指挥机构，负责现场全面处置工作。
2）协调各组工作。
3）协调各专业，各救援队伍现场工作。
（5）各应急救援工作组的人员构成及主要职责（见表 M-1）

表 M-1　各应急救援工作组的人员构成及主要职责

序号	应急救援工作组名称	组长	成员	主要职责
1	现场处置组			1）熟悉各类机械设备及其安全附件的性能、特征及抢修办法 2）了解各种抢修工具、器械、配件的用途、存放地点、数量规格（包括木尖、铁箍、篷布条、棉胎、钢线、堵漏夹具、金属补漏剂等），并妥善保管 3）当发生机械故障、天然气泄漏等事故时，全组人员必须迅速组合，在组长带领下，根据现场指挥员的要求，选取合适的工具及器械，全力开展抢修工作 4）如发生火警时，全组人员根据火险情况，在指挥员的调度下全力参加灭火工作
2	技术保障组			1）向总指挥负责，负责拟定抢修技术方案，解决方案实施过程中的各种技术问题 2）监督检查事故现场作业的质量等
3	疏散警戒组			1）发生事故后，疏散警戒组根据事故情景穿好防护服戴好防毒面具等，迅速奔赴现场；根据火灾、爆炸（泄漏）影响范围，设置禁区，布置岗哨，加强警戒，疏散人群，巡逻检查，严禁无关人员进入禁区 2）遭遇袭击时，使用安防器材对袭击人员进行牵制；在保护好自身安全的基础上，对施暴人员实施控制；将闹事人员劝至监控摄像头区域或对事发区进行录像，保留证据 3）接到报警后，封闭门站大门，维持门站道路交通秩序，引导外来救援力量进入事故发生点，严禁外来人员入站围观 4）疏散警戒组应到事故发生区域封路，指挥救援车辆行驶路线

（续）

序号	应急救援工作组名称	组长	成员	主要职责
3	疏散警戒组			5）根据现场指挥部发布的警报和防护措施，指导相关人员实施隐蔽；引导必须撤离的人员有序地撤至安全区；组织好特殊人群的疏散安置工作；维护安全区或安置区的秩序和治安 6）根据事故的严重程度、危害范围，必要时，可启动站区消防喷淋进行储罐的冷却及间隔
4	后勤保障组			1）负责提供现场救援车辆 2）负责伤者的初步转运，以及与医疗救护人员的交接 3）负责应急人员后勤物资的提供 4）负责救生设备器材的保管、维护等 5）负责事故现场联络和对外联系，传达指挥部指令，同时通报险情 6）确保现场指挥与各组之间的信息畅通，做好与“110”“119”“120”等单位联系，在需要的情况下拨打求救电话，负责伤者医疗救治和家属的安排 7）选择有利地形设置安全急救点，进行现场医疗救护及中毒、受伤人员分类；抢救受伤人员并进行救护，向其他医疗单位申请救援并迅速转移伤者就医
5	事故处理组			1）查明事故发生的经过、原因、人员伤亡情况等 2）负责有关赔偿事项的谈判及落实 3）负责安抚工作，协助事故调查分析 4）总结事故教训，落实防范和整改措施

M.1.5 响应启动

M.1.5.1 信息上报

（1）内部通报

1）程序：事故发生后，事故现场有关人员应当立即向安全管理员、主要负责人报告。

2）事故报警：事故报警方式采用内部电话和外部电话（包括手机、电话等）线路进行报警，由应急救援领导小组向公司内部发布事故消息，做出紧急疏散和撤离等警报。

报警应包括的内容：发生事故的地点；发生事故的性质或类型；有无人员伤亡，事故处理情况，发展情况。

3）内部通信联络手段：公司总值班电话：×××-××××××××。

应急救援领导小组成员的电话必须24h畅通，禁止随意更换电话号码的行为。特殊情况下，若电话号码发生变更，必须在变更之日起48h内向应急救援领导小组报告。应急预案编制工作组必须在24h内向各成员和部门发布变更通知。

（2）向上级报告

1）事故信息上报。按照生产安全事故报告有关规定，由主要负责人（总指挥）或其授权人在1h内向××市应急管理局、××市综合行政执法局（燃气主管部门）和××市市场监管局等有关部门报告。

情况紧急时，事故现场有关人员可以直接向××市应急管理局、××市综合行政执法局

（燃气主管部门）和××市市场监管局等有关部门报告。

2）报告事故信息应当包括公司名称、地址、性质，事故发生的时间、地点，事故已经造成或可能造成的伤亡人数（包括下落不明、涉险的人数）。

（3）向周边单位通报　需要向社会和周边发布警报时，由应急救援领导小组向政府及周边单位发送警报消息。事态严重紧急时，通过应急救援领导小组直接联系政府以及周边单位负责人，由总指挥亲自向政府及周边单位负责人发布消息，要求组织撤离疏散或请求援助，随时保持电话联系。

M.1.5.2　资源协调

各应急救援工作组在收到总指挥的指令后，按照要求迅速组织应急救援设施及物资且运抵现场，并根据事故实际现状，预测、补充将要使用应急物资。

M.1.5.3　信息公开

（1）信息发布　由应急救援领导小组配合政府主管部门进行信息发布。所提交的信息应实事求是、客观公正、内容翔实、及时准确，并经总指挥审核。

（2）内部员工信息告知　当事故发生后，由应急救援领导小组通过内部公文、微信等渠道或信息沟通会等方式对内部员工告知事故的情况，及时进行正面引导，齐心协力，共同应对事故。

（3）业务合作伙伴信息告知　当事故发生后，由应急救援领导小组或授权部门向与本公司有业务关系的单位、投资者提供有关信息，介绍事故的情况，处理好相关的法律和商务关系。

（4）受事故影响的相关方的告知　事故发生后，若初步判断事故原因与设备、物料质量等有关，或者事故中有相关方员工伤亡时，应急救援领导小组应及时将事故信息告知设备厂家、安装单位、供货商等相关方。

M.1.5.4　后勤保障

根据危险分析与安全预防及应急处置要求配备应急救援装备、物资与常用药品，根据气站特点配置相应的应急物资（灭火器、消防泵、快速密封胶、包扎棉絮或绒布、应急药箱等）。以上设施、物资的保管维护人员应定期做好检查、维护工作，及时更换与采购，确保完好有效，数量充足。

M.1.5.5　财力保障

公司财务部按照规定标准提取安全资金，在成本中列支，专门用于完善和改进企业应急救援体系建设、监控设备定期检测、应急救援物资采购、应急救援演习和应急人员培训等。由总经理负责落实应急救援需要的各项经费。公司财务部将采取计划和措施，确保事故应急处置的资金需求。

M.1.6　处置措施

M.1.6.1　应急处置指导原则

当事故发生时，要迅速、果断地采取应急处置救援措施。启动本公司救援方案，边处置边上报，现场班组自救与单位救援相结合，同时应根据事故发展情况，尽最大的力量减少事故造成的生命财产损失。根据本公司的特点，在应急救援工作中必须坚持以下原则和要求：

1）以人为本，安全第一。把保障生命安全和员工的身体健康、最大限度地减少安全生产事故灾难造成的人员伤亡和危害作为首要任务。

2）救灾与保障并重。针对城镇燃气经营的特点，应及时保障居民、企事业单位的用气安全，做到救灾与保障并重。

3）统一指挥，分级负责。在应急救援领导小组的统一领导组织协调下，公司每个人按照各自的职责和权限，负责有关生产安全事故灾难应急管理和应急处置工作。

4）防止发生次生、衍生事故，如环境污染、火灾、爆炸。救援过程中，要利用现有的器材，尽最大努力防止发生环境污染等次生、衍生事故和伤亡扩大事故。

5）一旦发生泄漏事故，现场人员立即停止所有作业，切断压力容器、压力管道控制阀门。

6）发生事故后，立即组织场站应急救援人员展开应急处置工作，同时向公司领导报告，做好启动公司一级响应程序准备；向周边社区、单位发出预警信息，同时向政府部门报告。

7）消防队到达现场后，担负治安和交通指挥，在事故现场周围设岗，划分禁区并加强警戒和巡逻检查。当事故扩大危及周围人员安全时，立即扩大警戒范围，同时立即组织人员撤离，组织有关人员协助友邻单位、过往行人在政府指挥部的指挥协调下，向上侧风方向300m以外的安全地带疏散。

8）公司燃气抢险人员到达现场后，穿戴好防护用品，利用堵漏工具进行现场堵漏，控制危险源。

9）当消防救援大队到达现场后，将事故情况向消防救援大队说明清楚。在消防救援大队的指挥下进行应急救援。

10）后勤保障组到达现场后，当现场有人受伤时，对伤员进行清洗包扎等急救处置，重伤员及时送往医院抢救。根据现场指挥的命令，对内对外联系，准确报警，及时向社会救援组织传递安全信息，发布险情，进行现场与外界有效沟通，以获得有力的社会支援。

11）物资保障组到达现场后，根据指挥部的命令，及时组织事故抢险过程中所需物资的供应、调运。

12）现场指挥根据事态的变化，如事故扩大无法控制时，立即组织人员撤离，同时向公司应急救援领导小组报告，启动公司应急响应程序。

13）处置过程中应使用防爆工具。

14）可能危及抢修人员安全时，采取应急措施并报告有关部门后，应撤离现场，接应有关部门的支援。

15）发生事故，应立即赶赴事故现场，协助有关单位或用户进行抢险救援。

M.1.6.2　应急处置措施

1. 埋地管大量泄漏应急响应

（1）正在泄漏但没着火的抢修方案

1）消除点火源：现场人员负责将管道气扩散区内的一切火源立即予以熄灭。扩散区内的电气设备若不是防爆设备，先保持原来的状态，再从扩散区外围切断电源；现场抢险队员的动作要格外谨慎，不能碰撞出火星，也不能使用电话和手机，非防爆工具要抹上一层黄油，抢险队员穿上防静电工作服进行抢险，并用水壶洒水，防止碰撞火花产生；扩散区内的所有车辆必须停放在原地，不得随意发动行驶；消防车必须选择上风方向，切不可贸然驶入扩散区。

2）设置警戒区：现场指挥员应在实施险情侦察，掌握基本情况的基础上部署任务。在管道气扩散区外围，尤其是下风方向、低洼处设置警戒区，严格封锁交通，迅速疏散人员，禁止火种进入扩散区。

3）消除泄漏：关闭泄漏点两端阀门。对泄漏部位进行开挖，更换漏气的管线。

（2）泄漏后发生着火的抢修方案　首先缓缓关小管道上、下游阀门（DN≥100mm），待火势小后，用灭火器将火扑灭，然后将阀门关闭。再实施如泄漏没着火情况的抢险方案。如管线直径小于100mm，可直接关闭阀门。（注意：抢险时应十分小心，浓度较大地点应戴上防毒面具或自力式空气呼吸器进行抢险）。

（3）燃气阀门井抢修方案

1）管网阀门处着火时，根据阀门所处的位置和压力级制，立即关闭上下游阀门，控制火势，待火势较小时，将火扑灭。检查泄漏部位，确认后实施维修、更换。维修期间可采用微正压或停气两种方式控制作业环境。采用停气时，维修结束后用阀门两侧放散管进行放散。

2）若管网阀门处没着火，检查泄漏部位，确认后利用上下游阀门控制泄漏，再实施维修、更换。维修期间可采用微正压或停气两种方式控制作业环境。采用停气时，维修结束后用阀门两侧放散管进行放散。

2. 登高管大量泄漏应急响应

1）立即关闭该处登高管进口球阀，设置警戒线，疏散该楼栋住户，至楼栋最高层采取放散措施，在确保安全的情况下进入燃气泄漏用户户内，开启窗户通风，检查燃气管道情况，查明泄漏点，对燃气浓度进行实时监测，现场配置灭火器及其他灭火措施，待漏气管段内燃气安全放散，管内无压力后进行抢修。

2）如泄漏已导致火灾事故发生，应及时拨打119请求支援，将燃气管道泄漏着火的位置、火势等情况通知消防队，现场采取关闭该小区调压柜出口阀门，对庭院管道进行放空处理，至各楼栋最高层采取放散措施，设置警戒线，协助疏散该楼栋住户，配合消防人员进行现场处理，火势扑灭后设备进行抢险，经抢修合格后，恢复生产。

在所有的抢险过程中，如燃气只泄漏没有着火，要特别注意杜绝一切着火源。如已着火，不可盲目灭火，在有把握控制泄漏，或者控制着火源的情况下，方可灭火。

M.1.7　应急保障

（1）通信与信息保障

1）有线通信方式主要为公司固定电话，无线通信方式主要为公司内有关人员的手机通信系统，进入爆炸危险场所则采用防爆对讲机联系。

2）应急人员的手机平时应24h畅通，不得无故关闭。

3）相关人员与部门应做好应急通信工具与器材的保障和维护工作。

4）在控制中心等场所张贴应急人员联系方式。

（2）应急队伍保障　应急队伍根据人员素质与个人特长、工作岗位及作业班次等确定，并根据人员在岗情况及时调整，通过日常训练不断提高人员与队伍的应急能力与稳定。

（3）应急物资装备保障

1）主要技术资料：场站图样（场站平面图、消防设施配置图、工艺流程图、液化天然气安全技术说明书等）、区域燃气管网总图存放在×××××，保管人为×××，联系电话为××××××××。

2）应急照明设施：设置××××柴油发电机组作为应急电源，另配备防爆手电筒等照明设备。

（4）制度保障措施　公司应建立一套确保本预案在紧急情况下能够得以有效实施的安全管理制度，包括应急指挥组成人员岗位责任制、安全值班制度、培训制度（应急救援预案、专业队伍、职工学习、培训制度），以及应急救援装备、物资、药品维护、保养与检查制度等。

（5）交通运输保障　在应急响应状态时，利用现有的交通资源，请求交通部门提供交通支持，保证及时调运有关应急救援人员、装备和物资。

（6）医疗卫生保障　办公室负责应急处置工作中的医疗卫生保障，与附近的医疗机构建立联系。

（7）治安保障　保卫班负责事故现场的治安警戒和治安管理，加强对重要物资和设备的保护，维持现场秩序，及时疏散群众。必要时请求当地公安部门协助事故灾难现场治安警戒和治安管理。

（8）技术储备与保障　充分利用现有的技术人才资源和技术设备设施资源，提供在应急状态下的技术支持。

（9）社会技术保障　在应急响应状态时，请求当地气象部门为应急救援决策和响应行动提供所需的气象资料和气象技术支持。

M.2　城镇燃气压力管道（市政管网）事故现场处置方案示例（见表 M-2）

表 M-2　城镇燃气压力管道（市政管网）事故现场处置方案

事故风险分析	事故可能发生的区域、装置的名称	压力管道系统
	事故可能发生的时间	本公司发生燃气管网第三方损坏导致天然气泄漏的时间或季节不确定，在各个时段都有可能发生
	事故危害程度	存在火灾、爆炸、中毒、窒息等危险，可能导致重大安全事故。高浓度的天然气对人体有窒息和麻醉的作用，可导致人体缺氧而造成神经系统损害，严重时表现为呼吸麻痹、昏迷、甚至死亡
	事故影响范围	事故的发生会影响公司的正常经营活动，给公司造成直接经济损失；给受伤职工、第三方施工人员造成严重的伤害，甚至死亡；还会导致公司经营信誉受到负面影响，影响公司持续运营模式，间接给公司造成损失；还可能造成不良的社会舆论，给公司的安全形象造成负面影响
	可能出现的征兆	1）施工单位不清楚燃气管位，动用大型机具进行开挖，破坏室外燃气管线 2）在未对燃气管线进行有效保护的情况下，长期被违章占压，造成燃气管线断裂
	可能引发的次生灾害	中毒、窒息、火灾、爆炸

（续）

<table>
<tr><td rowspan="3">应急工作职责</td><td colspan="2">应急分工</td><td>构成形式及具体职责</td><td>岗位人员或姓名</td></tr>
<tr><td colspan="2">应急人员构成</td><td>根据本预案的规定，巡线人员和现场安全管理员都是事故发生后的应急处置人员，由事故发生现场所有工作人员构成现场处置组</td><td>巡线人员、作业人员、现场安全管理员</td></tr>
<tr><td colspan="2">应急人员工作职责</td><td>1）由现场安全管理员担任现场处置组组长，履行现场指挥和伤员救护职责
2）由巡线人员关停相关气体设备泄漏装置，及时将事故上报给应急救援领导小组
3）现场的其他工作人员负责协助现场的一切救援工作，服从安全管理员的指挥，自觉进行现场处置救援行动</td><td>现场处置组</td></tr>
<tr><td rowspan="4">应急处置</td><td rowspan="4">事故应急处置程序</td><td>步骤</td><td>处置措施</td><td>责任人</td></tr>
<tr><td>事故报警程序</td><td>1）当燃气管网第三方损坏事故造成施工单位、作业人员受伤时，或者事故严重程度为不明等状态时，现场管理人员或作业人员发现事故后要立即报告给应急救援领导小组和现场的安全管理员，现场安全管理员立即赶到事发现场进行现场处置，应急救援领导小组根据事故情况调动公司人员，应急救援工作组到达现场开展救援行动
2）当燃气管网第三方损坏事故造成人员死亡或昏迷时，现场作业负责人要立即拨打“120”急救中心电话报警，同时向公司各级救援机构报警</td><td>现场作业人员、疏散警戒组</td></tr>
<tr><td>应急措施启动</td><td>1）现场应急处置措施由现场处置组组长启动，当燃气管网第三方损坏事故发生后，立即暂停周围所有作业，指挥无关人员快速撤离危险区域并做好现场警戒
2）根据阀门控制方案进行阀门关闭操作，必要时可扩大关阀范围，着火时应采取降压等方式控制火势，防止产生负压。仅泄漏时，优先关闭泄漏点上下游主控阀；当主控阀失效时，延伸关闭附近主控阀。泄漏点已起火时，要半关泄漏点上游主控阀，关闭泄漏点下游主控阀，实施管段降压，有条件时可实施灭火，根据后续火势变化情况关闭阀门。当主控阀失效时，按上述操作延伸关闭附近主控阀
3）设置防爆风机通风，泄漏区域燃气浓度（体积分数）低于1%时实施开挖抢修作业。若燃气已扩散至其他管廊或周边构建筑物内，在作业前需同时确认管廊、构建筑物内的燃气浓度应低于1%
4）现场人员要服从安全管理员的指挥，立即协助进行现场应急救援工作，承担应急物资的运送，协助抬治伤员、设备的搬运等工作；无关人员尽快根据引导进行撤离</td><td>现场处置组长</td></tr>
<tr><td>应急救援人员引导</td><td>1）现场负责人在向专业救援单位发出报警后，应落实人员到进入的关键路口等待，并引导专业救援人员准确、快速到达事发现场
2）保安或作业人员收到报警电话后，立即对门口的道路进行疏通，疏散车辆，搬除所有影响救护车到达目标地的障碍物并疏散人员，确保救护车顺利、快速通行，在疏通道路时，注意预留救援车辆的空地</td><td>疏散警戒组</td></tr>
</table>

（续）

		步骤	处置措施	责任人
应急处置	事故应急处置程序	事故扩大、预案衔接程序	现场处置组组长在指挥现场事故救援的过程中，要随时保持和公司应急救援领导小组信息联系，以对事故可能扩大时的信息通报，保证救援信息及时、快速传达到专业救援单位和相关领导，以便于公司领导和相应救援单位启动相应的应急救援预案	现场处置组长
	管网抢险处理方法		1. 中压管线大量泄漏抢修方案 1）报警并立即停止全站生产运行，关闭漏气管的两端阀门 2）使用安全警示标志设立警戒区，阻止无关人员进入，做好灭火准备 3）待漏气管段内液化天然气安全放散，管内无压力后进行抢修 2. 低压燃气管网抢修方案 1）根据低压管线泄漏部位所处的位置是引入支管、楼前管道、庭院干管、道路干管，所用材质是普通钢管、PE 管，分别采取打开引入管与楼前管连接处的三通，引入管或楼前管活接用沾黄油的棉布塞堵，关闭调压器出口阀门等方式隔断气源。泄漏量较大又处用气高峰时，可用沾黄油的棉布缠绕、管卡卡住、打入木楔等方式临时封堵，采用临时封堵时必须做好现场监护 2）如果采用停气维修方式时，要做好用户的宣传，明确要求停气期间不准使用燃气具，恢复供气的时间 3）对漏气点实施抢修、检漏 4）恢复供气前，设立监测点用 U 形表观测管网保压情况，确认无异常情况时恢复供气。没有空气进入管道时，直接通知用户已恢复供气。抢修期间管道进入空气时，实施每户置换、点火	现场处置组、技术保障组
	着火处置措施		1. 管线大量泄漏并着火抢修方案 1）用漏气管段两端阀门控制火势，全站立即停止运行，及时拨打“119” 2）抢险人员穿好防护服到现场，待火势小后，用灭火器进行灭火 3）警戒人员立即设立警戒区，阻止无关人员进入 4）灭火后，待漏气管段内液化天然气安全放散、管内无压力后进行抢修 注意：在所有的抢险过程中，若燃气只泄漏没有着火，要特别注意杜绝一切点火源。若已着火，不可盲目灭火，在有把握控制泄漏，或者控制点火源的情况下，方可灭火 2. 低压管网泄漏着火抢修方案 1）低压管网泄漏着火时，及时拨打“119”，将燃气管道泄漏着火的位置、火势等情况通知消防队，操作上游阀门控制火势；当火势较小时灭火、封堵 2）根据低压管线泄漏部位所处的位置是引入支管、楼前管道、庭院干管、道路干管，所用材质是普通钢管、PE 管，分别采取打开引入管连接处的三通，引入管或楼前管活接用沾黄油的棉布塞堵，关闭调压器出口阀门等方式隔断气源。泄漏量较大又处用气高峰时，可用沾黄油的棉布缠绕、管卡卡住、打入木楔等方式临时封堵，采用临时封堵时必须做好现场监护	现场处置组、技术保障组

（续）

<table>
<tr><td rowspan="15">应急处置</td><td>着火处置措施</td><td colspan="4">3）如果采用停气维修方式时，要做好用户的宣传，明确要求停气期间不准使用燃气具，告知恢复供气的时间
4）对漏气点实施抢修、检漏
5）恢复供气前，设立监测点用U形表观测管网保压情况，确认无异常情况时恢复供气，直接通知用户已恢复供气。抢修期间管道进入空气时，实施每户置换、点火</td><td>现场处置组、技术保障组</td></tr>
<tr><td>疏散方法</td><td colspan="4">1）立即将泄漏区周围至少隔离50m
2）撤离非指派人员
3）留在上风向
4）不要进入地势低洼地区</td><td>疏散警戒组</td></tr>
<tr><td>伤员现场急救方法</td><td colspan="4">1）管网抢修中，积极抢救人员，让窒息人员立即脱离现场，到户外新鲜空气流通处休息。有条件的应吸氧或接受高压氧舱治疗，出现呼吸停止者应进行心肺复苏；呼吸恢复后，立即转运至附近医院救治。呼叫“120”或其他急救医疗中心
2）脱去并隔离受污染的衣服和鞋，保持患者温暖和安静
3）应让医务人员知道事故中涉及的有关物质，并采取自我防护措施</td><td>后勤保障组</td></tr>
<tr><td rowspan="7">报警处置措施</td><td>报警形式</td><td>单位</td><td>电话</td><td>责任人</td><td>报警内容</td></tr>
<tr><td rowspan="3">内部报警</td><td>应急总指挥</td><td></td><td></td><td rowspan="6">1）事故的具体位置
2）受伤人员的数量
3）坠落者的伤势情况
4）事故发生的时间
5）事故发生的经过等</td></tr>
<tr><td>安全生产分管领导</td><td></td><td></td></tr>
<tr><td>固定报警电话</td><td></td><td></td></tr>
<tr><td rowspan="3">外部报警</td><td>消防队</td><td>119</td><td>—</td></tr>
<tr><td>急救中心</td><td>120</td><td>—</td></tr>
<tr><td>派出所</td><td>110</td><td>—</td></tr>
<tr><td>抢险救援器材</td><td colspan="5">对管网抢修事故用到的一些专业防护设备，救援人员在日常训练时要严格按照训练要求进行培训、学习，熟练掌握防护设备的技术参数</td></tr>
<tr><td>救援对策及措施</td><td colspan="5">1）管网抢修中扩散的液化天然气遇到火源即可发生燃烧和爆炸。一旦发生爆炸，将对人们的生命财产安全带来更大的灾害。因此，在处理液化天然气泄漏的过程中，必须坚持防爆重于排险的思想
2）设置警戒区，禁止无关人员进入；严禁车辆通行，禁止一切火源，如禁止开关泄漏区电源</td></tr>
<tr><td>自救与互救</td><td colspan="5">管网抢修时，注意保护现场，应先抢救伤员和防止事故扩大</td></tr>
<tr><td>应急能力及安全防护确认</td><td colspan="5">1）救护人员应懂得基本的医疗救护知识，参加过相关技术培训。如果没有经过专业的培训，不要对受伤人员进行心肺复苏和伤口处理
2）急救时应仔细观察伤员的变化，如脸色、呼吸声、手指、眼睛的变化</td></tr>
<tr><td>应急结束后</td><td colspan="5">保护现场，人员不得随意进入事故发生区域，只有在应急总指挥批准以后人员才能进入事故发生区域</td></tr>
</table>

附录N 城镇液化石油气场站充装特种设备事故专项应急预案与现场处置方案示例

N.1 城镇液化石油气场站充装特种设备事故专项应急预案示例

N.1.1 概述

为加强公司内部安全管理，保障职工生命安全，保护环境，有效控制液化石油气公司特种设备事故的发生，根据《中华人民共和国特种设备安全法》《特种设备安全监察条例》及相关法律、法规和省、市相关职能部门的要求，结合城镇液化石油气公司自身实际情况，就可能发生的各类压力容器、压力管道等突发特种设备事件（事故）的影响，特制定本预案。

N.1.2 适用范围

本预案适用于液化石油气场站充装等造成的特种设备事故，这些特种设备可能造成的事故有火灾、爆炸。

可能发生特种设备事故的场所主要为灌装区、储罐区、瓶库。

N.1.3 事故分析

（1）危险源 液化石油气为易燃易爆气体，与空气混合能形成爆炸性混合物，爆炸极限为1.5%~9.5%（体积分数）。液化石油气密度为2.35kg/m^3，主要成分丙烷、正丁烷。

（2）事故类型 公司液化石油气场站充装等，可能因设计缺陷、材料缺陷、施工缺陷、各种腐蚀、焊缝缺陷、外力破坏、操作不当等导致液化石油气泄漏，引发火灾、爆炸等事故。

N.1.4 应急组织机构及职责

N.1.4.1 组织机构

××燃气有限公司生产安全事故应急救援组织机构如图N-1所示，设立应急救援领导小组及若干应急救援工作组。应急救援领导小组的主要人员由总指挥、现场指挥及各应急救援工作组负责人组成，负责生产安全事故应急救援的指挥与管理工作，同时有条件的可配备相应的技术指导专家；应急救援工作组主要有现场处置组、疏散警戒组、后勤保障及事故处理组，各设组长一名。

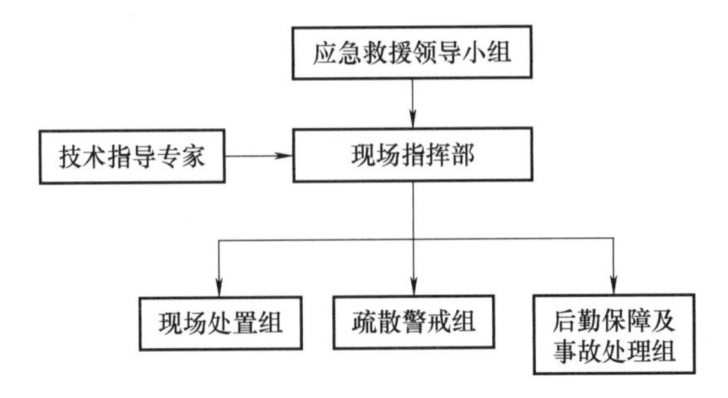

图N-1 生产安全事故应急救援组织机构

注：机构中的部门设置可根据公司预案实际内容进行调整。

当发生生产安全事故时，应急救援领导小组立即启动应急预案，总经理任总指挥（根据单位实际情况进行调整），分管安全副总经理为现场指挥，负责开展各项应急救援工作。考虑公司的实际情况，公司各职能部门日常办公地点与各场站不在同一个地点，若场站发生生产安全事故，公司总经理、分管安全副总经理及相关人员不在现场或尚未到达现场前，则由分公司经理或场站负责人及应急救援工作组的人员指挥，分工协作开展应急救援工作，待公司总经理、分管安全副总经理及相关人员到达事故现场后，则及时完成应急救援组织机构的职务交接，投入应急救援工作。

N.1.4.2 职责

应急救援领导小组由公司主要负责人担任组长（总指挥），指挥部设在办公楼内，配备联系电话。

总指挥：×××

现场指挥：×××

成员：××× ××× ××× ×××

现场人员如遇突发事故，而应急救援领导小组总指挥不在现场时，由现场最高职务的人员担任临时总指挥，如果有多名同等级别的人，以负责安全工作的人员作为总指挥。

（1）应急救援领导小组主要职责

1）保证本单位安全生产投入的有效实施。

2）组建应急救援工作组，并组织实施和演练。

3）检查督促并做好重大事故的预防措施和应急救援的各项准备工作。

4）发布和解除应急救援命令、信号。

5）协调组织指挥救援队伍实施救援行动。

6）组织安全检查，及时消除安全事故隐患。

7）及时、准确报告生产安全事故。

8）组织事故调查，总结应急救援工作经验教训。

（2）总指挥主要职责

1）领导和决策应急响应与危机处理工作。

2）启动预案，做到快速反应、从容应对、指挥得当、部署及时。

3）协调应急救援处理工作，提升团队应急能力。

4）宣布应急结束，恢复控制受影响地点。

5）评估事故的规模和发展态势，建立应急步骤。

6）审核对外发布的信息，并向有关部门报告等。

（3）现场指挥主要职责

1）协助并完成总指挥指派的工作，总指挥不在时承担总指挥职责。

2）向总指挥负责，及时报告事发情况、已采取措施、拟定实施建议或意见。

3）全面指挥现场抢修，执行指挥部各项指令。

4）保障人员安全，减少财产损失，采取切实有效的抢修措施，迅速控制险情。

5）险情解除后，收集有关事故现场的资料等。

（4）现场指挥部主要职责

1）现场指挥部是现场最高指挥机构，负责现场全面处置工作。

2）协调各工作组工作。

3）协调各专业、各救援队伍的现场工作。

（5）技术指导专家主要职责

1）协助解决技术问题，提出事故处理方案。

2）帮助燃气公司解决现场问题。

（6）各应急救援工作组的人员构成及主要职责（见表 N-1）

表 N-1　各应急救援工作组的人员构成及主要职责

序号	应急救援工作组名称	组长	成员	主要职责
1	现场处置组			1）熟悉各类机械设备及其安全附件的性能、特征及抢修办法 2）了解各种抢修工具、器械、配件的用途、存放地点、数量规格（包括木尖、铁箍、篷布条、棉胎、钢线、堵漏夹具、金属补漏剂等），并妥善保管 3）当发生机械故障、天然气泄漏等事故时，全组人员必须迅速组合，在组长带领下，根据现场指挥员的要求，选取合适的工具及器械，全力开展抢修工作 4）发生火警时，全组人员根据火险情况，在指挥员的调度下全力参加灭火工作 5）向总指挥负责，负责拟定抢修技术方案，解决方案实施过程中的各种技术问题
2	疏散警戒组			1）发生事故后，疏散警戒组根据事故情景穿好防护服，戴好防毒面具等，迅速奔赴现场；根据火灾、爆炸（泄漏）影响范围，设置禁区，布置岗哨，加强警戒，疏散人群，巡逻检查，严禁无关人员进入禁区 2）遭遇袭击时，使用安防器材对袭击人员进行牵制；在保护好自身安全的基础上，对施暴人员实施控制；将闹事人员劝至监控摄像头区域或对事发区进行录像，保留证据 3）接到报警后，封闭厂区大门，维持厂区道路交通秩序，引导外来救援力量进入事故发生点，严禁外来人员入厂围观 4）疏散警戒组应到事故发生区域封路，指挥救援车辆行驶路线 5）根据现场指挥部发布的警报和防护措施，指导相关人员实施隐蔽；引导必须撤离的人员有序地撤至安全区；组织好特殊人群的疏散安置工作；维护安全区或安置区的秩序和治安 6）根据事故的严重程度、危害范围，必要时可启动站区消防喷淋进行贮罐的冷却及间隔

（续）

序号	应急救援工作组名称	组长	成员	主要职责
3	后勤保障及事故处理组			1）负责提供现场救援车辆 2）负责伤者的初步转运，以及与医疗救护人员的交接 3）负责应急人员后勤物资的提供 4）负责救生设备器材的保管、维护等 5）负责事故现场联络和对外联系，传达指挥部指令，同时通报险情 6）确保现场指挥与各组之间的信息畅通，做好与“110”“119”“120”等单位联系，在需要的情况下拨打求救电话，负责伤者医疗救治和家属的安排 7）选择有利地形设置安全急救点，进行现场医疗救护及中毒、受伤人员分类；抢救受伤人员并进行救护，向其他医疗单位申请救援并迅速转移伤者就医 8）负责查明事故发生的经过、原因、人员伤亡情况、赔偿事项的谈判及落实 9）负责安抚工作，协助事故调查分析，落实恢复生产的有关准备工作 10）总结事故教训，落实防范和整改措施

N.1.5　响应启动

N.1.5.1　信息上报

（1）内部通报

1）程序：事故发生后，事故现场有关人员应当立即向安全管理员、主要负责人报告。

2）事故报警：事故报警方式采用内部电话和外部电话（包括手机、电话等）线路进行报警，由应急救援领导小组向公司内部发布事故消息，做出紧急疏散和撤离等警报。

报警应包括的内容：发生事故的地点；发生事故的性质或类型；有无人员伤亡，事故处理情况，发展情况。

3）内部通信联络手段：公司总值班电话：×××-××××××××。

应急救援领导小组成员的电话必须24h畅通，禁止随意更换电话号码的行为。特殊情况下，电话号码发生变更，必须在变更之日起48h内向应急救援领导小组报告。应急预案编制工作组必须在24h内向各成员和部门发布变更通知。

（2）向上级报告

1）事故信息上报。按照生产安全事故报告有关规定，由主要负责人（总指挥）或其授权人在1h内向××市应急管理局、××市综合行政执法局（燃气主管部门）和××市市场监管局等有关部门报告。

情况紧急时，事故现场有关人员可以直接向××市应急管理局、××市综合行政执法局（燃气主管部门）和××市市场监管局等有关部门报告。

2）报告事故信息应当包括公司名称、地址、性质，事故发生的时间、地点，事故已经造成或可能造成的伤亡人数（包括下落不明、涉险的人数）。

（3）向周边单位通报　需要向社会和周边发布警报时，由应急救援领导小组向政府及周边单位发送警报消息。事态严重紧急时，通过应急救援领导小组直接联系政府及周边单位负责人，由总指挥亲自向政府及周边单位负责人发布消息，要求组织撤离疏散或请求援助，随时保持电话联系。

N.1.5.2　资源协调

各应急救援工作组在收到总指挥的指令后，按照要求迅速组织应急救援设施及物资且运抵现场，并根据事故实际现状，预测、补充将要使用应急物资。

N.1.5.3　信息公开

（1）信息发布　由应急救援领导小组配合政府主管部门进行信息发布。所提交的信息应实事求是、客观公正、内容翔实、及时准确，并经总指挥审核。

（2）内部员工信息告知　事故发生后，由应急救援领导小组通过内部公文、微信等渠道或信息沟通会等方式对内部员工告知事故的情况，及时进行正面引导，齐心协力，共同应对事故。

（3）业务合作伙伴信息告知　事故发生后，由应急救援领导小组或授权部门向与本公司有业务关系的单位、投资者提供有关信息，介绍事故的情况，处理好相关的法律和商务关系。

（4）受事故影响的相关方的告知　事故发生后，若初步判断事故原因与设备、物料质量等有关，或者事故中有相关方员工伤亡时，应急救援领导小组应及时将事故信息告知设备厂家、安装单位、供货商等相关方。

N.1.5.4　后勤保障

根据危险分析及安全预防及应急处置要求配备应急救援装备、物资与常用药品，根据气站特点配置相应的应急物资（灭火器、消防泵、快速密封胶、包扎棉絮或绒布、应急药箱等）。以上设施、物资的保管维护人员定期做好检查、维护工作，及时更换与采购，确保完好有效，数量充足。

N.1.5.5　财力保障

公司财务部按照规定标准提取安全资金，在成本中列支，专门用于完善和改进企业应急救援体系建设、监控设备定期检测、应急救援物资采购、应急救援演习和应急人员培训等。由总经理负责落实应急救援需要的各项经费。公司财务部将采取计划和措施，确保事故应急处置的资金需求。

N.1.6　处置措施

N.1.6.1　压力容器事故处置措施

1）当管道、储罐、钢瓶发生爆炸时，立即切断电动机电源。

2）当有液化石油气泄漏、可能发生火灾时，立即切断进液阀，疏散周围人员，停止周边一切明火作业，建立隔离区，实施隔离区管制。同时，根据上级预案的要求，由公司相关负责人启动危险化学品泄漏、火灾等相关预案。

3）当存在因爆炸而导致建筑物、设备、管道有崩塌危险时，由公司主要负责人向政府单位求助，公司应急救援领导小组人员严禁进入相关区域，如因紧急情况确需进入现场的，应佩戴防护用品。

4）当有人员受伤时，根据其受伤程度，决定采取合适的救治方法，同时用电话等快捷方式向120急救中心求救。在医务人员未接替救治前，现场人员应及时组织现场抢救。

5）当因爆炸导致发生其他事故时，由公司主要负责人启动其他相关预案。

N.1.6.2　压力管道事故处置措施

（1）压力管道超压、超温

1）压力管道操作人员按工艺规程操作相应阀门及排放装置，调整压力和温度，将其降到允许范围内并及时汇报。

2）立即查明原因，消除隐患。

3）超压和超温情况有可能会影响相关设备安全使用的，立即继续降压直至停车。

4）检查超压、超温所涉及的管道系统受压元件、相关设备系统、安全附件是否正常。

5）详细记录超压情况及处理情况。

（2）管道超过额定参数、安全附件动作

1）压力管道操作人员立即观察管道系统压力、温度等运行参数，并按工艺规程操作相应阀门及排放装置进行调整。

2）原因不明或安全阀起跳后不能正常回座时，立即降压直至停车，并立即查明原因，消除隐患。

3）注意检查有无液化石油气排放或泄漏到周围环境大气中；若有，则执行“压力管道泄漏、火灾、爆炸”的相关内容。

4）安全阀起跳后正常回座的，检查安全附件是否完好；安全阀起跳后不能正常回座的，重新进行校验。

5）检查所涉及的管道系统受压元件、相关设备系统、安全附件是否正常。

（3）压力管道泄漏、火灾、爆炸

1）压力管道操作人员按工艺规程操作相应阀门和控制系统，立即降压停车。

2）当压力管道发生泄漏、火灾、爆炸时，立即切断上端进口阀。若有人员受伤，立即拨打120急救电话，救助伤员；若有火情，立即拨打119火警电话。

3）切断受影响电源，介质泄漏区域严禁明火和金属物品的撞击等，防止泄漏的易燃易爆介质燃爆。

4）做好消防和防毒准备，同时撤离现场无关人员，对介质泄漏周围区域进行人员疏散；

5）封闭泄漏现场，设置安全警戒线。

6）对泄漏部位进行处理，将泄漏部分与周围相连系统断开。

7）查明泄漏原因，紧急情况下可以进行带压堵漏。

8）注意泄漏物质对环境的影响，妥善处理或者排放，重大泄漏及时向公众公布，必要时做好疏散工作。

（4）管道或支吊架突发变形、失稳等情况

1）压力管道操作人员按工艺规程操作相应阀门和控制系统，立即降压停车。

2）立即查明原因，消除隐患。

3）检查所涉及的管道系统受压元件、相关设备系统、安全附件是否有泄漏、破裂等情况；若有液化石油气泄漏到周围环境大气中，则执行“管道泄漏处置措施”的相关内容。

N. 1. 6. 3　液化石油气钢瓶角阀破裂处理方法

1）停止一切操作，禁止机动车辆起动。

2）把角阀破裂的气瓶拎到无人的空旷处。

3）准备灭火器材，设置外围警戒，周围禁止使用明火。

4）等到浓度降至爆炸下限安全范围后，迅速报告公司领导。

N. 1. 6. 4　液化石油气钢瓶起火处理方法

1）因角阀漏气起火时，用湿布包住手去关闭角阀即可；无法关闭的，则用灭火器扑救，然后迅速将钢瓶拎至空旷处排放，周围 50m 范围严禁烟火。

2）钢瓶破口并引起火灾的用灭火器控制火势，消防水对钢瓶进行降温，并视火情，对周围建筑、设备等进行喷水保护；周围设警戒线，及时向消防部门和公司领导报警。

N. 1. 6. 5　及时发现冒顶事故时的处置措施

1）立即关闭冒顶罐进液阀，将液改进其他罐，然后及时报告领导。

2）停止卸液，检查管路是否损坏、泄漏，安全阀是否正常开启。

3）检查压缩机是否进液（由气相管引入），若压缩机正在运行，立即停车，防止发生撞缸事故，关闭通向储罐的气相管阀门，采取排液措施。

4）待情况稳定后，将冒顶罐的液体倒入其他罐。

5）全面检查储罐、管路、设备等情况，对于已经发生和可能发生的问题，认真检查分析，并对损坏设备部位进行检修。

N. 1. 6. 6　未及时发现冒顶事故时的处置措施

由于未及时发现冒顶，液化石油气已大量泄漏外出，在空间已形成爆炸性混合气体，情况十分危险。此时，最要紧的是冷静，千万不能慌乱蛮干，在报告领导的同时，一般采取下述措施：

1）立即停止生产，停止机动车辆行驶，疏散无关人员。

2）立即关闭进液总阀。

3）停止卸液。

4）在现场外设警戒区，禁止无关人员进入现场，做好消防、抢救准备工作。

5）在各种准备工作完成后，派罐区运行工或熟悉工艺管路的机修人员，从上风或侧风向进入现场检查。关闭关键性阀门或抢修堵漏。

6）待液化石油气浓度降至安全范围时，全面检查冒顶情况。

7）情况稳定后，将冒顶罐的液体倒入其他罐。

8）查明原因，根据冒顶造成的后果，做好善后工作。

N. 1. 6. 7　储罐根部与液相阀门间大量液化石油气泄漏的处理方法

1）迅速倒罐，其方法是通过用烃泵抽取泄漏罐中的液体，倒向备用罐。

2）用棉被或止漏夹包住泄漏处，并用消防水枪冲洗。

3）准备好灭火器材。

4）严禁用压缩机加压倒罐。

5）等到事故罐中液化石油气抽空后，周围浓度降至爆炸下限即为安全。

N. 1. 7　应急保障

（1）通信与信息保障

1）有线通信方式主要为公司固定电话，无线通信方式主要为公司内有关人员的手机通信系统，进入爆炸危险场所则采用防爆对讲机联系。

2）应急人员的手机平时24h开通，不得无故关闭。

3）相关人员与部门做好应急通信工具与器材的保障和维护工作。

4）在控制中心等场所张贴应急人员联系方式。

（2）应急队伍保障　应急队伍根据人员素质与个人特长、工作岗位及作业班次等确定，并根据人员在岗情况及时调整，通过日常训练不断提高人员与队伍的应急能力与稳定。

（3）应急物资装备保障

1）主要技术资料：场站图样（场站平面图、消防设施配置图、工艺流程图、液化天然气安全技术说明书等）、区域燃气管网总图存放在×××××，保管人为×××，联系电话为××××××××。

2）应急照明设施：设置××××柴油发电机组作为应急电源，另配备防爆手电筒等照明设备。

（4）制度保障措施　公司建立一套确保本预案在紧急情况下能够得以有效实施的安全管理制度，包括应急指挥组成人员岗位责任制、安全值班制度、培训制度（应急救援预案、专业队伍、职工学习、培训制度），以及应急救援装备、物资、药品维护、保养与检查制度等。

（5）交通运输保障　在应急响应状态时，利用现有的交通资源，请求交通部门提供交通支持，保证及时调运有关应急救援人员、装备和物资。

（6）医疗卫生保障　办公室负责应急处置工作中的医疗卫生保障，与附近的医疗机构建立联系。

（7）治安保障　气站保卫班负责事故现场的治安警戒和治安管理，加强对重要物资和设备的保护，维持现场秩序，及时疏散群众。必要时请求当地公安部门协助事故灾难现场治安警戒和治安管理。

（8）技术储备与保障　充分利用现有的技术人才资源和技术设备设施资源，提供在应急状态下的技术支持。

（9）社会技术保障　在应急响应状态时，请求当地气象部门为应急救援决策和响应行动提供所需的气象资料和气象技术支持。

N.2 城镇液化石油气场站充装特种设备事故现场处置方案示例（见表 N-2 和表 N-3）

表 N-2 城镇液化石油气场站充装燃气泄漏事故现场处置方案示例

<table>
<tr><td rowspan="7">事故风险描述</td><td>事故可能发生的区域、装置的名称</td><td colspan="2">LPG 储罐、管道系统、各类设施及阀门等</td></tr>
<tr><td>事故可能发生的时间</td><td colspan="2">本公司发生燃气泄漏事故的时间或季节不确定，在各个时段都有可能发生</td></tr>
<tr><td>事故危害程度</td><td colspan="2">存在火灾、爆炸、中毒、窒息等危险，可能导致重大安全事故。高浓度的液化石油气有窒息和麻醉的作用，可导致人体缺氧而造成神经系统损害，严重时表现为呼吸麻痹、昏迷、甚至死亡</td></tr>
<tr><td>事故影响范围</td><td colspan="2">事故的发生会影响公司的正常经营活动，给公司造成直接经济损失；给受伤职工造成严重的伤害，甚至死亡；还会导致公司经营信誉受到负面影响，影响公司持续运营模式，间接给公司造成损失；还可能造成不良的社会舆论，给公司的安全形象造成负面影响</td></tr>
<tr><td>可能出现的征兆</td><td colspan="2">1）液化石油气发生火灾、爆炸前一般会出现泄漏，泄漏时可燃气体浓度报警仪报警，值班中心会出现报警显示，有报警记录
2）储罐、设备、管线压力异常，值班中心会出现报警显示，有报警记录
3）巡查时，设备、管线出现漏气（液）时，会出现“发雾”“冷凝水”和“结冰”现象，泄漏量较大时，伴随响声
4）安全阀起跳，设备、管线出现超压</td></tr>
<tr><td>可能引发的次生灾害</td><td colspan="2">中毒、窒息、火灾、爆炸</td></tr>
<tr><td colspan="3"></td></tr>
<tr><td rowspan="3">应急工作职责</td><td>应急分工</td><td>构成形式及具体职责</td><td>岗位人员或姓名</td></tr>
<tr><td>应急人员构成</td><td>1）根据本预案的规定，现场作业人员和现场安全管理员都是事故发生后的应急处置人员，由事故发生现场所有工作人员构成现场处置组
2）当液化石油气泄漏事故发生后，以现场的场站管理人员和现场安全管理员，以及周围工作人员为主要的应急处置人员，现场其他的作业人员辅助其进行应急救援行动</td><td>现场作业人员、气站管理人员、现场安全管理员</td></tr>
<tr><td>应急人员工作职责</td><td>1）由现场安全管理员担任现场处置组组长，履行现场指挥和伤员救护职责
2）由作业负责人关停相关气体设备泄漏装置，及时将事故上报给应急救援领导小组和相关的救援单位
3）现场的其他工作人员负责协助现场的一切救援工作，服从安全管理员的指挥，自觉进行现场处置救援行动</td><td>现场负责人</td></tr>
</table>

（续）

<table>
<tr><td rowspan="6">应急处置</td><td rowspan="5">事故应急处置程序</td><td>步骤</td><td>处置措施</td><td>责任人</td></tr>
<tr><td>事故报警程序</td><td>1）当液化石油气泄漏事故造成作业人员受伤时，或者事故严重程度为不明等状态时，现场气站管理人员或作业人员发现事故后要立即报告给应急救援领导小组和现场的安全管理员，现场安全管理员立即赶到事发现场进行现场处置，应急救援领导小组根据事故情况调动公司的各应急救援工作组到达现场开展救援行动
2）当液化石油气泄漏事故造成作业人员死亡或昏迷时，现场作业负责人要立即拨打“120”急救中心电话报警，同时向公司各级救援机构报警</td><td>现场作业人员</td></tr>
<tr><td>应急措施启动</td><td>1）现场应急处置措施由现场处置组组长启动，当液化石油气泄漏事故发生后，立即暂停气站周围的所有作业，指挥无关人员快速撤离危险区域
2）现场人员要服从安全管理员的指挥，放下手头工作，立即协助进行现场应急救援工作，承担应急物资的运送，协助抬治伤员、设备的搬运等工作；无关人员尽快根据引导进行撤离</td><td>现场处置组长</td></tr>
<tr><td>应急救援人员引导</td><td>1）现场负责人在向专业救援单位发出报警后，应落实人员到门口或进入的关键路口等待，并引导专业救援人员准确、快速到达事发现场
2）保安或作业人员收到报警电话后，应立即对门口的道路进行疏通，疏散车辆，搬除所有影响救护车到达目标地的障碍物并疏散人员，确保救护车顺利、快速通行，在疏通道路时，应注意预留救援车辆的空地</td><td>疏散警戒组</td></tr>
<tr><td>事故扩大、预案衔接程序</td><td>现场处置组组长在指挥现场事故救援的过程中，要随时保持和公司应急救援领导小组及其他各工作组的信息联系，以应对事故可能扩大时的信息通报，保证救援信息及时、快速传达到专业救援单位和相关领导，以便于公司领导和相关救援单位启动相应的应急救援预案</td><td>现场处置组长</td></tr>
<tr><td colspan="2">液化石油气泄漏处理方法</td><td>1）在确保人身安全的情况下，应首先关闭泄漏点上下游的阀门。如果是室内液化石油气漏气，则在关闭阀门的同时，还应迅速打开防爆风机并打开门窗，加强通风换气
2）确定泄漏点，设置警戒区
3）疏散现场无关人员，隔离危险，并禁止无关人员及车辆进入现场
4）清除危险区域内的所有火焰、火星（包括产生静电火花的介质）和车辆等
5）严密监控罐内压力，确保罐内压力处于正压状态，以防止罐内因产生负压而对罐体造成损害
6）对所有受限空间进行通风处理，并检测可燃气体浓度
7）对可控的液化石油气泄漏，采用控制气体扩散的方式，直到气体扩散完毕
8）若发现泄漏是由于罐体的罐壁渗漏引起的，在条件允许的情况下，必须及时进行倒罐或生产作业
9）用水枪对泄漏处进行稀释、降温</td><td>现场处置组</td></tr>
</table>

（续）

<table>
<tr><td rowspan="12">应急处置</td><td>液化石油气泄漏并着火处理方法</td><td colspan="4">1）设法在人员能够靠近的、距离事故点最近的阀门关断气源。如果无法关闭气源，则设法控制其燃烧速度
2）使用消防水采用喷雾的方式，对相邻设备及管线进行冷却处理，减少对设备、管线及抢修人员所造成的危害和伤害，同时防止火势蔓延
3）在落实有效堵漏处理措施的前提下，可先灭火再关闭阀门实施堵漏。在对火源进行有效控制或完全消灭之前，要严格防止复燃情况发生
4）密切监视罐体及管道的压力变化，若发现压力急剧升高，须通过增加泄放口以加大泄放速度
5）应密切监视泄放过程中的声音及罐体颜色变化。若听到频率升高的声音，看到排放量、密度增加的信号或罐体变色，考虑将现场人员立即撤离</td><td>现场处置组</td></tr>
<tr><td>疏散方法</td><td colspan="4">1）立即将泄漏区周围至少隔离 50m
2）撤离非指派人员
3）留在上风向
4）不要进入地势低洼地区</td><td>监测警戒组</td></tr>
<tr><td>伤员现场急救方法</td><td colspan="4">1）积极抢救人员，让窒息人员立即脱离现场，到户外新鲜空气流通处休息。有条件的应吸氧或接受高压氧舱治疗，出现呼吸停止者应进行心肺复苏；呼吸恢复后，立即转运至附近医院救治，呼叫“120”或其他急救医疗中心
2）脱去并隔离受污染的衣服和鞋，保持患者温暖和安静
3）应让医务人员知道事故中涉及的有关物质，并采取自我防护措施</td><td>后勤保障及事故处理组</td></tr>
<tr><td rowspan="7">报警处置措施</td><td>报警形式</td><td>单位</td><td>电话</td><td>责任人</td><td>报警内容</td></tr>
<tr><td rowspan="3">内部报警</td><td>应急总指挥</td><td></td><td></td><td rowspan="6">1）讲清事故发生的装置
2）事故发生的具体部位
3）现场有无人员被困或受伤
4）现场是否有爆炸，液化石油气泄漏的程度等
5）当时的大致风向等</td></tr>
<tr><td>安全生产负责人</td><td></td><td></td></tr>
<tr><td>固定报警电话</td><td></td><td></td></tr>
<tr><td rowspan="3">外部报警</td><td>消防队</td><td>119</td><td>—</td></tr>
<tr><td>急救中心</td><td>120</td><td>—</td></tr>
<tr><td>派出所</td><td>110</td><td>—</td></tr>
<tr><td>抢险救援器材</td><td colspan="5">对液化石油气泄漏事故用到的一些专业防护设备，救援人员在日常训练时要严格按照训练要求进行培训、学习，熟练掌握防护设备的技术参数</td></tr>
<tr><td>救援对策及措施</td><td colspan="5">1）扩散的液化石油气遇到火源即可发生燃烧和爆炸。一旦发生爆炸，将对人们的生命财产安全带来更大的灾害。因此，在处理液化石油气泄漏的过程中，必须坚持防爆重于排险的思想
2）由于现场人员走动，铁器摩擦等因素易产生火花，势必造成扩散的液化石油气燃烧爆炸，不仅排险人员的生命安全受到威胁，而且周围的建筑物将遭到毁坏
3）设置警戒区，禁止无关人员进入；严禁车辆通行和禁止一切火源，如禁止开关泄漏区电源</td></tr>
</table>

（续）

	项目	具体内容
应急处置	自救与互救	1）若事故发生在夜间，应设置临时照明灯，以便于抢救，在抢救伤员的同时要保护自己，防止抢救人员受到另外的伤害 2）注意保护现场，应先抢救伤员和防止事故扩大。需要移动现场物件时，应做出标志、拍照，详细记录和绘制事故现场图
	应急能力及安全防护确认	1）救护人员应懂得基本的医疗救护知识，参加过相关技术培训。如果没有经过专业的培训，不要对受伤人员进行心肺复苏和伤口处理 2）急救时应仔细观察伤员的变化，如脸色、呼吸声、手指、眼睛的变化
	应急结束后	保护现场，人员不得随意进入事故发生区域，只有在应急总指挥批准以后人员才能进入事故发生区域
注意事项	1）所有处置人员应按照要求穿戴防护服，佩戴相应工具 2）处置人员要在保证自身生命安全的原则下，相互配合、进行施救	

表 N-3　城镇液化石油气场站充装槽车卸液泄漏事故现场处置方案示例

事故风险分析	事故可能发生的区域、装置的名称	本公司可能发生液化石油气槽车卸液泄漏事故的区域主要有气站卸液台	
	事故可能发生的时间	事故一般发生在液化石油气卸车过程中	
	事故危害程度	槽车卸液泄漏后，会导致火灾、爆炸；人员冻伤、中毒、窒息，甚至死亡	
	事故影响范围	槽车卸液泄漏事故的发生会给员工带来受伤，甚至死亡；导致公司信誉受到负面影响，影响公司持续运营，间接给公司造成损失	
	可能出现的征兆	1）卸液管被槽车拉断或卸液期间突然发生液相鹤管开裂或破裂 2）卸液期间发生槽车侧一道阀门或管路发生破裂 3）槽车罐体发生开裂	
	可能引发的次生、衍生灾害	冻伤、中毒、窒息、火灾、爆炸	
应急工作职责	应急分工	构成形式及具体职责	岗位人员或姓名
	应急人员构成	1）根据本预案的规定，现场作业人员和现场安全管理员都是事故发生后的应急处置人员，由事故发生现场所有工作人员构成现场处置组 2）槽车卸液时要有现场负责人监护，当槽车卸液泄漏事故发生后，以现场监护人员、负责人、抢修人员为主要的应急处置人员，现场其他的作业人员辅助其进行应急救援行动	现场作业人员、安全管理员
	应急人员工作职责	1）承担事故现场的救援工作，在确保安全的条件下进行救护，或者将伤者转移出事故现场，进行必要的现场急救 2）立即向“120”急救中心报警，同时报告公司的相关领导 3）各现场处置组成员听从指挥，执行应急救援措施；负责防止和控制事故的扩大化，并保护好现场，必要时拨打急救电话	现场处置组

（续）

		步骤	处置措施	责任人
应急处置	事故应急处置程序	事故报警程序	1）当槽车卸液泄漏事故造成作业人员受伤时，或者事故严重程度为不明等状态时，现场作业负责人发现事故后要立即报告给应急救援领导小组和现场的安全管理员，现场安全管理员立即赶到事发现场进行现场处置，应急救援领导小组根据事故情况调动公司的应急救援工作组到达现场开展救援行动 2）当槽车卸液泄漏事故造成作业人员死亡或昏迷时，现场作业负责人要立即拨打“120”急救中心电话报警，同时向公司各级救援机构报警	第一发现人、现场安全管理员
		应急措施启动	槽车卸液泄漏事故发生后，现场处置组要立即使用现场配备的救援器材，或者自身携带的可以使用的器材或物资进行现场救援，并迅速将现场的具体情况报告给上级救援人员，便于专业救援人员准备救援所需的器材和急救用品	现场处置组组长
		应急救援人员引导	事故造成的危害需要专业救援队伍，如消防救援或医疗救护时，现场处置组组长在拨打救援报警电话后要安排人员到门口或进入的关键路口等待，引导专业救援人员快速到达事发现场	疏散警戒组
		事故扩大、预案衔接程序	现场处置组组长在指挥现场事故救援的过程中，要随时保持和公司安全管理负责人的信息联系，以应对事故可能扩大时的信息通报，保证救援信息及时、快速传达到专业救援单位和相关领导，以便于公司领导和相关救援单位启动相应的应急救援预案	现场处置组组长
		卸液泄漏的急救措施	1）发现泄漏并使卸液人员无法靠近 2）卸液台卸液人员通知当班领导，告知卸液发生较大泄漏，立即回到槽车附近。当班领导立即向公司总经理汇报 3）卸液台卸液人员关闭槽车尾部气动紧急切断阀，迅速关闭气站（特别是罐车装卸台的）紧急切断系统，停止压缩机的运转 4）总经理下令启动本公司应急总预案、通知本公司抢险队迅速赶赴现场配合抢险；动员本公司所有应急力量赶赴现场。部门领导到达现场后，立即进行现场抢险协调与指挥工作 5）现场灭火组队员利用开花水枪分层驱散漏出的气雾，降低液化石油气浓度 6）抢修组队员根据现场处置组组长的指示，在确保安全的情况下对现场泄漏点采取措施，进行堵漏处理 ① 关闭罐车装卸台上游阀门,切断气源，减少泄漏压力 ② 用湿被包住泄漏点,用水对其进行喷射冷却，使其冻成冰坨，减少物料的泄漏 ③ 采用上盲板、预制管卡、箍卡、钢带捆扎、堵漏夹具等方法，对泄漏的气站液化石油气管线和受损的罐车装卸口管线进行堵漏处理，直到管线或罐车停止泄漏 7）如果罐车拉裂部位在车底罐体凸缘与紧急切断阀连接密封件开裂失效或紧急切断阀拉爆而导致无法关闭、泄漏难以控制时，必须通知应急总指挥启动全体应急响应行动和当地社会应急预案	现场处置组、技术指导专家
		人员疏散	当应急救援人员到达事故现场，在进行救援的过程中，应安排疏散警戒组人员对事故现场进行警戒，并疏散人员，留出救援空间，防止围观人员给救援造成阻碍	疏散警戒组

（续）

<table>
<tr><td rowspan="10">应急处置</td><td rowspan="10">报警处置措施</td><td>报警形式</td><td>单位</td><td>电话</td><td>责任人</td><td>报警内容</td></tr>
<tr><td rowspan="4">内部报警</td><td>应急总指挥</td><td></td><td></td><td rowspan="8">1）事故的具体位置
2）现场有无受伤人员
3）伤者的伤势情况
4）事故发生的时间
5）事故发生的经过等</td></tr>
<tr><td>安全生产负责人</td><td></td><td></td></tr>
<tr><td>固定报警电话</td><td></td><td></td></tr>
<tr><td>应急倒罐车电话</td><td></td><td></td></tr>
<tr><td rowspan="3">外部报警</td><td>消防救援队</td><td>119</td><td>—</td></tr>
<tr><td>急救中心</td><td>120</td><td>—</td></tr>
<tr><td>派出所</td><td>110</td><td>—</td></tr>
<tr><td>事故报告基本要求</td><td colspan="4">报警时应逐级上报，若事故情况紧急或事态严重，则可以越级上报，之后向各级管理机构补充报告</td></tr>
</table>

<table>
<tr><td rowspan="7">注意事项</td><td>项目</td><td>具体内容</td></tr>
<tr><td>个人防护</td><td>防冻服、防冻帽、防冻手套</td></tr>
<tr><td>抢险救援器材</td><td>防爆扳手、水、棉布条、灭火器等</td></tr>
<tr><td>救援对策及措施</td><td>1）救护人员在对伤者进行救治时，必须对伤情进行初步判断，检查伤者情况时，不要乱晃动，不可盲目进行救护，避免因施救不当造成伤者伤情恶化
2）急救时应仔细观察伤员的变化，如脸色、呼吸声、手指、眼睛的变化
3）以尽快让伤员得到专业医疗人员的救治为宗旨进行救援工作，在不明伤情时不盲目施救</td></tr>
<tr><td>应急能力及安全防护确认</td><td>1）救护人员应懂得基本的医疗救护知识，参加过相关技术培训
2）以尽快让伤员得到专业医疗人员的救治为宗旨进行救援工作，在不明伤情时不盲目施救</td></tr>
<tr><td>应急结束后</td><td>注意保护现场，应先抢救伤员和防止事故扩大。需要移动现场物件时，应做出标志、拍照，详细记录和绘制事故现场图</td></tr>
<tr><td>其他警示</td><td>若事故发生在夜间，应设置临时照明灯，以便于抢救</td></tr>
</table>

附录 O　城镇燃气加气站特种设备事故专项应急预案与现场处置方案示例

O.1　城镇燃气加气站特种设备事故专项应急预案示例

O.1.1　概述

为加强公司内部安全管理，保障职工生命安全，保护环境，有效控制本加气站公司特种设备事故的发生，根据《中华人民共和国特种设备安全法》《特种设备安全监察条例》及相关法律、法规和省、市相关职能部门的要求，结合城镇加气站公司自身实际情况，就可能发生的各类压力容器、压力管道等突发特种设备事件（事故）的影响，特制定本预案。

O.1.2　适用范围

本预案适用于LPG、CNG、LNG及L-CNG等各类加气站的压力容器、压力管道造成的特种设备事故，这些特种设备可能造成的事故有火灾、爆炸。

可能发生特种设备事故的场所主要为加气区、储罐区及设备区。

O.1.3　事故分析

O.1.3.1　危险源

本公司现有易发生火警、易燃易爆、大面积泄漏的危险源是各类压力容器。

液化气为易燃易爆气体，与空气混合能形成爆炸性混合物，爆炸极限为1.5%~9.5%（体积分数）。液化气密度为2.35kg/m^3，主要成分是丙烷、正丁烷。

天然气为易燃易爆气体，与空气混合能形成爆炸性混合物，爆炸极限为5%~15%（体积分数）。天然气密度为0.7174kg/m^3，主要成分是甲烷。

O.1.3.2　事故类型

本公司加气站特种设备可能因设计缺陷、材料缺陷、施工缺陷、各种腐蚀、焊缝缺陷、外力破坏、操作不当等导致天然气泄漏，引发火灾、爆炸等事故。

O.1.4　应急救援组织机构及职责

O.1.4.1　组织机构

××加气站生产安全事故应急组织机构如图O-1所示，设立应急救援领导小组及若干应急救援工作组。应急救援领导小组主要人员由总指挥、现场指挥及各应急救援工作组负责人组成，负责生产安全事故应急救援的指挥与管理工作，同时有条件的可配备相应的技术指导专家；应急救援工作组主要有现场处置组、疏散警戒组、后勤保障及事故处理组，各设组长一名。

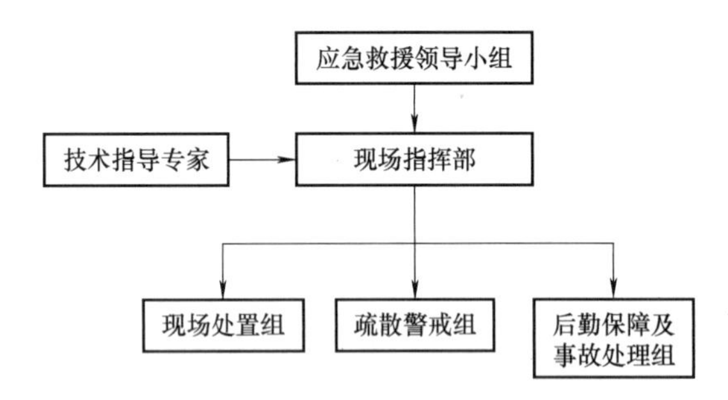

图O-1　生产安全事故应急组织机构图

注：机构中的部门设置可根据公司预案实际内容进行调整。

当发生生产安全事故时，应急救援领导小组立即启动应急预案，站长任总指挥（根据单位实际情况进行调整），分管安全副站长为现场指挥，负责开展各项应急救援工作。考虑公司的实际情况，站内各职能部门日常办公地点与各场站不在同一个地点，若场站发生生产安全事故，站长及相关人员不在现场或尚未到达现场前，则由副站长及应急救援工作组的人员指挥，分工协作开展应急救援工作，待站长及相关人员到达事故现场后，则及时完成应急救援组织机构的职务交接，投入应急救援工作。

O. 1. 4. 2　职责

应急救援领导小组由公司主要负责人担任组长（总指挥），指挥部设在办公楼内，配备联系电话。

总指挥：×××

现场指挥：×××

成员：×××　×××　×××　×××

现场人员如遇突发事故，而应急救援领导小组总指挥不在现场时，由现场最高职务的人员担任临时总指挥，如果有多名同等级别的人，以负责安全工作的人员作为总指挥。

（1）应急救援领导小组主要职责

1）保证本单位安全生产投入的有效实施。

2）组建应急救援工作组，并组织实施和演练。

3）检查督促并做好重大事故的预防措施和应急救援的各项准备工作。

4）发布和解除应急救援命令、信号。

5）协调组织指挥救援队伍实施救援行动。

6）组织安全检查，及时消除安全事故隐患。

7）及时、准确报告生产安全事故。

8）组织事故调查，总结应急救援工作经验教训。

（2）总指挥主要职责

1）领导和决策应急响应与危机处理工作。

2）启动预案，做到快速反应、从容应对、指挥得当、部署及时。

3）协调应急救援处理工作，提升团队应急能力。

4）宣布应急结束，恢复控制受影响地点。

5）评估事故的规模和发展态势，建立应急步骤。

6）审核对外发布的信息，并向有关部门报告等。

（3）现场指挥主要职责

1）协助并完成总指挥指派的工作，总指挥不在时承担总指挥职责。

2）向总指挥负责，及时报告事发情况、已采取措施、拟定实施建议或意见。

3）全面指挥现场抢修，执行指挥部各项指令。

4）保障人员安全，减少财产损失，采取切实有效的抢修措施，迅速控制险情。

5）险情解除后，收集有关事故现场的资料等。

（4）技术指导专家主要职责

1）协助解决技术问题，提出事故处理方案。

2）帮助燃气公司解决现场问题。

（5）现场指挥部主要职责

1）现场指挥部是现场最高指挥机构，负责现场全面处置工作。

2）协调各工作组工作。

3）协调各专业、各救援队伍的现场工作。

（6）各应急救援工作组的人员构成及主要职责（见表 O-1）

表 O-1　各应急救援工作组的人员构成及主要职责

序号	应急救援工作组名称	组长	成员	主要职责
1	现场处置组			1）熟悉各类机械设备及其安全附件的性能、特征及抢修办法 2）了解各种抢修工具、器械、配件的用途、存放地点、数量规格（包括木尖、铁箍、篷布条、棉胎、钢线、堵漏夹具、金属补漏剂等），并妥善保管 3）当发生机械故障、天然气泄漏等事故时，全组人员必须迅速组合，在组长带领下，根据现场指挥员的要求，选取合适的工具及器械，全力开展抢修工作 4）发生火警时，全组人员根据火险情况，在指挥员的调度下全力参加灭火工作 5）负责拟定抢修技术方案，以及解决方案实施过程中的各种技术问题
2	疏散警戒组			1）发生事故后，疏散警戒组根据事故情景穿好防护服，戴好防毒面具等，迅速奔赴现场；根据火灾、爆炸（泄漏）影响范围，设置禁区，布置岗哨，加强警戒，疏散人群，巡逻检查，严禁无关人员进入禁区 2）遭遇袭击时，使用安防器材对袭击人员进行牵制；在保护好自身安全的基础上，对施暴人员实施控制；将闹事人员劝至监控摄像头区域或对事发区进行录像，保留证据 3）接到报警后，封闭站区大门，维持站区道路交通秩序，引导外来救援力量进入事故发生点，严禁外来人员入场围观 4）疏散警戒组应到事故发生区域封路，指挥救援车辆行驶路线 5）根据现场指挥部发布的警报和防护措施，指导相关人员实施隐蔽；引导必须撤离的人员有序地撤至安全区；组织好特殊人群的疏散安置工作；维护安全区或安置区的秩序和治安 6）根据事故的严重程度、危害范围，必要时可启动站区消防喷淋进行储罐的冷却及间隔
3	后勤保障及事故处理组			1）负责提供现场救援车辆 2）负责伤者的初步转运，以及与医疗救护人员的交接 3）负责应急人员后勤物资的提供 4）负责救生设备器材的保管、维护等 5）负责事故现场联络和对外联系，传达指挥部指令，同时通报险情 6）确保现场指挥与各组之间的信息畅通，做好与“110”“119”“120”等单位联系，在需要的情况下拨打求救电话，负责伤者医疗救治和家属的安排 7）选择有利地形设置安全急救点，进行现场医疗救护及中毒、受伤人员分类；抢救受伤人员并进行救护，向其他医疗单位申请救援并迅速转移伤者就医 8）负责查明事故发生的经过、原因、人员伤亡情况、赔偿事项的谈判及落实 9）负责安抚工作，协助事故调查分析，落实恢复生产的有关准备工作 10）总结事故教训，落实防范和整改措施

O. 1. 5　响应启动

O. 1. 5. 1　信息上报

（1）内部通报

1）程序：事故发生后，事故现场有关员应当立即向安全管理员、主要负责人报告。

2）事故报警：事故报警方式采用内部电话和外部电话（包括手机、电话等）线路进行报警，由应急救援领导小组向公司内部发布事故消息，做出紧急疏散和撤离等警报。

报警应包括的内容：发生事故的地点；发生事故的性质或类型；有无人员伤亡，事故处理情况，发展情况。

3）内部通信联络手段：公司总值班电话：×××-××××××××。

应急救援领导小组成员的电话必须保持24h畅通，禁止随意更换电话号码的行为。特殊情况下，若电话号码发生变更，必须在变更之日起48h内向应急救援领导小组报告。应急预案编制工作组必须在24h内向各成员和部门发布变更通知。

（2）向上级报告

1）事故信息上报。按照生产安全事故报告有关规定，由主要负责人总指挥或其授权人在1h内向××市应急管理局、××市综合行政执法局（燃气主管部门）和××市市场监管局等有关部门报告。

情况紧急时，事故现场有关人员可以直接向××市应急管理局、××市综合行政执法局（燃气主管部门）和××市市场监管局等有关部门报告。

2）报告事故信息应当包括公司名称、地址、性质，事故发生的时间、地点，事故已经造成或可能造成的伤亡人数（包括下落不明、涉险的人数）。

（3）向周边单位通报　需要向社会和周边发布警报时，由应急救援领导小组向政府以及周边单位发送警报消息。事态严重紧急时，通过应急救援领导小组直接联系政府以及周边单位负责人，由总指挥亲自向政府及周边单位负责人发布消息，要求组织撤离疏散或者请求援助，随时保持电话联系。

O. 1. 5. 2　资源协调

各应急救援工作组在收到总指挥的指令后，按照要求迅速组织应急救援设施及物资运抵现场，并根据事故实际现状，预测、补充将要使用应急物资。

O. 1. 5. 3　信息公开

（1）信息发布　由应急救援领导小组配合政府主管部门进行信息发布。所提交的信息应实事求是、客观公正、内容翔实、及时准确，并经总指挥审核。

（2）内部员工信息告知　事故发生后，由应急救援领导小组通过内部公文、微信等渠道或信息沟通会等方式对内部员工告知事故的情况，及时进行正面引导，齐心协力，共同应对事故。

（3）业务合作伙伴信息告知　事故发生后，由应急救援领导小组或授权部门向与本公司有业务关系的单位、投资者提供有关信息，介绍事故的情况，处理好相关的法律和商务关系。

(4) 事故影响的相关方的告知　事故发生后，若初步判断事故原因与设备、物料质量等有关或事故中有相关方员工伤亡时，应急救援领导小组应及时将事故信息告知设备厂家、安装单位、供货商等相关方。

O.1.5.4　后勤保障

根据危险分析与安全预防及应急处置要求配备应急救援装备、物资与常用药品，根据气站特点配置相应的应急物资（灭火器、消防泵、快速密封胶、包扎棉絮或绒布、应急药箱等）。以上设施、物资的保管维护人员应定期做好检查、维护工作，及时更换与采购，确保完好有效，数量充足。

O.1.5.5　财力保障

公司财务部按照规定标准提取安全资金，在成本中列支，专门用于完善和改进企业应急救援体系建设、监控设备定期检测、应急救援物资采购、应急救援演习和应急人员培训等。由总经理负责落实应急救援需要的各项经费。公司财务部将采取计划和措施，确保事故应急处置的资金需求。

O.1.6　处置措施

O.1.6.1　CNG 加气站事故处置措施

(1) CNG 加气站燃气泄漏未着火应急处置

1) 立即要求站内行驶车辆停车熄火，疏散撤离加气站内一切无关人员，并建立警戒线。

2) 消除点火源：现场人员负责立即熄灭泄漏天然气扩散区内的一切火源。扩散区内的电气设备若不是防爆设备，先保持原来的状态，再从扩散区外围切断电源；现场抢险队员的动作要格外谨慎，不能碰撞出火星，不能使用电话和手机，非防爆工具要抹上一层黄油，抢险队员穿上防静电工作服进行抢险，并用水壶洒水，防止碰撞产生火花；扩散区内的所有车辆必须停放在原地，不得随意发动行驶；消防车必须选择上风方向，切不可贸然驶入扩散区。

3) 设置警戒区：现场指挥应在实施险情侦察、掌握基本情况的基础上部署任务。在天然气扩散区外围，尤其是下风方向、低洼处设置警戒区，严格封锁交通，迅速疏散人员，禁止火种进入扩散区。

4) 消除泄漏：关闭泄漏点两端阀门。对泄漏部位设施进行修复。

5) 若泄漏时有被高压冲击的人员，应立即移出现场至安全地方。

(2) CNG 加气站燃气泄漏着火应急处置

1) 立即要求站内行驶车辆停车熄火，疏散撤离加气站内一切无关人员，并建立警戒线。

2) 泄漏并发生火灾、爆炸事故后，CNG 加气站的处理原则是，在确保安全的情况下，采取紧急关停措施，切断泄漏源，启动站内消防系统对周边 CNG 储气瓶组进行喷淋降温，防止管线、设施超压造成次生灾害；在采取上述紧急措施后，当班人员向上级部门汇报并立即向消防、医疗、公安请求支援。

3）根据火灾、爆炸事故影响范围采取隔离和疏散措施，避免无关人员进入危险区域，并合理布置消防和救援力量。

4）迅速将受伤、中毒人员送往医院抢救，积极配合医院救治。

5）当火灾失控时，要密切注视CNG储存装置的燃烧情况，一旦发现异常征兆，及时采取紧急撤离危险区域等应变措施；需要大面积疏散周边人群时，应协助当地政府部门做好相关工作。

6）在应急抢险过程中要采取相应的环境保护措施，防止引发次生环境污染事故或事故扩大。重点是防止洗消污水对周边环境造成二次污染，引发环境次生、衍生灾害。

7）场站发生火灾、爆炸事故后，后勤保障及善后处置组积极做好上下游运销衔接，并采取相应的应急处置措施。

8）待火被扑灭后，及时对泄漏部位进行修复，经抢修合格后方可恢复生产。

9）在应急处置过程中，应采取防泄漏、防扩散控制措施，限制火源流窜，防止火势蔓延。

O.1.6.2　LNG加气站事故处置措施

（1）LNG加气站燃气泄漏未着火应急处置

1）立即要求站内行驶车辆停车熄火，疏散撤离加气站内一切无关人员，并建立警戒线。

2）消除点火源：现场人员负责立即熄灭泄漏天然气扩散区内的一切火源。扩散区内的电气设备若不是防爆设备，先保持原来的状态，再从扩散区外围切断电源；现场抢险队员的动作要格外谨慎，不能碰撞出火星，不能使用电话和手机，非防爆工具要抹上一层黄油，抢险队员穿上防静电工作服进行抢险，并用水壶洒水，防止碰撞产生火花；扩散区内的所有车辆必须停放在原地，不得随意发动行驶；消防车必须选择上风方向，切不可贸然驶入扩散区。

3）设置警戒区：现场指挥应在实施险情侦察、掌握基本情况的基础上部署任务。在管道气扩散区外围，尤其是下风方向、低洼处设置警戒区，严格封锁交通，迅速疏散人员，禁止火种进入扩散区。

4）消除泄漏：关闭泄漏点两端阀门，对泄漏部位设施进行修复。

5）若泄漏时有被冻伤的人员，应立即将其移出现场至安全地方，并涂抹冻伤膏。

（2）LNG加气站燃气泄漏着火应急处置

1）立即要求站内行驶车辆停车熄火，疏散撤离加气站内一切无关人员，并建立警戒线。

2）泄漏并发生火灾、爆炸事故后，LNG加气站的处理原则是，在确保安全的情况下，采取紧急关停措施，切断泄漏源，启动站内消防系统对周边LNG储罐设施进行喷淋降温，防止管线、设施升温、升压造成次生灾害；在采取上述紧急措施后，当班人员向上级部门汇报并立即向消防、医疗、公安请求支援。

3）根据火灾、爆炸事故影响范围采取隔离和疏散措施，避免无关人员进入危险区域，并合理布置消防和救援力量。

4）迅速将受伤、中毒人员送往医院抢救，积极配合医院救治。

5）对发生火灾的LNG储罐，在工艺条件允许的情况下，可采取倒罐等措施降低储罐液位。

6）当火灾失控时，要密切注视LNG储存装置的燃烧情况，一旦发现异常征兆，应及时采取紧急撤离危险区域等应变措施；需要大面积疏散周边人群时，应协助当地政府部门做好相关工作。

7）在应急抢险过程中要采取相应的环境保护措施，防止引发次生环境污染事故或事故扩大。重点是防止洗消污水对周边环境造成二次污染，引发环境次生、衍生灾害。

8）场站发生火灾、爆炸事故后，后勤保障及善后处置组积极做好上下游运销衔接，并采取相应的应急处置措施。

9）待火情扑灭后，及时对泄漏部位进行修复，经抢修合格后方可恢复生产。

10）在应急处置过程中，应采取防泄漏、防扩散控制措施，限制火源流窜，防止火势蔓延。

O.1.6.3　LPG加气站事故处置措施

（1）LPG加气站燃气泄漏未着火应急处置

1）立即要求站内行驶车辆停车熄火，疏散撤离加气站内一切无关人员，并建立警戒线。

2）消除点火源：现场人员负责立即熄灭泄漏液化气扩散区内的一切火源。扩散区内的电气设备若不是防爆设备，先保持原来的状态，再从扩散区外围切断电源；现场抢险队员的动作要格外谨慎，不能碰撞出火星，不能使用电话和手机，非防爆工具要抹上一层黄油，抢险队员穿上防静电工作服进行抢险，并用水壶洒水，防止碰撞产生火花；扩散区内的所有车辆必须停放在原地，不得随意发动行驶；消防车必须选择上风方向，切不可贸然驶入扩散区。

3）设置警戒区：现场指挥应在实施险情侦察、掌握基本情况的基础上部署任务。在管道气扩散区外围，尤其是下风方向、低洼处设置警戒区，严格封锁交通，迅速疏散人员，禁止火种进入扩散区。

4）消除泄漏：关闭泄漏点两端阀门，对泄漏部位设施进行修复。

（2）LPG加气站燃气泄漏着火应急处置

1）立即要求站内行驶车辆停车熄火，疏散撤离加气站内一切无关人员，并建立警戒线。

2）泄漏并发生火灾、爆炸事故后，LPG加气站的处理原则是，在确保安全的情况下，采取紧急关停措施，切断泄漏源，启动站内消防系统对周边LPG储罐设施进行喷淋降温，防止管线、设施升温、升压造成次生灾害；在采取上述紧急措施后，当班人员向上级部门汇报并立即向消防、医疗、公安请求支援。

3）根据火灾、爆炸事故影响范围采取隔离和疏散措施，避免无关人员进入危险区域，并合理布置消防和救援力量。

4）迅速将受伤、中毒人员送往医院抢救，积极配合医院救治。

5）对发生火灾的 LPG 储罐，在工艺条件允许的情况下，可采取倒罐等措施降低储罐液位。

6）当火灾失控时，要密切注视 LPG 储存装置的燃烧情况，一旦发现异常征兆，及时采取紧急撤离危险区域等应变措施；需要大面积疏散周边人群时，应协助当地政府部门做好相关工作。

7）在应急抢险过程中要采取相应的环境保护措施，防止引发次生环境污染事故或事故扩大。重点是防止洗消污水对周边环境造成二次污染，引发环境次生、衍生灾害。

8）场站发生火灾、爆炸事故后，后勤保障及善后处置组积极做好上下游运销衔接，并采取相应的应急处置措施。

9）待火情扑灭后，及时对泄漏部位进行修复，经抢修合格后方可恢复生产。

（3）及时发现冒顶事故时的处置措施

1）立即关闭冒顶罐进液阀，将液体改进其他罐，然后及时报告领导。

2）停止卸液，检查管路是否损坏、泄漏，安全阀是否正常开启。

3）检查压缩机是否进液（由气相管引入），若压缩机正在运行，立即停车，防止发生撞缸事故，关闭通向储罐的气相管阀门，采取排液措施。

4）待情况稳定后，将冒顶罐的液体倒入其他罐。

5）全面检查储罐、管路、设备等情况，对于已经发生和可能发生的问题，认真检查分析，并对设备损坏部位进行检修。

（4）未及时发现冒顶事故时的处置措施　由于未及时发现冒顶，液化石油气已大量泄漏外出，在空间已形成爆炸性混合气体，情况十分危险。此时，最要紧的是冷静，千万不能慌乱蛮干，在报告领导的同时，一般采取下述措施：

1）立即停止生产，停止机动车辆行驶，疏散无关人员。

2）立即关闭进液总阀。

3）停止卸液。

4）在现场外设警戒线，禁止无关人员进入现场，做好消防、抢救准备工作。

5）在各种准备工作完成后，派罐区运行人员或熟悉工艺管路的机修人员，从上风或侧风向进入现场检查。关闭关键性阀门或抢修堵漏。

6）待液化石油气浓度降至安全范围时，全面检查冒顶情况。

7）情况稳定后，将冒顶罐的液体倒入其他罐。

8）查明原因，根据冒顶造成的后果，做好善后工作。

（5）储罐根部与液相阀门间大量液化石油气泄漏的处理方法

1）迅速倒罐，其方法是用烃泵抽出泄漏罐中的液体，倒向备用罐。

2）用棉被或止漏夹包住泄漏处，并用消防水枪冲洗。

3）准备好灭火器材。

4）严禁用压缩机加压倒罐。

5）等到事故罐中液化石油气抽空后，周围浓度降至爆炸下限才安全。

O.1.7 应急保障

（1）通信与信息保障

1）有线通信方式主要为公司固定电话，无线通信方式主要为公司内有关人员的手机通信系统，进入爆炸危险场所则采用防爆对讲机联系。

2）应急人员的手机平时应24h畅通，不得无故关闭。

3）相关人员与部门应做好应急通信工具与器材的保障和维护工作。

4）在控制中心等场所张贴应急人员联系方式。

（2）应急队伍保障　应急队伍根据人员素质与个人特长、工作岗位及作业班次等确定，并根据人员在岗情况及时调整，通过日常训练不断提高人员与队伍的应急能力与稳定。

（3）应急物资装备保障

1）主要技术资料：场站图样（场站平面图、消防设施配置图、工艺流程图、液化天然气安全技术说明书等）、区域燃气管网总图存放在×××××，保管人为×××，联系电话为××××××××。

2）应急照明设施：设置××××柴油发电机组作为应急电源，另配备防爆手电筒等照明设备。

（4）制度保障措施　公司应建立一套确保本预案在紧急情况下能够得以有效实施的安全管理制度，包括应急救援领导小组成人员岗位责任制、安全值班制度、培训制度（应急救援预案、专业队伍、职工学习、培训制度），以及应急救援装备、物资、药品维护、保养与检查制度等。

（5）交通运输保障　在应急响应状态时，利用现有的交通资源，请求交通部门提供交通支持，保证及时调运有关应急救援人员、装备和物资。

（6）医疗卫生保障　办公室负责应急处置工作中的医疗卫生保障，与附近的医疗机构建立联系。

（7）治安保障　气站保卫班负责事故现场的治安警戒和治安管理，加强对重要物资和设备的保护，维持现场秩序，及时疏散群众。必要时请求当地公安部门协助事故灾难现场治安警戒和治安管理。

（8）技术储备与保障　充分利用现有的技术人才资源和技术设备设施资源，提供在应急状态下的技术支持。

（9）社会技术保障　在应急响应状态时，请求当地气象部门为应急救援决策和响应行动提供所需的气象资料和气象技术支持。

O.2　城镇燃气加气站特种设备事故现场处置方案示例（见表 O-2～表 O-4）

表 O-2　CNG 加气站燃气泄漏现场处置方案示例

事故风险分析	事故可能发生的区域、装置的名称	CNG 加气站；管道系统、各类阀门、加气设备等	
	事故可能发生的时间	本公司发生天然气泄漏事故的时间或季节不确定，在各个时段都有可能发生	
	事故危害程度	存在火灾、爆炸、中毒、窒息、高压冲击等危险，可能导致重大安全事故。高浓度的天然气对人体有窒息和麻醉的作用，可导致人体缺氧而造成神经系统损害，严重时表现为呼吸麻痹、昏迷、甚至死亡	
	事故影响范围	事故的发生会影响公司的正常经营活动，给公司造成直接经济损失；给受伤职工造成严重的伤害，甚至死亡；还会导致公司经营信誉受到负面影响，影响公司持续运营模式，间接给公司造成损失；还可能造成不良的社会舆论，给公司的安全形象造成负面影响	
	可能出现的征兆	1）作业人员在进入工艺区时，未执行安全操作规程制度 2）未得到管理员的批准，私自进入现场 3）阀门垫片损坏，出现裂纹，引起泄漏；压力表损坏；管道破裂 4）加气站未按照规定进行定期安全检测、设备保养等	
	可能引发的次生灾害	中毒、窒息、火灾、爆炸	
应急工作职责	应急分工	构成形式及具体职责	岗位人员或姓名
	应急人员构成	1）根据本预案的规定，现场作业人员和现场安全管理员都是事故发生后的应急处置人员，由事故发生现场所有工作人员构成现场处置组 2）当天然气泄漏事故发生后，以现场的门站管理人员和现场安全管理员，以及周围工作人员为主要的应急处置人员，现场其他的作业人员辅助其进行应急救援行动	现场作业人员、气站管理人员、现场安全管理员
	应急人员工作职责	1）由现场安全管理员担任现场处置组组长，履行现场指挥和伤员救护职责 2）由作业负责人关停相关气体设备泄漏装置，及时将事故上报给应急救援领导小组和相关的救援单位 3）现场的其他工作人员负责协助现场的一切救援工作，服从安全管理员的指挥，自觉进行现场处置救援行动	现场处置组

（续）

		步骤	处置措施	责任人
应急处置	事故应急处置程序	事故报警程序	1）当天然气泄漏事故造成作业人员受伤时，或者事故严重程度为不明等状态时，现场加气站管理人员或作业人员发现事故后要立即报告给应急救援领导小组和现场的安全管理员，现场安全管理员立即赶到事发现场进行现场处置，应急救援领导小组根据事故情况调动公司的各应急救援工作组到达现场开展救援行动 2）当天然气泄漏事故造成作业人员死亡或昏迷时，现场作业负责人要立即拨打医院急救中心电话报警，同时向公司各级救援机构报警	现场处置组
		应急措施启动	1）现场应急处置措施由现场处置组组长启动，当天然气泄漏事故发生后，立即暂停气站周围的所有热工作业，指挥无关人员快速撤离危险区域 2）现场人员要服从安全管理员的指挥，放下手头工作，立即协助进行现场应急救援工作，承担应急物资的运送，协助抬治伤员、设备的搬运等工作；无关人员尽快根据引导撤离	现场处置组
		应急救援人员引导	1）现场负责人在向专业救援单位发出报警后，应落实人员到门口或进入的关键路口等待，并引导专业救援人员准确、快速到达事发现场 2）保安或作业人员收到报警电话后，应立即对门口的道路进行疏通，疏散车辆，搬除所有影响救护车到达目标地的障碍物并疏散人员，确保救护车顺利、快速通行，在疏通道路时，应注意预留救援车辆的空地	疏散警戒组
		事故扩大、预案衔接程序	现场处置组组长在指挥现场事故救援的过程中，要随时保持和应急救援领导小组及其他各救援组的信息联系，以应对事故可能扩大时的信息通报，保证救援信息及时、快速传达到专业救援单位和相关领导，以便于公司领导和相关救援单位启动相应的应急救援预案	现场处置组组长
	天然气泄漏处理方法		1）消除点火源：现场人员负责立即熄灭泄漏天然气扩散区内的一切火源。扩散区内的电气设备若不是防爆设备，先保持原来的状态，再从扩散区外围切断电源；现场抢险队员的动作要格外谨慎，不能碰撞出火星，不能使用电话和手机，非防爆工具要抹上一层黄油，抢险队员穿上防静电工作服进行抢险，并用水壶洒水，防止碰撞产生火花；扩散区内的所有车辆必须停放在原地，不得随意发动行驶；消防车必须选择上风方向，切不可贸然驶入扩散区 2）设置警戒区：现场指挥应在实施险情侦察、掌握基本情况的基础上部署任务。在天然气扩散区外围，尤其是下风方向、低洼处设置警戒区，严格封锁交通，迅速疏散人员，禁止火种进入扩散区 3）消除泄漏：关闭泄漏点两端阀门，对泄漏部位设施进行修复 4）若泄漏时有被高压冲击的人员，应立即将其移出现场至安全地方	现场处置组、疏散警戒组、后勤保障及事故处理组

（续）

<table>
<tr><td rowspan="11">应急处置</td><td>着火处置措施</td><td colspan="4">1）泄漏并发生火灾、爆炸事故后，CNG 加气站的处理原则是，在确保安全的情况下采取紧急关停措施，切断泄漏源，启动站内消防系统对周边 CNG 储气瓶进行喷淋降温，防止管线、设施超压造成次生灾害；在采取上述紧急措施后，当班人员向上级部门汇报并立即向消防、医疗、公安请求支援
2）根据火灾、爆炸事故影响范围采取隔离和疏散措施，避免无关人员进入危险区域，并合理布置消防和救援力量
3）迅速将受伤、中毒人员送往医院抢救，积极配合医院救治
4）当火灾失控时，要密切注视 CNG 储存装置的燃烧情况，一旦发现异常征兆，应及时采取紧急撤离危险区域等应变措施；需要大面积疏散周边人群时，应协助当地政府部门做好相关工作
5）在应急抢险过程中要采取相应的环境保护措施，防止引发次生环境污染事故或事故扩大。重点是防止洗消污水对周边环境造成二次污染，引发环境次生、衍生灾害
6）场站发生火灾爆炸事故后，后勤保障及事故处理组积极做好上下游运销衔接，并采取相应的应急处置措施
7）待火被扑灭后，及时对泄漏部位进行修复，经抢修合格后方可恢复生产
8）在应急处置过程中，应采取防泄漏、防扩散控制措施，限制火源流窜，防止火势蔓延</td><td>现场处置组、疏散警戒组、后勤保障及事故处理组</td></tr>
<tr><td>疏散方法</td><td colspan="4">1）立即将泄漏区周围至少隔离 50m
2）撤离非指派人员
3）留在上风向
4）不要进入地势低洼地区</td><td>疏散警戒组</td></tr>
<tr><td>伤员现场急救方法</td><td colspan="4">1）积极抢救人员，让窒息人员立即脱离现场，到户外新鲜空气流通处休息。有条件的应吸氧或接受高压氧舱治疗，出现呼吸停止者应进行心肺复苏；呼吸恢复后，立即转运至附近医院救治。呼叫“120”或其他急救医疗中心
2）脱去并隔离受污染的衣服和鞋，保持患者温暖和安静
3）应让医务人员知道事故中涉及的有关物质，并采取自我防护措施
4）若泄漏时有被高压冲击的人员，应立即将其移出现场至安全地方，严重者呼叫“120”或其他急救医疗中心</td><td>后勤保障及事故处理组</td></tr>
<tr><td rowspan="7">报警处置措施</td><td>报警形式</td><td>单位</td><td>电话</td><td>责任人</td><td>报警内容</td></tr>
<tr><td rowspan="3">内部报警</td><td>应急总指挥</td><td></td><td></td><td rowspan="6">1）讲清事故发生的装置
2）事故发生的具体部位
3）现场有无人员被困或受伤
4）现场是否有爆炸，天然气泄漏的程度等
5）当时的大致风向等</td></tr>
<tr><td>安全生产负责人</td><td></td><td></td></tr>
<tr><td>固定报警电话</td><td></td><td></td></tr>
<tr><td rowspan="3">外部报警</td><td>消防队</td><td>119</td><td>—</td></tr>
<tr><td>急救中心</td><td>120</td><td>—</td></tr>
<tr><td>派出所</td><td>110</td><td>—</td></tr>
<tr><td>抢险救援器材</td><td colspan="5">对天然气泄漏事故用到的一些专业防护设备，救援人员在日常训练时要严格按照训练要求进行培训、学习，熟练掌握防护设备的技术参数</td></tr>
</table>

（续）

	项目	具体内容
应急处置	救援对策及措施	1）扩散的天然气遇到火源即可发生燃烧和爆炸。一旦发生爆炸，将对人们的生命财产安全带来更大的灾害。因此，在处理天然气泄漏的过程中，必须坚持防爆重于排险的思想 2）由于现场人员走动，铁器摩擦等因素易产生火花，势必造成扩散的天然气燃烧爆炸，不仅排险人员的生命安全受到威胁，而且周围的建筑物将遭到毁坏 3）设置警戒区，禁止无关人员进入；严禁车辆通行，禁止一切火源，如禁止开关泄漏区电源
	自救与互救	1）若事故发生在夜间，应设置临时照明灯，以便于抢救。在抢救伤员的同时要保护自己，防止抢救人员受到另外的伤害 2）注意保护现场，应先抢救伤员和防止事故扩大。需要移动现场物件时，应做出标志、拍照，详细记录和绘制事故现场图
	应急能力及安全防护确认	1）救护人员应懂得基本的医疗救护知识，参加过相关技术培训。如果没有经过专业的培训，不要对受伤人员进行心肺复苏和伤口处理 2）急救时应仔细观察伤员的变化，如脸色、呼吸声、手指、眼睛的变化
	应急结束后	保护现场，人员不得随意进入事故发生区域，只有在应急总指挥批准以后人员才能进入事故发生区域

表 O-3　LNG 加气站燃气泄漏现场处置方案示例

事故风险分析	事故可能发生的区域、装置的名称	LNG 加气站；管道系统、各类阀门、加气设备等
	事故可能发生的时间	本公司发生天然气泄漏事故的时间或季节不确定，在各个时段都有可能发生
	事故危害程度	存在火灾、爆炸、中毒、窒息、冻伤等危险，可能导致重大安全事故。高浓度的天然气对人体有窒息、麻醉的作用，可导致人体缺氧而造成神经系统损害，严重时表现为呼吸麻痹、昏迷、甚至死亡
	事故影响范围	事故的发生会影响公司的正常经营活动，给公司造成直接经济损失；给受伤职工造成严重的伤害，甚至死亡的严重后果；还会导致公司经营信誉受到负面影响，影响公司持续运营模式，间接给公司造成损失；还可能造成不良的社会舆论，给公司的安全形象造成负面影响
	可能出现的征兆	1）作业人员在进入工艺区时，未执行安全操作规程制度 2）未得到管理员的批准，私自进入现场 3）阀门垫片损坏，出现裂纹，引起泄漏；压力表损坏；管道破裂 4）加气站未按照规定进行定期安全检测、设备保养等
	可能引发的次生灾害	中毒、窒息、火灾、爆炸

（续）

<table>
<tr><td rowspan="3">应急工作职责</td><td colspan="2">应急分工</td><td>构成形式及具体职责</td><td>岗位人员或姓名</td></tr>
<tr><td colspan="2">应急人员构成</td><td>1）根据本预案的规定，现场作业人员和现场安全管理员都是事故发生后的应急处置人员，由事故发生现场所有工作人员构成现场处置组
2）当天然气泄漏事故发生后，以现场的门站管理人员和现场安全管理员，以及周围工作人员为主要的应急处置人员，现场其他的作业人员辅助其进行应急救援行动</td><td>现场作业人员、气站管理人员、现场安全管理员</td></tr>
<tr><td colspan="2">应急人员工作职责</td><td>1）由现场安全管理员担任现场处置组组长，履行现场指挥和伤员救护职责
2）由作业负责人关停相关气体设备泄漏装置，及时将事故上报给应急救援领导小组和相关的救援单位
3）现场的其他工作人员负责协助现场的一切救援工作，服从安全管理员的指挥，自觉进行现场处置救援行动</td><td>现场处置组</td></tr>
<tr><td rowspan="5">应急处置</td><td rowspan="5">事故应急处置程序</td><td>步骤</td><td>处置措施</td><td>责任人</td></tr>
<tr><td>事故报警程序</td><td>1）当天然气泄漏事故造成作业人员受伤时，或者事故严重程度为不明等状态时，现场加气站管理人员或作业人员发现事故后要立即报告给应急救援领导小组和现场的安全管理员，现场安全管理员立即赶到事发现场进行现场处置，应急救援领导小组根据事故情况调动公司的各应急救援工作组到达现场开展救援行动
2）当天然气泄漏事故造成作业人员死亡或昏迷时，现场作业负责人要立即拨打医院急救中心电话报警，同时向公司各级救援机构报警</td><td>现场作业人员</td></tr>
<tr><td>应急措施启动</td><td>1）现场应急处置措施由现场处置组组长启动，当天然气泄漏事故发生后，立即暂停气站周围的所有热工作业，指挥无关人员快速撤离危险区域
2）现场人员要服从安全管理员的指挥，放下手头工作，立即协助进行现场应急救援工作，承担应急物资的运送，协助抬治伤员、设备的搬运等工作；无关人员尽快根据引导撤离</td><td>现场处置组</td></tr>
<tr><td>应急救援人员引导</td><td>1）现场负责人在向专业救援单位发出报警后，应落实人员到门口或进入的关键路口等待，并引导专业救援人员准确、快速到达事发现场
2）保安或作业人员收到报警电话后，应立即对门口的道路进行疏通，疏散车辆，搬除所有影响救护车到达目标地的障碍物并疏散人员，确保救护车顺利、快速通行，在疏通道路时，应注意预留救援车辆的空地</td><td>疏散警戒组</td></tr>
<tr><td>事故扩大、预案衔接程序</td><td>现场处置组组长在指挥现场事故救援的过程中，要随时保持和应急救援领导小组及其他各救援组的信息联系，以应对事故可能扩大时的信息通报，保证救援信息及时、快速传达到专业救援单位和相关领导，以便于公司领导和相关救援单位启动相应的应急救援预案</td><td>现场处置组组长</td></tr>
</table>

（续）

应急处置	天然气泄漏处理方法	1）消除点火源：现场人员负责立即熄灭泄漏天然气扩散区内的一切火源。扩散区内的电气设备若不是防爆设备，先保持原来的状态，再从扩散区外围切断电源；现场抢险队员的动作要格外谨慎，不能碰撞出火星，不能使用电话和手机，非防爆工具要抹上一层黄油，抢险队员穿上防静电工作服进行抢险，并用水壶洒水，防止碰撞产生火花；扩散区内的所有车辆必须停放在原地，不得随意发动行驶；消防车必须选择上风方向，切不可贸然驶入扩散区 2）设置警戒区：现场指挥应在实施险情侦察、掌握基本情况的基础上部署任务。在天然气扩散区外围，尤其是下风方向、低洼处设置警戒区，严格封锁交通，迅速疏散人员，禁止火种进入扩散区 3）消除泄漏：关闭泄漏点两端阀门，对泄漏部位设施进行修复 4）若泄漏时有被冻伤的人员，应立即将其移出现场至安全地方，并涂抹冻伤膏	现场处置组、疏散警戒组、后勤保障及事故处理组
	着火处置措施	1）泄漏并发生火灾、爆炸事故后，LNG 加气站的处理原则是，在确保安全的情况下采取紧急关停措施，切断泄漏源，启动站内消防系统对周边 LNG 储罐设施进行喷淋降温，防止管线、设施升温、升压造成次生灾害；在采取上述紧急措施后，当班人员向上级部门汇报并立即向消防、医疗、公安请求支援 2）根据火灾、爆炸事故影响范围采取隔离和疏散措施，避免无关人员进入危险区域，并合理布置消防和救援力量 3）迅速将受伤、中毒人员送往医院抢救，积极配合医院救治 4）对发生火灾的 LNG 储罐，在工艺条件允许时，可采取倒罐等措施降低储罐液位 5）当火灾失控时，要密切注视 LNG 储存装置燃烧情况，一旦发现异常征兆，应及时采取紧急撤离危险区域等应变措施；需要大面积疏散周边人群时，应协助当地政府部门做好相关工作 6）在应急抢险过程中要采取相应的环境保护措施，防止引发次生环境污染事故或事故扩大。重点是防止洗消污水对周边环境造成二次污染，引发环境次生、衍生灾害 7）场站发生火灾、爆炸事故后，后勤保障及善后处置组积极做好上下游运销衔接，并采取相应的应急处置措施 8）待火被扑灭后，及时对泄漏部位进行修复，经抢修合格后方可恢复生产 9）在应急处置过程中，应采取防泄漏、防扩散控制措施，限制火源流窜，防止火势蔓延	现场处置组、疏散警戒组、后勤保障及事故处理组
	疏散方法	1）立即将泄漏区周围至少隔离 50m 2）撤离非指派人员 3）留在上风向 4）不要进入地势低洼地区	疏散警戒组
	伤员现场急救方法	1）积极抢救人员，让窒息人员立即脱离现场，到户外新鲜空气流通处休息。有条件的应吸氧或接受高压氧舱治疗，出现呼吸停止者应进行心肺复苏；呼吸恢复后，立即转运至附近医院救治。呼叫“120”或其他急救医疗中心 2）脱去并隔离受污染的衣服和鞋，保持患者温暖和安静 3）应让医务人员知道事故中涉及的有关物质，并采取自我防护措施 4）若泄漏时有被冻伤的人员，应立即将其移出现场至安全地方，并涂抹冻伤膏	后勤保障及事故处理组

（续）

<table>
<tr><td rowspan="12">应急处置</td><td rowspan="7">报警处置措施</td><td>报警形式</td><td>单位</td><td>电话</td><td>责任人</td><td>报警内容</td></tr>
<tr><td rowspan="3">内部报警</td><td>应急总指挥</td><td></td><td></td><td rowspan="6">1）讲清事故发生的装置
2）事故发生的具体部位
3）现场有无人员被困或受伤
4）现场是否有爆炸、天然气泄漏的程度等
5）当时的大致风向等</td></tr>
<tr><td>安全生产分管领导</td><td></td><td></td></tr>
<tr><td>固定报警电话</td><td></td><td></td></tr>
<tr><td rowspan="3">外部报警</td><td>消防队</td><td>119</td><td>—</td></tr>
<tr><td>急救中心</td><td>120</td><td>—</td></tr>
<tr><td>派出所</td><td>110</td><td>—</td></tr>
<tr><td>抢险救援器材</td><td colspan="5">对天然气泄漏事故用到的一些专业防护设备，救援人员在日常训练时要严格按照训练要求进行培训、学习，熟练掌握防护设备的技术参数</td></tr>
<tr><td>救援对策及措施</td><td colspan="5">1）扩散的天然气遇到火源即可发生燃烧和爆炸。一旦发生爆炸，将对人们的生命财产安全带来更大的灾害。因此，在处理天然气泄漏的过程中，必须坚持防爆重于排险的思想
2）由于现场人员走动，铁器摩擦等因素易产生火花，势必造成扩散的天然气燃烧爆炸，不仅排险人员的生命安全受到威胁，而且周围的建筑物将遭到毁坏
3）设置警戒区，禁止无关人员进入；严禁车辆通行，禁止一切火源，如禁止开关泄漏区电源</td></tr>
<tr><td>自救与互救</td><td colspan="5">1）若事故发生在夜间，应设置临时照明灯，以便于抢救。在抢救伤员的同时要保护自己，防止抢救人员受到另外的伤害
2）注意保护现场，应先抢救伤员和防止事故扩大。需要移动现场物件时，应做出标志、拍照，详细记录和绘制事故现场图</td></tr>
<tr><td>应急能力及安全防护确认</td><td colspan="5">1）救护人员应懂得基本的医疗救护知识，参加过相关技术培训。如果没有经过专业的培训，不要对受伤人员进行心肺复苏和伤口处理
2）急救时应仔细观察伤员的变化，如脸色、呼吸声、手指、眼睛的变化</td></tr>
<tr><td>应急结束后</td><td colspan="5">保护现场，人员不得随意进入事故发生区域，只有在应急总指挥批准以后人员才能进入事故发生区域</td></tr>
</table>

表 O-4　LPG 加气站燃气泄漏现场处置方案示例

<table>
<tr><td rowspan="3">事故风险分析</td><td>事故可能发生的区域、装置的名称</td><td>LPG 加气站；管道系统、各类阀门、加气设备等</td></tr>
<tr><td>事故可能发生的时间</td><td>本公司发生液化石油气泄漏事故的时间或季节不确定，在各个时段都有可能发生</td></tr>
<tr><td>事故危害程度</td><td>存在火灾、爆炸、中毒、窒息、冻伤等危险，可能导致重大安全事故。高浓度的石油气对人体有窒息和麻醉作用，可导致人体缺氧而造成神经系统损害，严重时表现为呼吸麻痹、昏迷、甚至死亡</td></tr>
</table>

（续）

<table>
<tr><td rowspan="3">事故风险分析</td><td colspan="2">事故影响范围</td><td colspan="2">事故的发生会影响公司的正常经营活动，给公司造成直接的经济损失；给受伤职工造成严重的伤害，甚至死亡；还会导致公司经营信誉受到负面影响，影响公司持续运营模式，间接给公司造成损失；还可能造成不良的社会舆论，给公司的安全形象造成负面影响</td></tr>
<tr><td colspan="2">可能出现的征兆</td><td colspan="2">1）作业人员在进入工艺区时，未执行安全操作规程制度
2）未得到管理员的批准，私自进入现场
3）发现阀门垫片损坏，出现裂纹，引起泄漏；压力表损坏；管道破裂
4）加气站未按照规定进行定期安全检测、设备保养等</td></tr>
<tr><td colspan="2">可能引发的次生灾害</td><td colspan="2">中毒、窒息、火灾、爆炸</td></tr>
<tr><td rowspan="3">应急工作职责</td><td colspan="2">应急分工</td><td>构成形式及具体职责</td><td>岗位人员或姓名</td></tr>
<tr><td colspan="2">应急人员构成</td><td>1）根据本预案的规定，现场作业人员和现场安全管理员都是事故发生后的应急处置人员，由事故发生现场所有工作人员构成现场处置组
2）当液化石油气泄漏事故发生后，以现场的门站管理人员和现场安全管理员，以及周围工作人员为主要的应急处置人员，现场其他的作业人员辅助其进行应急救援行动</td><td>现场作业人员、气站管理人员、现场安全管理员</td></tr>
<tr><td colspan="2">应急人员工作职责</td><td>1）由现场安全管理员担任现场处置组组长，履行现场指挥和伤员救护职责
2）由作业负责人关停相关气体设备泄漏装置，及时将事故上报给应急救援领导小组和相关的救援单位
3）现场的其他工作人员负责协助现场的一切救援工作，服从安全管理员的指挥，自觉进行现场处置救援行动</td><td>现场处置组</td></tr>
<tr><td rowspan="4">应急处置</td><td rowspan="4">事故应急处置程序</td><td>步骤</td><td>处置措施</td><td>责任人</td></tr>
<tr><td>事故报警程序</td><td>1）当液化石油气泄漏事故造成作业人员受伤时，或者事故严重程度为不明等状态时，现场加气站管理人员或作业人员发现事故后要立即报告给应急救援领导小组和现场的安全管理员，现场安全管理员立即赶到事发现场进行现场处置，应急救援领导小组根据事故情况调动公司的各应急救援工作组到达现场开展救援行动
2）当液化石油气泄漏事故造成作业人员死亡或昏迷时，现场作业负责人要立即拨打“120”急救中心电话报警，同时向公司各级救援机构报警</td><td>现场作业人员</td></tr>
<tr><td>应急措施启动</td><td>1）现场应急处置措施由现场处置组组长启动，当液化石油气泄漏事故发生后，立即暂停气站周围的所有热工作业，指挥无关人员快速撤离危险区域
2）现场人员要服从安全管理员的指挥，放下手头工作，立即协助进行现场应急救援工作，承担应急物资的运送，协助抬治伤员、设备的搬运等工作；无关人员尽快根据引导撤离</td><td>现场处置组</td></tr>
<tr><td>应急救援人员引导</td><td>1）现场负责人在向专业救援单位发出报警后，应落实人员到门口或进入的关键路口等待，并引导专业救援人员其准确、快速到达事发现场
2）保安或作业人员收到报警电话后，应立即对门口的道路进行疏通，疏散车辆，搬除所有影响救护车到达目标地的障碍物并疏散人员，确保救护车顺利、快速通行，在疏通道路时，应注意预留救援车辆的空地</td><td>疏散警戒组</td></tr>
</table>

（续）

<table>
<tr><td rowspan="4">应急处置</td><td rowspan="2">事故应急处置程序</td><td>步骤</td><td>处置措施</td><td>责任人</td></tr>
<tr><td>事故扩大、预案衔接程序</td><td>现场处置组组长在指挥现场事故救援的过程中，要随时保持和应急救援领导小组及其他各救援组的信息联系，以应对事故可能扩大时的信息通报，保证救援信息及时、快速传达到专业救援单位和相关领导，以便于公司领导和相应救援单位启动相关的应急救援预案</td><td>现场处置组长</td></tr>
<tr><td colspan="2">液化石油气泄漏处理方法</td><td>1）消除点火源：现场人员负责立即熄灭泄漏液化石油气扩散区内的一切火源。扩散区内的电气设备若不是防爆设备，先保持原来的状态，再从扩散区外围切断电源；现场抢险队员的动作要格外谨慎，不能碰撞出火星，不能使用电话和手机，非防爆工具要抹上一层黄油，抢险队员穿戴防静电工作服进行抢险，并用水壶洒水，防止碰撞产生火花；扩散区内的所有车辆必须停放在原地，不得随意发动行驶；消防车必须选择上风方向，切不可贸然驶入扩散区
2）设置警戒区：现场指挥应在实施险情侦察、掌握基本情况的基础上部署任务。在液化石油气扩散区外围，尤其是下风方向、低洼处设置警戒区，严格封锁交通，迅速疏散人员，禁止火种进入扩散区
3）消除泄漏：关闭泄漏点两端阀门，对泄漏部位设施进行修复
4）若泄漏时有被冻伤的人员，应立即将其移出现场至安全地方，并涂抹冻伤膏</td><td>现场处置组、疏散警戒组、后勤保障及事故处理组</td></tr>
<tr><td colspan="2">着火处置措施</td><td>1）泄漏并发生火灾、爆炸事故后，LPG 加气站的处理原则是，在确保安全的情况下采取紧急关停措施，切断泄漏源，启动站内消防系统对周边液化储罐设施进行喷淋降温，防止管线、设施升温、升压造成次生灾害；在采取上述紧急措施后，当班人员向上级部门汇报并立即向消防、医疗、公安请求支援
2）根据火灾、爆炸事故影响范围采取隔离和疏散措施，避免无关人员进入危险区域，并合理布置消防和救援力量
3）迅速将受伤、中毒人员送往医院抢救，积极配合医院救治
4）对发生火灾的液化石油气储罐，在工艺条件允许的情况下，可采取倒罐等措施降低储罐液位
5）当火灾失控时，要密切注视液化石油气储存装置的燃烧情况，一旦发现异常征兆，应及时采取紧急撤离危险区域等应变措施；需要大面积疏散周边人群时，应协助当地政府部门做好相关工作
6）在应急抢险过程中要采取相应的环境保护措施，防止引发次生环境污染事故或事故扩大。重点是防止洗消污水对周边环境造成二次污染，引发环境次生、衍生灾害
7）场站发生火灾、爆炸事故后，后勤保障及事故处理组积极做好上下游运销衔接，并采取相应的应急处置措施
8）待火被扑灭后，及时对泄漏部位进行修复，经抢修合格后方可恢复生产
9）在应急处置过程中，应采取防泄漏、防扩散控制措施，限制火源流窜，防止火势蔓延</td><td>现场处置组、疏散警戒组、后勤保障及事故处理组</td></tr>
</table>

（续）

<table>
<tr><td rowspan="14">应急处置</td><td>疏散方法</td><td colspan="4">1）立即将泄漏区周围至少隔离 50m
2）撤离非指派人员
3）留在上风向
4）不要进入地势低洼地区</td><td>疏散警戒组</td></tr>
<tr><td>伤员现场急救方法</td><td colspan="4">1）积极抢救人员，让窒息人员立即脱离现场，到户外新鲜空气流通处休息。有条件的应吸氧或接受高压氧舱治疗，出现呼吸停止者应进行心肺复苏；呼吸恢复后，立即转运至附近医院救治。呼叫“120”或其他急救医疗中心
2）脱去并隔离受污染的衣服和鞋，保持患者温暖和安静
3）应让医务人员知道事故中涉及的有关物质，并采取自我防护措施</td><td>后勤保障及事故处理组</td></tr>
<tr><td rowspan="7">报警处置措施</td><td>报警形式</td><td>单位</td><td>电话</td><td>责任人</td><td>报警内容</td></tr>
<tr><td rowspan="3">内部报警</td><td>应急总指挥</td><td></td><td></td><td rowspan="6">1）讲清事故发生的装置
2）事故发生的具体部位
3）现场有无人员被困或受伤
4）现场是否有爆炸，天然气泄漏的程度等
5）当时的大致风向等</td></tr>
<tr><td>安全生产分管领导</td><td></td><td></td></tr>
<tr><td>固定报警电话</td><td></td><td></td></tr>
<tr><td rowspan="3">外部报警</td><td>消防队</td><td>119</td><td>—</td></tr>
<tr><td>急救中心</td><td>120</td><td>—</td></tr>
<tr><td>派出所</td><td>110</td><td>—</td></tr>
<tr><td>抢险救援器材</td><td colspan="5">对液化石油气泄漏事故用到的一些专业防护设备，救援人员在日常训练时要严格按照训练要求进行培训、学习，熟练掌握防护设备的技术参数</td></tr>
<tr><td>救援对策及措施</td><td colspan="5">1）扩散的液化石油气遇到火源即可发生燃烧和爆炸。一旦发生爆炸，将对人们的生命财产安全带来更大的灾害。因此，在处理液化石油气泄漏的过程中，必须坚持防爆重于排险的思想
2）由于现场人员走动，铁器摩擦等因素易产生火花，势必造成扩散的天然气燃烧爆炸，不仅排险人员的生命安全受到威胁，而且周围的建筑物将遭到毁坏
3）设置警戒区，禁止无关人员进入；严禁车辆通行，禁止一切火源，如禁止开关泄漏区电源</td></tr>
<tr><td>自救与互救</td><td colspan="5">1）若事故发生在夜间，应设置临时照明灯，以便于抢救，在抢救伤员的同时要保护自己，防止抢救人员受到另外的伤害
2）注意保护现场，应先抢救伤员和防止事故扩大。需要移动现场物件时，应做出标志、拍照，详细记录和绘制事故现场图</td></tr>
<tr><td>应急能力及安全防护确认</td><td colspan="5">1）救护人员应懂得基本的医疗救护知识，参加过相关技术培训。如果没有经过专业的培训，不要对受伤人员进行心肺复苏和伤口处理
2）急救时应仔细观察伤员的变化，如脸色、呼吸声、手指、眼睛的变化</td></tr>
<tr><td>应急结束后</td><td colspan="5">保护现场，人员不得随意进入事故发生区域，只有在应急总指挥批准以后人员才能进入事故发生区域</td></tr>
</table>

附录 P　城镇燃气特种设备事故应急资源调查报表示例

注：生产安全事故调查报告可与其他预案合并，模式可参照此调查报告。

生产安全事故应急资源调查报告

P.1　单位内部应急资源

P.1.1　应急队伍

公司已经成立了应急组织机构，具体负责日常应急管理和事故状态下的协调指挥和应急救援工作。应急组织机构和成员联系方式见图 P-1 和表 P-1。

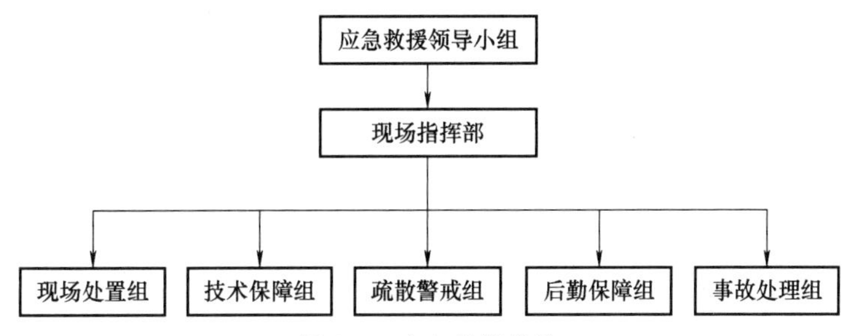

图 P-1　应急组织机构

注：瓶装燃气及加气站可以根据实际情况简化组织机构。

表 P-1　应急组织机构成员联系方式

应急组织机构	姓名	联系方式	备注
总指挥			
现场指挥			
现场处置组			
技术保障组			
疏散警戒组			
后勤保障组			
事故处理组			

公司总值班 24 小时电话：

P.1.2　应急物资装备（见表 P-2 和表 P-3）

表 P-2　公司防暴反恐应急物资储备一览表

物资名称	存放地点	数量	管理员	联系电话	备注
防暴头盔					
防暴毯					

（续）

物资名称	存放地点	数量	管理员	联系电话	备注
防刺服					
防刺手套					
橡胶警棍					
辣椒水					
防暴钢叉					
伸缩式抓捕器					
对讲机					
警戒带					
井音哨					

表 P-3　公司应急物资储备一览表

物资名称	存放地点	数量	管理员	联系电话	备注
防化服					
空气呼吸器					
干粉灭火器（35kg）					
干粉灭火器（8kg）					
防毒面具（含滤毒罐）					
消防服					
燃气泄漏探测仪					
干黄砂					
对讲机					
水带					
直流水枪					
防爆灯					
警示带					
小型水泵					
小型发电机					
各个铜制工具					

注：应急物资设备定期进行检查，及时更换过期物品。

P. 1. 3　应急技术保障资源

公司有由各专业技术人员及外聘技术专家组成的专家组。每年由办公室负责对全体员工至少进行1次应急预案专项培训。每年制定应急演练计划并开展应急演练。

P.1.4　危险源周边应急物资装备（见表P-4）

表P-4　危险源周边应急物资装备一览表

危险源目标	可能发生的事故类型	应急物资装备
充装区	泄漏、火灾、爆炸、中毒和窒息等	干粉灭火器、室外消火栓、安全标志、可燃气体探头、空气呼吸器
储罐区	泄漏、火灾、爆炸、中毒和窒息、低温冻伤、特种设备事故、停电及触电事故、机械伤害事故、高处坠落事故、物体打击事故等	干粉灭火器、室外消火栓、可燃气体探头、安全标志

P.2　单位外部应急资源

P.2.1　外部救援单位情况及联系方式（见表P-5和表P-6）

表P-5　上级单位情况及联系方式

序号	单位	联系方式
1		
2		
3		
4		
5		
6		
7		
8		
9		
10		
11		
12		
13		
14		

注：上级单位是主管部门、相关部门、公安、消防、医院等。

表 P-6　外部救援单位情况及联系方式

序号	单位	联系方式
1		
2		
3		
4		
5		
6		
7		

注：附件区域燃气公司。

P. 2. 2　外部救援力量

当发生紧急情况时，周边可依托的消防力量主要是××消防队。必要时，×××消防救援大队可作为外部消防支援。当事故扩大需要外部力量救援时，经当地×××应急管理局或燃气主管部门可以发布支援命令，调动消防、公安、医疗、环保、通信等相关救援资源。

附录 Q　城镇燃气生产安全事故信息上报表示例

编号

关于__________事故情况的报告

××××单位（领导）：

公司本次______________事故损失等情况。事件的原因是______________（或者原因正在调查）。事件的进展情况将续报。

××××××××××燃气有限公司

负责人：

年　　月　　日

编号

关于启动________应急预案的通知

______年______月______日______时，我公司（单位）发生______________。到目前，已造成（人员伤亡、财产损失等情况）。事件的原因是______________（或者原因正在调查）。经研究，决定启动______________应急预案。

（对有关部门和单位的工作提出要求）

特此公告

××××××××××燃气有限公司

（盖章）

年　　月　　日

编号

关于结束________应急状况的公告

______年______月______日______时，我公司（单位）发生______________。到目前，已造成（人员伤亡、财产损失等情况）。事件的原因是______________________（或者原因正在调查）。

事件发生后，采取了__________________应急行动（采取的应急处置、救援措施等基本情况）。

鉴于事件已得到有效控制，经研究，现决定结束应急状态。请各有关部门、单位抓紧做好善后工作。

特此公告

××××××××××燃气有限公司

（盖章）

年　　月　　日

附录 R　城镇燃气特种设备事故应急预案评审示例（见表 R-1～表 R-5）

表 R-1　应急预案形式评审表

年　　月　　日

单位名称	×××××××燃气有限公司		
预案名称	×××××××有限公司生产安全事故应急预案		
评审项目	评审内容及要求	评审意见	备注
封面	应明确应急预案版本号、应急预案名称、生产经营单位名称、发布日期 4 项内容		
批准页	1）对应急预案实施提出具体要求 2）发布单位主要负责人签字或单位盖章		
目录	1）页码标注准确（预案简单时目录可省略） 2）层次清晰，编号和标题编排合理		
正文	1）文字通顺、语言精练、通俗易懂 2）结构层次清晰，内容格式规范 3）图表、文字清楚，编排合理（名称、顺序、大小等） 4）无错别字，同类文字的字体、字号统一		
附　件	1）附件项目齐全，编排有序合理 2）多个附件应标明附件的对应序号 3）需要时，附件可以独立装订		
编制过程	1）成立应急预案编制工作组 2）全面分析本单位危险因素，确定可能发生的事故类型及危害程度 3）针对危险源和事故危害程度，制定相应的防范措施 4）客观评价本单位应急能力，掌握可利用的社会应急资源情况 5）制定相关专项预案和现场处置方案，建立应急预案体系 6）充分征求相关部门和单位意见，并对意见及采纳情况进行记录 7）必要时与相关专业应急救援单位签订应急救援协议 8）应急预案经过评审或论证 9）重新修订后评审的，一并注明		

评审结论：

评审组（签字）：

注：评审意见采用符合（√）、基本符合（○）、不符合（×）3 种意见进行判定。对于基本符合和不符合的项目，应在备注栏给出具体修改意见或建议。评审结论分为“合格”“不合格”。

表 R-2　综合应急预案要素评审表

年　　月　　日

评审项目		评审内容及要求	评审意见	备注
单位名称		×××××××燃气有限公司		
预案名称		×××××××有限公司生产安全事故应急预案		
评审项目		评审内容及要求	评审意见	备注
总则	编制目的	目的明确，简明扼要		
	编制依据	1）引用的法规、标准合法有效 2）明确相衔接的上级预案，不得越级引用应急预案		
	应急预案体系*	1）能够清晰表述本单位及所属单位应急预案组成和衔接关系（推荐使用图表） 2）能够覆盖本单位及所属单位可能发生的事故类型		
	应急工作原则	1）符合国家有关规定和要求 2）结合本单位应急工作实际		
适用范围*		范围明确，适用的事故类型和响应级别合理		
危险性分析	生产经营单位概况	1）明确有关设施、装置、设备及重要目标场所的布局等情况 2）需要各方应急力量（包括外部应急力量）事先熟悉的有关基本情况和内容		
	危险源辨识与风险分析*	1）能够客观分析本单位存在的危险源及危险程度 2）能够客观分析可能引发事故的诱因、影响范围及后果		
组织机构及职责*	应急组织体系	1）能够清晰描述本单位的应急组织体系（推荐使用图表） 2）明确应急组织成员日常及应急状态下的工作职责		
	指挥机构及职责	1）清晰表述本单位应急指挥体系 2）应急指挥部门职责明确 3）各应急救援工作组设置合理，应急工作明确		
风险识别和事故分级	主要风险识别	1）能够客观分析本区域存在的危险源及危险程度 2）能够科学合理地按照事故危害程度和影响范围进行事故分级		
预警级别与发布	预警分级	根据危害程度、紧急程度和发展态势等因素确定事故预警级别		
	预警行动	1）明确预警信息发布的方式、内容和流程 2）预警级别与采取的预警措施科学合理		
	信息报告与处置*	1）明确本单位 24h 应急值守电话 2）明确本单位内部信息报告的方式、要求与处置流程 3）明确事故信息上报的部门、通信方式和内容时限 4）明确向事故相关单位通告、报警的方式和内容 5）明确向有关单位发出请求支援的方式和内容 6）明确与外界新闻舆论信息沟通的责任人及具体方式		

（续）

评审项目		评审内容及要求	评审意见	备注
应急响应	响应分级*	1）分级清晰且与上级应急预案响应分级衔接 2）能够体现事故紧急和危害程度 3）明确紧急情况下应急响应决策的原则		
	响应程序*	1）立足于控制事态发展，减少事故损失 2）明确救援过程中各专项应急功能的实施程序 3）明确扩大应急的基本条件及原则 4）能够辅以图表直观表述应急响应程序		
	应急结束	1）明确应急救援行动结束的条件和相关后续事宜 2）明确发布应急终止命令的组织机构和程序 3）明确事故应急救援结束后负责工作总结的部门		
后期处置		1）明确事故发生后，污染物处理、生产恢复、善后赔偿等内容 2）明确应急处置能力评估及应急预案修订等的要求		
保障措施*		1）明确相关单位或人员的通信方式，确保应急期间信息通畅 2）明确应急装备、设施和器材及其存放位置清单，以及保证其有效性的措施 3）明确各类应急资源，包括专业应急救援队伍、兼职应急队伍的组织机构及联系方式 4）明确应急工作经费保障方案		
培训与演练*		1）明确本单位开展应急管理培训的计划和方式方法 2）开展相关宣传工作，明确宣传内容及宣传渠道 3）明确应急演练的方式、频次、范围、内容、组织、评估、总结等内容 4）建立奖惩机制		
附则	应急预案备案	1）明确本预案应报备的有关部门（上级主管部门及地方政府有关部门）和有关抄送单位 2）符合国家关于预案备案的相关要求		
	制定与修订	1）明确负责制定与解释应急预案的部门 2）明确应急预案修订的具体条件和时限		

评审结论：

评审组（签字）：

注：1. “*”代表应急预案的关键要素。

2. 评审意见采用符合（√）、基本符合（○）、不符合（×）3种意见进行判定。对于基本符合和不符合的项目，应在备注栏给出具体修改意见或建议。评审结论分为“合格”“不合格”。

表 R-3　专项应急预案要素评审表

年　月　日

评审项目		评审内容及要求	评审意见	备注
单位名称		×××××××燃气有限公司		
预案名称		×××××××有限公司生产安全事故应急预案		
评审项目		评审内容及要求	评审意见	备注
事故类型和危险程度分析*		1）能够客观分析本单位存在的危险源及危险程度 2）能够客观分析可能引发事故的诱因、影响范围及后果 3）能够提出相应的事故预防和应急措施		
组织机构及职责*	应急组织体系	1）能够清晰描述本单位的应急组织体系（推荐使用图表） 2）明确应急组织成员日常及应急状态下的工作职责		
	指挥机构及职责	1）清晰表述本单位应急指挥体系 2）应急指挥部门职责明确 3）各应急救援工作组设置合理，应急工作明确		
预防与预警	危险源监控	1）明确危险源的监测、监控方式、方法 2）明确技术性预防和管理措施 3）明确采取的应急处置措施		
	预警行动	1）明确预警信息发布的方式及流程 2）预警级别与采取的预警措施科学合理		
信息报告程序*		1）明确 24h 应急值守电话 2）明确本单位内部信息报告的方式、要求与处置流程 3）明确事故信息上报的部门、通信方式和内容时限 4）明确向事故相关单位通告、报警的方式和内容 5）明确向有关单位发出请求支援的方式和内容		
应急响应*	响应分级	1）分级清晰合理且与上级应急预案响应分级衔接 2）能够体现事故紧急和危害程度 3）明确紧急情况下应急响应决策的原则		
	响应程序	1）明确具体的应急响应程序和保障措施 2）明确救援过程中各专项应急功能的实施程序 3）明确扩大应急的基本条件及原则 4）能够辅以图表直观表述应急响应程序		
	处置措施	1）针对事故种类制定相应的应急处置措施 2）符合实际，科学合理 3）程序清晰，简单易行		
应急物资与装备保障*		1）明确对应急救援所需的物资和装备的要求 2）应急物资与装备保障符合单位实际，满足应急要求		

评审结论：

评审组（签字）：

注：1. “*”代表应急预案的关键要素。

2. 评审意见采用符合（√）、基本符合（○）、不符合（×）3 种意见进行判定。对于基本符合和不符合的项目，应在备注栏给出具体修改意见或建议。评审结论分为“合格”“不合格”。

表 R-4　现场处置方案要素评审表

年　　月　　日

单位名称	×××××××燃气有限公司		
预案名称	×××××××有限公司生产安全事故应急预案		
评审项目	评审内容及要求	评审意见	备注
事故特征*	1）明确可能发生事故的类型和危险程度，清晰描述作业现场风险 2）明确事故判断的基本征兆及条件		
应急组织及职责*	1）明确现场应急组织形式及人员 2）应急职责与工作职责紧密结合		
应急处置*	1）明确第一发现者进行事故初步判定的要点及报警时的必要信息 2）明确报警、应急措施启动、应急救护人员引导、扩大应急等程序 3）针对操作程序、工艺流程、现场处置、事故控制和人员救护等方面制定应急处置措施 4）明确报警方式、报告单位、基本内容和有关要求		
注意事项	1）佩带个人防护器具方面的注意事项 2）使用抢险救援器材方面的注意事项 3）有关救援措施实施方面的注意事项 4）现场自救与互救方面的注意事项 5）现场应急处置能力确认方面的注意事项 6）应急救援结束后续处置方面的注意事项 7）其他需要特别警示方面的注意事项		
评审结论： 评审组（签字）：			

注：1. “＊”代表应急预案的关键要素。
2. 评审意见采用符合（√）、基本符合（○）、不符合（×）3种意见进行判定。对于基本符合和不符合的项目，应在备注栏给出具体修改意见或建议。评审结论分为“合格”“不合格”。

表 R-5　应急预案附件要素评审表

年　　月　　日

单位名称	×××××××燃气有限公司		
预案名称	×××××××有限公司生产安全事故应急预案		
评审项目	评审内容及要求	评审意见	备注
有关部门、机构或人员的联系方式	1）列出应急工作需要联系的部门、机构或人员至少两种以上的联系方式，并保证准确有效 2）列出所有参与应急指挥、协调人员姓名、所在部门、职务和联系电话，并保证准确有效		
重要物资装备名录或清单	1）以表格形式列出应急装备、设施和器材清单，清单应当包括种类、名称、数量，以及存放位置、规格、性能、用途和用法等信息 2）定期检查和维护应急装备，保证准确有效		

（续）

评审项目	评审内容及要求	评审意见	备注
规范化格式文本	给出信息接报、处理、上报等规范化格式文本，要求规范、清晰、简洁		
关键的路线、标识和图纸	1）警报系统分布及覆盖范围 2）重要防护目标一览表、分布图 3）应急救援指挥位置及救援队伍行动路线 4）疏散路线、重要地点等标识 5）相关平面布置图、救援力量分布图等		
相关应急预案名录、协议或备忘录	列出与本应急预案相关的或相衔接的应急预案名称，以及与相关应急救援部门签订的应急支援协议或备忘录		
评审结论： 评审组（签字）：			

注：1. “*”代表应急预案的关键要素。

2. 评审意见采用符合（√）、基本符合（○）、不符合（×）3种意见进行判定。对于基本符合和不符合的项目，应在备注栏给出具体修改意见或建议。评审结论分为“合格”“不合格”。

附录S　城镇燃气特种设备事故桌面演练示例

S.1　城镇燃气场站（液化天然气）特种设备事故桌面演练示例

S.1.1　演练目的

检验应急专项预案的合理性，确保在发生事故后能科学、合理、有序、有准备地进行事故处理，熟练掌握应急预案，检验和提高场站运行人员在发生天然气泄漏情况下的应急处理能力和沟通配合能力，保证场站设备安全运行。

S.1.2　演练模拟情形

演练时间：××××年××月××日 10：00

演练地点：会议室

情境设想：×××市管道燃气公司东部新区气化站储罐区1号储罐底部可燃气报警仪报警，公司人员通过监控发现罐底有大量白色雾状气体泄漏，派遣人员进入罐区检查时发现1号储罐根部发生泄漏（较严重），1名抢修人员因吸入浓度高的液化天然气而昏迷。泄漏的液化天然气与空气混合形成雾状可燃气团，从罐区向周围蔓延，一旦遇到明火或静电火花，随时可能发生火灾和爆炸，直接威胁气化站及周边人员的安全。险情经逐级上报，公司及市政府启动应急救援预案，成立应急救援指挥部，市场监管、应急管理、消防、公安、卫健、住建、环保、东部新区管委会、供电、供水、电信、特检院等相关部门迅速到达，在内部力量不足的情况下联合外部支援力量，展开疏散、救援、倒罐，并及时展开事故现场的检测处置。

S.1.3　演练组织机构

总指挥：×××

现场指挥：×××

现场处置组
组长：×××
成员：×××　×××　×××　×××　×××
技术保障组
组长：×××
成员：×××　×××　×××　×××　×××
疏散警戒组
组长：×××
成员：×××　×××　×××　×××　×××
后勤保障组
组长：×××
成员：×××　×××　×××　×××　×××
事故处理组
组长：×××
成员：×××　×××　×××

S.1.4　演练脚本（见表 S-1）

表 S-1　演练脚本

宣布演练开始	×××：报告总指挥，演练各项准备工作就绪，气象条件符合要求，请指示 总指挥：好的。我宣布，××××年特种设备生产安全事故应急演练现在开始 主持人：演练开始，请参演单位各就各位，观摩人员进入气化站西北区块的观摩席
演练第一阶段：事故发生和自救	
演练开始	主持人：202×年××月××日上午，×××市管道燃气公司东部新区气化站日常安全运行进入第×××天 当日在东部新区气化站值班的人员有站长：×××；站内人员：×××、×××；外线巡线人员：×××、×××；保安两名
突发情况	主持人：当日监控室值班人员×××和×××，与往常一样正监控并记录当前储罐、管道、调压计量撬的各项数据。突然，1 号储罐的燃气泄漏报警装置发出刺耳的警报声 值班人员×××（对讲机）立即向站长×××报告：报告站长，储罐区 1 号储罐区有天然气泄漏，浓度已达报警限定 站长（对讲机）：收到 站长（对讲机）：×××，去查看 1 号储罐的泄漏情况，注意安全。×××做好抢险准备 ×××（对讲机）：收到 ×××、×××：收到
启动公司应急预案	×××（对讲机）：报告站长，发现 1 号储罐底部有白色雾状气体逸出，初步判断储罐底部某处发生 LNG 泄漏 主持人（旁白）：现场指挥（气化站）随即启动公司应急预案响应，成立临时应急指挥部，拉响事故警报器 现场指挥（气化站）（对讲机）：巡线负责人，召回外线巡线人员 巡线负责人回复：收到 现场指挥（气化站）离开站长室，前往监控室 现场指挥（气化站）向×××市管道燃气公司报告：报告总经理，东部气化站发现 1 号储罐底部有白色雾状气体逸出，初步判断储罐底部某处发生 LNG 泄漏 总经理：收到，按照公司应急预案实施处置，并随时报告进展情况，注意安全

（续）

布置任务	现场指挥（气化站）（对讲机）：储罐区1号储罐有天然气泄漏，技术保障组继续观察，现场处置组穿好防护服，做好抢险堵漏准备。储罐周围温度较低，务必注意安全 现场处置组回复：收到 主持人（旁白）：技术保障组继续在储罐区观察泄漏情况，现场处置组穿好防护服，进行抢险堵漏的准备 现场指挥（气化站）（对讲机）：后勤保障组，报告风向和风力 后勤保障组回复：西北风，3级 现场指挥（气化站）（对讲机）：疏散警戒组，立即疏散大厅里的群众，向站外西北方向撤离，关闭大门和所有通道，在站四周设置100m警戒线，不允许无关人员靠近 保安回复：收到 主持人（旁白）：疏散警戒组随即走出保安室，疏散正在大厅里办事的群众及后勤人员，让他们有序撤离，然后在大门口布置警戒线和警戒标志
储罐区事态升级	主持人（旁白）：现场处置组进入储罐区查看，靠近1号储罐时，发现泄漏点在储罐出液根部阀，并伴有加剧的趋势，随即向站长汇报情况 现场处置组（对讲机）：报告现场指挥，1号储罐根部阀位置有大量LNG泻出，泄漏量越来越大，无法堵漏 主持人（旁白）：气雾笼罩了1号储罐区，×××撤退不及时，吸入了天然气，呼吸困难，晕倒在储罐区内 ×××和××××看到×××晕倒后，立即冲进储罐区，把×××拖离至安全区，进行心肺复苏 现场处置组（对讲机）：报告现场指挥（气化站），×××受伤昏迷，请求支援 现场指挥（气化站）（对讲机）：后勤保障组，请立即联系120急救 后勤保障组（电话120）：你好，“120”吗？我这里是×××市管道燃气公司东部新区气化站，地址在东部新区×××路与×××路口，站内储罐区1号储罐发生天然气泄漏事故，有一名人员因吸入天然气昏迷，速派救护车救援 “120”回复：收到，请做好接应
“120”出动	主持人（旁白）“120”接到报警后，紧急出动
站内布置	现场指挥（气化站）（对讲机）：疏散警戒组，扩大警戒范围至200m 疏散警戒组（对讲机）：收到 外线巡线人员回到气化站，配合疏散警戒组扩大警戒范围至200m 现场指挥（气化站）（对讲机）：疏散警戒组速去检测气化站周边可燃气体浓度及风向，及时向我汇报 疏散警戒组根据风向在上风口设置指挥台 疏散警戒组（对讲机）：现在点位卸液区可燃气浓度为1.5%，风向为西北风，风力3级 主持人（旁白）：工作人员在预先确定的位置设置现场指挥部，放置桌子，架设遮阳棚，并将图纸、应急预案放置在桌面 后勤保障组（对讲机）：报告现场指挥（气化站），指挥台已搭建好 主持人（旁白）：现场指挥（气化站）跑到现场指挥部
企业应急预案响应	主持人（旁白）：由于事态升级，超出了自己能处理的程度，现场指挥（气化站）马上向上级公司报警，请求支援 同时，现场指挥（气化站）向总公司领导汇报，总经理（电话）：报告总经理，东部新区气化站储罐区1号储罐根部发生泄漏，请求公司应急队支援（随后详细汇报了站内事故情况） 主持人（旁白）：公司总经理接警后，立即紧急启动公司应急预案，现场处置组、技术保障组、疏散警戒组、后勤保障组和事故处理组人员迅速回到公司集合，分头开展响应工作，由总经理委派×××担任公司救援现场指挥，带领应急救援工作组赶赴东部新区气化站现场处理事故。同时，公司总经理向市政府、住建局和市场监管局汇报了东部新区气化站的险情，并请求支援

（续）

报警通知	总经理向新区管委会、应急局、市场监管局报告（电话）：东部新区管委会吗？我是×××市管道燃气公司东部新区气化站，202×年××月××日××时××分，市管道燃气公司东部新区气化站发生液化天然气储罐泄漏事故，泄漏部位是储罐根部阀，堵漏工作无法进行，有1名工作人员因吸入天然气昏迷。目前，我公司已疏散相关人员，并在200m范围内设置了警戒线，请求支援 东部新区管委会主任×××：（电话模拟）情况已收到，请你气化站积极组织自救，做好相应的应急措施，防止事故进一步扩大 主持人（旁白）：东部新区管委会主任×××接报后，立即向副市长×××进行了报告
	主持人（旁白）：×××副市长接警后，立即指示应急指挥中心，通知公安、消防、市场监管局、应急管理局、东部新区管委会、住建局、环保、水务集团等相关单位，按“×××市特种设备生产安全事故应急预案”要求，启动市Ⅳ级应急响应，立即赶往事故现场，做好应急联动
请求事故点消防水网增压	总经理（电话）：市水务集团吗？我是×××市管道燃气公司东部新区气化站，202×年××月××日××时××分，市管道燃气公司东部新区气化站发生液化天然气储罐泄漏事故，请求对该水网增压 水务集团（电话）：收到
请求断电	总经理（电话）：供电局吗？我是×××市管道燃气公司东部新区气化站，202×年××月××日××时××分，市管道燃气公司东部新区气化站发生液化天然气储罐泄漏事故，请求断电 供电局（电话）：收到
东部新区管委会响应	主持人（旁白）：东部新区管委会接到事故险情报告后，立即组织应急人员赶往事故现场
出警	主持人（旁白）：交警、派出所、消防大队和“120”闻警出动
演练第二阶段：应急救援	
市管道燃气公司救援工作组到达	主持人（旁白）：市管道燃气公司救援工作组到达现场，根据应急预案接手事故处置。由公司副总经理×××负责现场总指挥。现场指挥（气化站）汇报了初期应急救援情况。现场处置组接手现场处置，各组人员就位
	公司应急救援队穿戴防护服、防护用具及空气呼吸器，携带作业工具等救援工具，跑步进入
	公司应急救援小组各组长汇报：报告总指挥（公司），公司应急救援工作组到，请指示 总指挥（公司）：请立即投入应急救援处置，并注意危险区域
	主持人（旁白）：由于无法堵漏，泄漏进一步扩大
	现场指挥（公司）（对讲机）：报告总指挥（公司），无法堵漏，泄漏在进一步扩大，危险增加
	总指挥（公司）（对讲机）：引导闲杂人员迅速撤离危险区域，警戒线扩至800m，注意观察事态发展，救援人员随时做好撤离准备。请求本地救援力量支持
本地力量救援	主持人（旁白）：本地公安、消防等救援力量接报后，相继出动
	主持人（旁白）：东部新区管委会副主任×××到达，成立临时指挥部
	总指挥（公司）：我公司天然气储罐根部发生泄漏，正在组织公司救援，请指示 东部新区管委会副主任×××：请依照公司事故应急预案进行救援
消防救援	东部新区消防：报告×××，东部新区消防中队已到达，请示明情况
	东部新区管委会副主任×××：东部新区气化站发生天然气泄漏，请立即进入现场，开展救援 东部新区消防：收到

（续）

交通管制	东部新区派出所：报告×××，东部新区派出所已到达，请示明情况 东部新区交警：报告×××，东部新区交警中队已到达，请示明情况
	东部新区管委会副主任×××：东部新区气化站发生天然气泄漏，请实施现场警戒，疏散相关人员，警戒 800m 东部新区派出所、交警：是
	主持人（旁白）：消防救援队员利用水枪对储罐区外围进行雾状喷洒，形成 20m 水幕隔离墙，稀释驱散可燃气体。公安、交警部门立即按照事故应急预案，对场站周边进行交通管制，并将警戒线外移至 800m
	主持人（旁白）：疏散警戒组负责人向现场指挥（东部新区）报告，人员已全部撤离到指定安全地带
	现场指挥（东部新区）：好的
市政府响应	主持人（旁白）：市政府接到险情汇报后，立即组织应急救援工作组，市领导×××带队赶往事故现场
消防响应	主持人（旁白）：接警后，消防救援大队迅速出动
市场监管响应	主持人（旁白）：市场监管局接到指令后，立即启动局级应急响应，派出应急救援人员赶赴事故现场，同时联络低温储罐的相关专家
住建局响应	主持人（旁白）：建设局接到指令后，立即组织相关部门应急人员，赶赴现场
水务集团响应	主持人（旁白）：水务集团接到公司险情报告后，立即对东部新区气化站的自来水管网进行增压，并组织应急人员赶往事故现场
供电局响应	主持人（旁白）：供电局接警后立即对周边采取了断电措施，并组织应急人员赶往事故现场
指挥权移交	主持人（旁白）：市领导×××带队赶到事故现场。现场指挥（东部新区）向他简要汇报了情况，移交指挥权。应急救援领导小组由×××××组成，副市长×××、市场监管局×××任总指挥，×××××××任副总指挥，×××任现场指挥。其他应急救援工作组各就各位，维持周边安全警戒，以防其他突发事故发生
	总指挥（市）：请到场各相关单位，按应急响应要求，分头行动。疏散警戒组立即对金塘南路、第六街路段及相应路段实施警戒 （模拟电话）请通知周边镇（街道）消防及社会力量随时准备救援
“120”到场	1 辆“120”进场：报告总指挥（市），“120”救护组已到现场，请指示
	总指挥（市）：请立即对受伤人员实施抢救 “120”：收到
	“120”救护队医疗工作人员对人员实施检查抢救
	“120”：报告总指挥（市），昏迷人员已及时接受救护，目前生命体征稳定，经初步诊断，系吸入天然气所致，须及时送往就近医院处理和治疗
	总指挥（市）：立即将伤员就近送医救治（120 驶离现场）
储罐区状况	现场指挥（市）（对讲机）：技术保障组，报告储罐的气体余量及运行情况 技术保障组（对讲机）：监控室计算机显示，1 号储罐余量 30m^3，2 号储罐 80m^3，3 号储罐 40m^3，4 号储罐 50m^3。正在对外供气的储罐是 4 号储罐

（续）

<table>
<tr><td>紧急技术处置</td><td>主持人（旁白）：由于储罐根部阀与罐体连通，无法通过关闭其他阀门来控制泄漏点，唯一解决的方法是排空 1 号储罐内的 LNG。现场指挥（市）下令，通过远程操作，关闭 4 号储罐出液紧急切断阀，停止 4 号罐对外供气，打开 1 号储罐出液紧急切断阀，利用 1 号储罐对外供气来减少 1 号储罐的储存量</td></tr>
<tr><td rowspan="2">消防到达</td><td>消防大队消防车进场：报告总指挥（市），×××市消防救援大队已到达现场，请指示</td></tr>
<tr><td>总指挥（市）：请你们立即进场，展开救援
消防大队：是</td></tr>
<tr><td rowspan="2">环保到达</td><td>市生态环境局××局环境监测车进场：报告总指挥（市），环保监测组已到，请指示</td></tr>
<tr><td>总指挥（市）：对现场及周边环境进行监测分析，发现异常情况及时报告
市生态环境局××局：是</td></tr>
<tr><td rowspan="2">专家到达</td><td>技术保障组到场：报告总指挥（市），技术保障组已到场，请指示</td></tr>
<tr><td>总指挥（市）：根据现场情况，对救援工作进行技术指导，发现重大情况及时报告
专家：是</td></tr>
<tr><td>电信到达</td><td>电信公司：报告总指挥（市），电信保障人员已到达现场，请指示
总指挥（市）：做好通信保障
电信公司：是</td></tr>
<tr><td>各部门到达现场</td><td>主持人（旁白）：市政府、市场监管局、住建局、东部新区管委会等部门，供电、水务集团、电信的应急队伍及相关专家陆续到达现场，主要领导和技术人员集中到监控室，商议事故应急处理方案。其他应急救援人员各就各位，维持周边安全警戒，以防其他突发事故发生</td></tr>
<tr><td>方案制定</td><td>主持人（旁白）：相关技术人员和专家经过紧急商议，考虑泄漏介质是 LNG，温度-162°，采取堵漏的可行性不大，容易造成人员伤亡。最后制定的方案是，以倒罐的方式尽快转移 1 号储罐内 LNG，把 1 号罐内 LNG 倒罐至目前储量较少的 3 号、4 号储罐内，然后排空 1 号储罐内气态天然气至常压状态，再根据实际情况修复储罐根部阀</td></tr>
<tr><td>发出总攻命令</td><td>专家组报告：经现场专家合议，采取倒罐方案进行救援，请指示
总指挥（市）发出指令：同意倒罐方案，马上实施，消防部门等各组密切配合
专家组：是</td></tr>
<tr><td>方案实施</td><td>主持人（旁白）：随着总指挥（市）一声令下，现场处置组马上进入战斗状态。×××身穿防护服，头戴呼吸器进入储罐区，×××到储罐区围堰外协助
消防大队指挥员：各单位注意，在罐区周边设置水幕墙，立即对储罐区外围上空加强雾状喷洒</td></tr>
<tr><td>第一步：1 号储罐增压</td><td>现场操作由现场指挥（市）对现场处置组下达指令
现场指挥（市）（对讲机）：各单位注意，下面将实施 1 号储罐排液操作，请各位操作人员务必认真对待。
现场处置组回复：储罐区收到，已就位
技术保障组回复：监控室收到，已就位
现场处置组：对 1 号储罐实行增压。打开 1 号储罐 BOG 增压管道 HV212 阀门
现场处置组根据指令打开阀门并回复：HV212 阀门已打开
现场处置组：打开 1 号增压撬 HV110 阀门
现场处置组根据指令打开阀门并回复：HV110 阀门已打开
现场处置组：打开 1 号增压撬 HV111 阀门
现场处置组根据指令打开阀门并回复：HV111 阀门已打开
主持人（旁白）：1 号储罐增压系统开启，监控室计算机显示储罐压力渐渐升高</td></tr>
</table>

（续）

第二步： 3号、4号 储罐降压	现场指挥（市）：下面对3号、4号储罐实行降压。打开3号储罐BOG增压管道HV220阀门 现场处置组根据指令打开阀门并回复：HV220阀门已打开 现场处置组：打开4号储罐BOG增压管道HV224阀门 现场处置组根据指令打开阀门并回复：HV224阀门已打开 主持人（旁白）：随着BOG管道阀门的打开，3号、4号储罐内部的压力开始下降，5分钟后，监控室计算机显示储罐压力稳定在0.25MPa 过了一会，1号储罐的压力慢慢升至0.5MPa 现场处置组：关闭1号增压撬HV110阀门 现场处置组根据指令关闭阀门并回复：HV110阀门已关闭 现场处置组：关闭1号增压撬HV111阀门 现场处置组根据指令关闭阀门并回复：HV111阀门已关闭 主持人（旁白）：监控室计算机显示1号储罐的内部压力稳定在0.5MPa
第三步： 实施倒罐	现场指挥（市）：下面实施倒罐，打开3号储罐HV122阀门 现场处置组根据指令打开阀门并回复：HV122阀门已打开 现场处置组：打开4号储罐HV127阀门 现场处置组根据指令打开阀门并回复：HV127阀门已打开 现场处置组：打开1号储罐HV113阀门 现场处置组根据指令打开阀门并回复：HV113阀门已打开 主持人（旁白）：倒罐模式已开启，监控室里所有人紧张地盯着计算机显示屏，显示屏上1号储罐的液位开始慢慢下降，20分钟后，液位计显示为零（关闭液氮气雾） 现场处置组：关闭1号储罐HV113阀门 现场处置组根据指令关闭阀门并回复：HV113阀门已关闭 现场处置组：关闭3号储罐HV220阀门 现场处置组根据指令打开阀门并回复：HV220阀门已关闭 现场处置组：关闭4号储罐HV224阀门 现场处置组根据指令打开阀门并回复：HV224阀门已关闭 土持人（旁白）：至此，1号储罐内的LNG已全部转移，倒罐结束
恢复 正常 供气	主持人（旁白）：由于1号储罐内已无LNG，无法再对外供气，改由2号储罐对外供气 现场处置组：关闭1号储罐HV116阀门 现场处置组根据指令关闭阀门并回复：HV116阀门已关闭 现场处置组：监控室关闭1号储罐TV602紧急切断阀 现场处置组利用远程对TV602紧急切断阀进行关闭并回复：TV602紧急切断阀已关闭 现场处置组：监控室打开2号储罐TV603紧急切断阀 现场处置组利用远程打开TV603紧急切断阀并回复：TV603紧急切断阀已打开 主持人（旁白）：至此，东部新区气化站已恢复正常对外供气
1号 储罐泄压	主持人（旁白）：最后对1号储罐内的气态天然气进行排放 现场处置组：打开1号储罐HV210阀门 现场处置组根据指令打开阀门并回复：HV210阀门已打开 随着阀门的打开，计算机显示1号储罐的压力开始慢慢下降，最后稳定在0.25MPa 现场处置组：关闭1号储罐HV210阀门 现场处置组根据指令关闭阀门并回复：HV210阀门已关闭 现场处置组：打开1号储罐SV409阀门，对1号储罐进行排空 现场处置组根据指令打开阀门并回复：SV409阀门已打开 主持人（旁白）：随着放散阀门的开启，1号储罐内的残余天然气经放散塔向空中排放，5分钟后排放结束，储罐压力归零。储罐根部阀部位不再有气体漏出，气雾也逐渐散开 主持人（旁白）：环保监测人员继续对周围环境进行检测

（续）

根部阀处置	主持人（旁白）：抢险人员进入1号储罐区，查找泄漏源。发现1号储罐根部出液阀焊缝有裂纹，随即报告现场指挥（市），总指挥（市）召集相关人员和专家在三楼会议室举行临时会议，分析事故原因和解决方案，最后确定1号储罐在根部阀修复前暂停使用，具体修复事宜由管道燃气公司和储罐供应商共同来解决
演练第三阶段（救援成功）：终结阶段	
响应终止	技术保障组：报告指挥部，经各方奋战，1号罐残余天然气已全部放空，现场处置完毕，技术保障组建议，应急终止，事故性质待调查后对外公布 总指挥（市）：同意，我宣布，本次特种设备生产安全事故应急救援演练结束

S.1.5 评估与总结

（1）现场点评　演练结束后，在演练现场，评估人员或评估组负责人对演练中发现的问题、不足及取得的成效进行口头点评。演练评估人员根据演练事故情景设计及具体分工，在演练现场实施过程中展开演练评估工作，记录演练中发现的问题或不足，收集演练评估需要的各种信息和资料。

（2）演练总结与评估　演练结束后，由演练组织部门根据演练记录、演练评估、应急预案、现场总结等材料，对演练进行全面总结，并形成演练书面总结报告。报告可对应急演练准备、策划等工作进行简要总结分析。演练总结报告的内容主要包括：

1）演练基本概要。

2）演练发现的问题，取得的经验和教训。

3）演练成果。

S.1.6 演练资料归档

1）演练活动结束后，将演练工作方案、演练评估、总结报告等文字资料，以及记录演练实施过程的相关图片、视频、音频等资料归档保存。

2）演练相关资料由安全运行部备案。

主要附件资料：

1）该演练涉及的平面图。

2）该预案涉及的应急器材资源清单。

3）该预案涉及的人员名单。

4）应急通讯录。

5）应急桌面推演评价记录。

S.2 城镇燃气压力管道（市政管网）特种设备事故桌面演练示例

S.2.1 演练目的

检验应急专项预案的合理性，确保在发生事故后能科学、合理、有序、有准备地进行事故处理，熟练掌握应急预案，检验和提高管线运行人员在发生天然气泄漏情况下的应急处理能力和沟通配合能力，保证管线安全运行。

S.2.2 演练模拟情形

演练时间：××××年××月××日 10：00

演练地点：会议室

情境设想：模拟×××××燃气有限公司×××××路段市政中压燃气管线，第三方施工单位进行道路开挖，因事前未曾联系我司探明燃气管线位置，导致把燃气管线挖破，造成燃气大量泄漏（但没有发生燃烧爆炸、人员伤亡事故）。×××××燃气有限公司接警中心接到紧急报警后，应急救援领导小组组织救援人员，与××××消防救援大队指战员一起，防止次生/衍生灾害（燃烧、爆炸、人员伤亡）发生、保障民生用气，对事故现场燃气管线进行紧急抢险，恢复天然气供应。

S. 2. 3　演练组织机构

总指挥：×××

现场指挥：×××

现场处置组

组长：×××

成员：×××　×××　×××　×××　×××

技术保障组

组长：×××

成员：×××　×××　×××

疏散警戒组

组长：×××

成员：×××　×××　×××

后勤保障组

组长：×××

成员：×××　×××　×××

事故处理组

组长：×××

成员：×××　×××　×××

S. 2. 4　演练脚本（见表S-2）

表S-2　演练脚本

阶段	内容
第一阶段	假设市政管网发生泄漏，演习人员拨打电话报警，等待燃气抢修
第二阶段	值班人员接到报警后，根据预案的事故分类，启动一级响应，通知输配管网应急预案事故抢险指挥部人员
第三阶段	设置警戒线，做好安全围护工作，防止事态恶化
第四阶段	抢修人员关闭前后端两侧的阀门。待气体泄漏完毕后，燃气自然扩散，燃气浓度降低，用检漏仪检测浓度，确保在安全范围内（不报警表示不在爆炸极限范围内）
第五阶段	向公司汇报警情，抢修人员现场研究处理方案
第六阶段	组织人员更换或维修受损管道
第七阶段	检查无漏气后，置换通气

S. 2. 5　评估与总结

（1）现场点评　演练结束后，在演练现场，评估人员或评估组负责人对演练中发现的问题、不足及取得的成效进行口头点评。演练评估人员根据演练事故情景设计及具体分工，在演练现场实施过程中展开演练评估工作，记录演练中发现的问题或不足，收集演练评估需要的各种信息和资料。

（2）演练总结与评估　演练结束后，由演练组织部门根据演练记录、演练评估、应急预案、现场总结等材料，对演练进行全面总结，并形成演练书面总结报告。报告可对应急演练准备、策划等工作进行简要总结分析。演练总结报告的内容主要包括：

1）演练基本概要。

2）演练发现的问题，取得的经验和教训。

3）演练成果。

S.2.6　演练资料归档

1）演练活动结束后，将演练工作方案、演练评估、总结报告等文字资料，以及记录演练实施过程的相关图片、视频、音频等资料归档保存。

2）演练相关资料由安全运行部备案。

主要附件资料：

1）该演练涉及的平面图。

2）该预案涉及的应急器材资源清单。

3）该预案涉及的人员名单。

4）应急通讯录。

5）应急桌面推演评价记录

S.3　城镇燃气液化气场站充装特种设备事故桌面演练示例

S.3.1　演练目的

检验应急专项预案的合理性，确保在发生事故后能科学、合理、有序、有准备地进行事故处理，熟练掌握应急预案，检验和提高场站运行人员在发生天然气泄漏情况下的应急处理能力和沟通配合能力，保证场站设备安全运行。

S.3.2　演练模拟情形

演练时间：××××年××月××日 10：00

演练地点：会议室

情境设想：液化气站内全体工作人员正紧张有序地进行工作。突然，配电室因电器（线）老化致电器（线）短路造成火灾。

S.3.3　演练组织机构

总指挥：×××

现场指挥：×××

现场处置组

组长：×××

成员：×××　×××　×××　×××　×××

技术保障组

组长：×××

成员：×××　×××　×××

疏散警戒组

组长：×××

成员：×××、×××　×××　×××　×××

后勤保障组（事故处理组）

组长：×××

成员：×××　×××　×××

S. 3. 4　演练脚本

1）初始条件和事件信息发布后，由主持人××提出问题并指定人员发言，是否展开讨论由主持人确定。

问题1：请问员工×××，现场发现配电室因电器（线）老化致电器（线）短路造成火灾后，要做哪些工作？有哪些自我保护措施？

问题2：请问员工×××，如何向班长或现场指挥报告现场发生事故的信息内容情况？

问题3：请问现场指挥×××，接到员工触电报告后，要做哪些工作？

问题4：请问现场指挥，接到发现配电室因电器（线）老化致电器（线）短路造成火灾后，应做出哪些响应行动？

问题5：请问现场处置组组长，接到现场指挥的通知后，应做出哪些响应行动？

问题6：请问疏散警戒组长，在接到现场指挥的通知后，要做哪些工作？疏散需要注意哪些事项？

问题7：请问后勤保障组（事故处理组）组长，接到现场指挥的通知后，应做出哪些响应行动？有哪些医疗救援应急保障措施？技术上有什么特殊安全要求？

问题8：请问现场指挥，应急救援工作结束后应做好哪些工作？

2）发言人根据自己对事故情景和应急救援预案的理解，条理清晰地阐述问题的解决方法，其他参与者可以在其发言结束后补充或提出建议。

3）为了保证演练秩序，演练顺序均按编号进行。为保证桌面演练的流畅性，请大家在演练过程中密切关注相关问题编号，演到哪一号问题，演员迅速进入角色；现场处置方案答案为参考要点，参演人员可把自己的想法和习惯用语融入其中。

4）在座各位结合演练目的，就演练过程中发现的问题和不足提出相关建议。

S. 3. 5　评估与总结

（1）现场点评　演练结束后，在演练现场，评估人员或评估组负责人对演练中发现的问题、不足及取得的成效进行口头点评。演练评估人员根据演练事故情景设计以及具体分工，在演练现场实施过程中展开演练评估工作，记录演练中发现的问题或不足，收集演练评估需要的各种信息和资料。

（2）演练总结与评估　演练结束后，由演练组织部门根据演练记录、演练评估、应急预案、现场总结等材料，对演练进行全面总结，并形成演练书面总结报告。报告可对应急演练准备、策划等工作进行简要总结分析。演练总结报告的内容主要包括：

1）演练基本概要。

2）演练发现的问题，取得的经验和教训。

3）演练成果。

S. 3. 6　演练资料归档

1）演练活动结束后，将演练工作方案、演练评估、总结报告等文字资料，以及记录演练实施过程的相关图片、视频、音频等资料归档保存。

2）演练相关资料由安全运行部备案。

主要附件资料：

1）该演练涉及的平面图。

2）该预案涉及的应急器材资源清单。

3）该预案涉及的人员名单。

4）应急通讯录。

5）应急桌面推演评价记录。

S.4　城镇燃气加气站特种设备事故桌面演练示例

S.4.1　演练目的

检验应急专项预案的合理性，确保在发生事故后能科学、合理、有序、有准备地进行事故处理，熟练掌握应急预案，检验和提高场站运行人员在发生天然气泄漏情况下的应急处理能力和沟通配合能力；保证加气站设备安全运行。

S.4.2　演练模拟情形

演练时间：××××年××月××日 10：00

演练地点：会议室

情境设想：12 时，公交车加液过程中，加气工 A 与加气工 B 正在使用加气枪为一辆公交车加液，突然枪头与软管连接处发生爆裂，导致大量 LNG 泄漏。加气工立即启动应急预案，疏散人群，处理险情。

S.4.3　演练组织机构

总指挥：×××

现场指挥：×××

现场处置组

组长：×××

成员：×××　×××　×××

技术保障组

组长：×××

成员：×××　×××　×××

疏散警戒组

组长：×××

成员：×××　×××　×××

后勤保障组（事故处理组）

组长：×××

成员：×××　×××　×××

S.4.4　演练脚本

1）公交车排队进站加液，车辆进入加气站。驾驶员在候车区指引车内所有乘客下车，随即驶入加气站内 2#加液机旁。驾驶员停车、熄火、拔钥匙，下车将 IC 卡给予加气工 B 加气。

2）公交车加液过程中，加气工 A 正在使用加气枪为一辆公交车加液，加气工 B 在旁协助监护。突然，2#加液机加液枪与软管处冒出大量气液，并伴随着白雾，加气员工 B 立即按下加气撬装急停按钮，并立即撤离作业现场，同时指引车辆驾驶员离开车辆，撤离加气站区域。

3）加气工 A 做出现场第一警戒，指引附近人员及站外排队车辆撤离。

4）加气工 B 立即进入控制室，通知班组其他成员做好警戒措施，同时向撬装站安全生产经营部管理员打电话汇报现场险情：

① 加气站发生液体泄漏事故，设备已急停，现场已经开展警戒，暂无人员伤亡情况。

② 班组成员立即对加气站外围进行警戒，携带灭火器随时准备扑灭小型火灾。

5）安全生产经营部管理员在接到报警后，将情况告知现场指挥，随即迅速赶至现场。

6）现场指挥到达现场后，由疏散警戒组进一步指挥人员撤离，并安排警戒工作：

① 技术保障组勘查事故现场，了解事故情况。

② 后勤保障组（事故处理组）带上医疗箱检查确认是否有人员伤亡，第一时间将受伤人员安排送至医院，必要时拨打“120”，做好应急抢险后勤工作。

③ 疏散警戒组拉起警戒线，放置警戒牌，做好警戒，并将附近人员往上风向方疏导。

7）技术保障组勘查发现泄漏点为加气金属软管，在设备急停处理后爆裂点只剩下金属软管末端内残余液体，泄漏情况已经得到控制。技术保障组将情况汇报给现场指挥。

8）现场指挥在确认泄漏已得到控制的情况下：继续警戒，组织班组人员进一步查看停运设备情况，等待现场液化天然气完全挥散。同时，检查各类气动阀门开关情况，杜绝管道因急停发生的憋压情况，引发二次事故。

9）若干分钟后，经可燃气体探测仪检测，天然气完全挥散，技术保障组向总指挥汇报总指挥同意开展检修工作。由技术保障组开具临时检修工作票，现场处置组对损坏管道进行检修更换。随后事故警戒解除，清理现场，公交车恢复加液。

S.4.5 评估与总结

（1）现场点评　演练结束后，在演练现场，评估人员或评估组负责人对演练中发现的问题、不足及取得的成效进行口头点评。演练评估人员根据演练事故情景设计以及具体分工，在演练现场实施过程中展开演练评估工作，记录演练中发现的问题或不足，收集演练评估需要的各种信息和资料。

（2）演练总结与评估　演练结束后，由演练组织部门根据演练记录、演练评估、应急预案、现场总结等材料，对演练进行全面总结，并形成演练书面总结报告。报告可对应急演练准备、策划等工作进行简要总结分析。演练总结报告的内容主要包括：

1）演练基本概要。

2）演练发现的问题，取得的经验和教训。

3）演练成果。

S.4.6 演练资料归档

1）演练活动结束后，将演练工作方案、演练评估、总结报告等文字资料，以及记录演练实施过程的相关图片、视频、音频等资料归档保存。

2）演练相关资料由安全运行部备案。

主要附件资料：

1）该演练涉及的平面图。

2）该预案涉及的应急器材资源清单。

3）该预案涉及的人员名单。

4）应急通讯录。

5）应急桌面演练评价记录。

附录 T　城镇燃气特种设备事故应急预案及应急演练示例

T.1　城镇燃气场站（门站）特种设备事故应急预案示例

T.1.1　演练目的

检验应急专项预案的合理性，确保在发生事故后能科学、合理、有序、有准备地进行事故处理，熟练掌握应急预案，检验和提高场站运行人员在发生天然气泄漏情况下的应急处理能力和沟通配合能力，保证场站设备安全运行。

T.1.2　演练模拟情形

演练时间：××××年××月××日 10：00

演练地点：

情境设想：××门站南侧山坡挖机开挖山体作业，导致××门站所在区域小型山体滑坡，山体滑坡过后，值班运行人员发现 SCADA 系统可燃报警。经现场确认，计量区备用支路管道的法兰面存在严重天然气泄漏，造成可燃报警。

T.1.3　演练单位

主办单位：××××××

承办单位：××××××

协办单位：××××××

参演单位：××××××

邀请观摩：××××××

T.1.4　演练组织机构

总指挥：×××

现场指挥：×××

现场处置组

组长：×××

成员：×××　×××　×××　×××　×××

技术保障组

组长：×××

成员：×××　×××　×××

疏散警戒组

组长：×××

成员：×××　×××　×××

后勤保障组

组长：×××

成员：×××　×××　×××

事故处理组

组长：×××

成员：×××　×××　×××

T. 1. 5　演练脚本

1）情景设想。山体滑坡后，可燃气体探测仪发出报警，运行人员现场检查发现有天然气大量泄漏。××门站运行人员将该情况汇报给场站负责人，场站负责人组织开展应急处置，设立临时警戒线，并向部门负责人汇报。

2）演练流程演练开始前5分钟，所有参演人员在站控楼集合，清点参加演练人员及物资准备情况。准备工作确认完成后，由现场指挥向总指挥报告人员、物资准备情况，由总指挥宣布演练开始。

演练流程见表T-1。

表T-1　演练流程

时间	阶段	信息收集/应急处置	信息上报	人员（按出场次序）
	事故发生	值班人员通过视频监控系统发现：××门站南侧围墙外发生山体滑坡，至现场查看	值班人员向场站负责人报告：报告站长，××门站南侧山体发生滑坡，目前仍偶尔有石块滚落，经过现场查看，未发现有围墙遭到破损。 站长：好的，值班、巡检过程中加强观察，防止次生事件发生	值班人员 站长
	信息收集上报	××门站SCADA系统报警显示中压计量区块有天然气泄漏，流量计计量瞬时流量骤然增加。值班人员携泄漏可燃气体探测仪至现场查看，走到工艺区门口，就听到有天然气节流放空的声音	值班人员向场站负责人报告：报告站长，当前SCADA系统显示中压计量区块大气浓度异常，现场走到工艺区门口，就能听到节流放空的声音。超声波流量计计量读数瞬间增加1200立方米每小时 站长：收到，你马上从应急物资柜取安全警示带，设置警戒区域，并切断电动阀门电源 站长汇报部门负责人：××经理，当前××门站中压计量区块，受到南侧山体滑坡事件影响，发生天然气大量泄漏，泄漏量在1000立方米每小时左右。当前已设立警戒区域，并切断工艺区电动球阀电源。现请求启动部门燃气泄漏应急响应 经理（现场指挥）：同意启动燃气泄漏应急响应，我马上出发赶赴现场 经理（现场指挥）通过公司企业微信系统发布部门级燃气泄漏应急响应启动通知	站长 部门负责人 经理

（续）

时间	阶段	信息收集/应急处置	信息上报	人员（按出场次序）
10:15	应急响应-前期处置	现场处置组穿戴装备到达现场，并采用可燃气体探测仪检测泄漏区域浓度，重新划定警戒区域，并关闭上下游球阀，打开放空管线	疏散警戒组：报告现场指挥，疏散警戒组已完成现场浓度区域划定，并关闭上下游球阀，切断事故区域气源。当前正在对事故区域的天然气进行放空 现场指挥：收到，请放空完成后报告指挥部	疏散警戒组 现场处置组 现场指挥
10:23		现场处置组完成事故区域管段天然气放空，并对事故区域天然气浓度进行持续监测，事故区域可燃气体浓度持续5分钟，低于爆炸极限下限20%	疏散警戒组：报告现场指挥，当前事故区域放空已完成。经过持续监测，事故区域大气中可燃气体浓度已经持续5分钟低于爆炸下限的20%，现场处置组可以进场作业 现场指挥：收到，请继续做好现场大气中可燃气体浓度监测 现场指挥：现场处置组，当前事故区域可燃气体浓度已满足抢修作业要求，可进场抢修，请按照预定方案开展抢修作业 现场处置组：收到	疏散警戒组 现场处置组 现场指挥
10:35	应急响应-现场处置	现场处置组组进入事故现场，使用库存配件管段对受损管道进行替换作业	现场处置组：报告现场指挥，当前已按预定方案完成受损管道更换，经双重检查，所有螺栓紧固到位，请求置换升压检漏 技术保障组：报告现场指挥，当前事故区域大气浓度一切正常，空气中未发现有甲烷成分存在 现场指挥：收到，同意开始置换升压检漏。升压过程中，请逐步升压，做好自身安全防护，并持续检漏	现场处置组 现场指挥 技术保障组
10:40		事故管段置换、升压、检漏结束，压力达到事故前运行压力，未发现漏点	现场处置组：报告现场指挥，经过现场升压、检漏，未发现存在漏点，判定管段替换合格。请求场站运行人员进场验收 现场指挥：收到 现场处置组：现场指挥，当前已完成受损管道替换，经升压、检漏，未发现漏点，请场站运行人员进入工艺区现场对该管段情况进行运行验收，并对工艺区所有法兰连接面进行检漏，对撬装设备进行沉降观测及数据比对 现场指挥：收到	现场处置组 现场指挥
10:50	验收替换管道，检漏，对比数据	场站运行人员进入工艺区验收所替换的管段，并对有的法兰连接面进行检漏，对撬装设备基础进行观测数据比对	技术保障组：报告现场指挥，经现场检漏，未发现有新增漏点产生，沉降测量数据与前期数据未有超过规定范围差值。请求恢复正常供气 现场指挥：收到，可以恢复正常供气	技术保障组 现场指挥

（续）

时间	阶段	信息收集/应急处置	信息上报	人员（按出场次序）
11:00	应急响应-关闭	场站重新打开上下游阀门，开始正常供气	技术保障组：报告现场指挥，当前已回复场站正常运行，运行数据一切正常，请求结束部门燃气泄漏应急响应 总指挥：收到，我宣布，部门燃气泄漏应急响应关闭	技术保障组 总指挥

T.1.6 演练应急物资清单（见表 T-2）

表 T-2 演练应急物资清单

序号	物品种类	物品名称	单位	数量	放置位置
1	人身防护	安全帽			
		防静电鞋、服			
2	医疗救护	急救箱（配备急救物品）			
3	检测设备	便携式燃气检漏仪			
4	消防类	灭火器			
5	通信类	防爆对讲机			
6	应急工具箱	防爆抢修工具			
7	警戒类	现场围护警示带			
8	记录	照相机			

T.1.7 应急抢险救援人员通信录（见表 T-3）

表 T-3 应急抢险救援人员通信录

组别	姓名	手机
总指挥		
现场指挥		
现场处置组		

（续）

组别	姓名	手机
疏散警戒组		
后勤保障组		
技术保障组		
事故处理组		
市场客服部		
消防救援大队		—

T.1.8 评估与总结

（1）现场点评　演练结束后，在演练现场，评估人员或评估组负责人对演练中发现的问题、不足及取得的成效进行口头点评。演练评估人员根据演练事故情景设计以及具体分工，在演练现场实施过程中展开演练评估工作，记录演练中发现的问题或不足，收集演练评估需要的各种信息和资料。

（2）应急演练总结与评估　演练结束后，由演练组织部门根据演练记录、演练评估、应急预案、现场总结等材料，对演练进行全面总结，并形成演练书面总结报告。报告可对应急演练准备、策划等工作进行简要总结分析。演练总结报告的内容主要包括：

1）演练基本概要。

2）演练发现的问题，取得的经验和教训。

3）演练成果。

T.1.9 演练资料归档

1）演练活动结束后，将演练工作方案、演练评估、总结报告等文字资料，以及记录演练实施过程的相关图片、视频、音频等资料归档保存。

2）演练相关资料由安全运行部备案。

主要附件资料：

1）该演练涉及的平面图。

2）该预案涉及的应急器材资源清单。

3）该预案涉及的人员名单。

4）应急通信录。

5）应急演练评价记录。

T.2 城镇燃气压力管道（市政管网）特种设备事故应急演练示例

T.2.1 演练目的

检验应急专项预案的合理性，确保在发生事故后能科学、合理、有序、有准备地进行事故处理，熟练掌握应急预案，检验和提高管线运行人员在发生天然气泄漏情况下的应急处理能力和沟通配合能力，保证管线安全运行。

T. 2. 2　演练模拟情形

演练时间：××××年××月××日 9:40

演练地点：

情境设想：模拟×××××燃气有限公司×××××路段市政中压燃气管线，第三方施工单位进行道路开挖，因事前未曾联系我司探明燃气管线位置，导致把燃气管线挖破，造成燃气大量泄漏（但没有发生燃烧爆炸、人员伤亡事故）。×××××燃气有限公司接警中心接到紧急报警后，应急救援领导小组组织救援人员，与××××消防救援大队指战员一起，防止次生/衍生灾害（燃烧、爆炸、人员伤亡）发生、保障民生用气，对事故现场燃气管线进行紧急抢险，恢复天然气供应。

T. 2. 3　演练单位

主办单位：××××××

承办单位：××××××

协办单位：××××××

参演单位：××××××

邀请观摩：××××××

T. 2. 4　演练组织机构

总指挥：×××

现场指挥：×××

现场处置组

组长：×××

成员：×××　×××　×××　×××

技术保障组

组长：×××

成员：×××　×××　×××

疏散警戒组

组长：×××

成员：×××　×××　×××　×××　×××

后勤保障组

组长：×××

成员：×××　×××　×××

事故处理组

组长：×××

成员：×××　×××　×××

T. 2. 5　演练步骤和内容（见表 T-4）

表 T-4　演练步骤和内容

序号	演练步骤	人物	演练内容与台词	场景	道具	时间控制
1	险情发生	接警人员 客服部	接到____________（地址）施工单位报警，他们施工时，把燃气管挖坏了，现在燃气正在大量泄漏，需要我们赶快过去处理	演练现场有施工开挖动土及废土堆积，且有模仿燃气泄漏时发出的鸣叫声音	报警电话， 道路施工现场	9:40~9:42
2	上报	客服部 安全运行部 负责人	确认险情（接警人员应问清事故发生的时间、地点、事故情况、人员伤亡情况及报告人的姓名、联系电话，并详细记录），电话报告给安全运行部负责人（×××）和拨打“119”消防救援大队报警，并以微信形式把事故发生地点、报警人姓名、联系电话等重要内容发到公司群	电话联系报告，微信群发送重要信息	电话（含手机）	9:43~9:46
3	启动预案	安全分管领导 部门负责人	现场指挥接到报警后，启动三级应急响应，根据安全生产应急救援预案，迅速组织人员抢险；向安全分管领导××××报告事件发生	电话联系报告	电话（含手机）	9:47~9:48
4	组织抢险及 各级人员调配	部门负责人市场 客服部负责人 各应急救援 工作组成员	通知巡线人员×××、×××，立即就近赶赴现场，把事发地燃气管线上下游阀门关闭，切断事故现场气源			9:48~9:49
			通知技术保障组，查找资料，核实事故现场管线工艺走向，上下游阀门位置，管线材料规格，并带上技术资料，赶赴现场			9:49~9:51
			通知现场处置组，携带抢修用的管材、管件和抢险设备，赶赴现场抢修			9:50~9:51
			通知后勤保障组，对受事故影响用气的用户进行停气通知和宣传			9:51~9:52
5	消防应急救援	消防救援 大队指战员	消防救援大队接到“119”报警后，迅速组织指战员赶赴现场，对燃气泄漏现场进行控制，做好火灾应急救援准备			9:43~10:10

（续）

序号	演练步骤	人物	演练内容与台词	场景	道具	时间控制
6	现场应急处置措施	现场指挥 现场处置组 疏散警戒组	现场处置组到达现场后，迅速确认泄漏点，关闭上下游阀门，并在泄漏点附近拉起警戒线，防止群众靠近，引发火灾等次生灾害。第三方施工人员在疏散警戒组的指挥下实施警戒，阻止他人靠近	当班人员必须穿戴个人防护用品。在有管沟开挖的泄漏点周围拉起警戒线	警戒线、阀门钥匙	10:15~10:20
			上下游阀门关闭后。现场处置组测量事故现场燃气浓度，当燃气浓度达到爆炸下限的20%以下时（1%），指挥工程救援人员把抢修工作面挖大清理，对遭到破坏的燃气管线进行修复。达到规定的时间后，做气密性检验			10:20~11:40
			气密性检验合格，现场指挥命令对修复管段进行天然气置换，恢复供气			11:40~12:00
		后勤保障组	后勤保障组通知市场客服部负责人，气源已经恢复供应，通知用户，并做好恢复供气宣传			12:00~12:02
		事故处理组	事故处理组对第三方施工单位信息进行登记。救援结束，大家收拾工具，返回公司			12:00~12:05
7	后勤保障		发生人员伤害时，拨打“120”电话，对伤员进行急救处置、送医等			
			应急响应升级：若触发或预判事态发展将达到综合应急预案响应条件的，应及时请求增援，并由现场指挥进行应急响应升级			
8	演练总结		总结本次演练的经验，分析存在的问题和不足，提出改进要求等			

T. 2. 6　演练应急物资清单（见表 T-5）

表 T-5　演练应急物资清单

序号	物品种类	物品名称	单位	数量	放置位置
1	人身防护	安全帽			
		防静电鞋、服			
2	医疗救护	急救箱（配备急救物品）			
3	检测设备	便携式燃气检漏仪			
4	消防类	灭火器			
5	通讯类	防爆对讲机			
6	应急工具箱	防爆抢修工具			
7	警戒类	现场围护警示带			
8	记录	照相机			

T. 2. 7　应急抢险救援人员通信录（见表 T-6）

表 T-6　应急抢险救援人员通信录

组别	姓名	手机
总指挥		
现场指挥		
现场处置组		
疏散警戒组		
后勤保障组		
技术保障组		
事故处理组		
市场客服部		
消防救援大队		——

T. 2. 8　评估与总结

（1）现场点评　演练结束后，在演练现场，评估人员或评估组负责人对演练中发现的问题、不足及取得的成效进行口头点评。演练评估人员根据演练事故情景设计以及具体分工，在演练现场实施过程中展开演练评估工作，记录演练中发现的问题或不足，收集演练评估需要的各种信息和资料。

（2）应急演练总结与评估　演练结束后，由演练组织部门根据演练记录、演练评估、应急预案、现场总结等材料，对演练进行全面总结，并形成演练书面总结报告。报告可对应急演练准备、策划等工作进行简要总结分析。演练总结报告的内容主要包括：

1）演练基本概要。

2）演练发现的问题，取得的经验和教训。

3）演练成果。

T. 2. 9　演练资料归档

1）演练活动结束后，将演练工作方案、演练评估、总结报告等文字资料，以及记录演练实施过程的相关图片、视频、音频等资料归档保存。

2）演练相关资料由安全运行部备案。

主要附件资料：

1）该演练涉及的平面图。

2）该预案涉及的应急器材资源清单。

3）该预案涉及的人员名单。

4）应急通讯录。

5）应急演练评价记录。

附录 U　城镇燃气特种设备事故演练记录与总结报告示例

表 U-1　城镇燃气特种设备事故演练记录示例

演练名称	×××桌面演练	地点	会议室
演练时间	××××年××月××日	记录人	×××
演练实施过程			
流程时间	事项内容	采取行动	备注
		报警	
		启动预案	
		设置警戒	
		关闭阀门	
		报告警情	
		更换管道	
		置换通气	
演练照片			

注：可附页。

表 U-2　城镇燃气特种设备事故演练总结报告表示例

演练基本概要
××××年××月××日上午，×××公司抢修人员在公司会议室开展桌面演练，主题为市政管网泄漏事故，假定的演练情景，各个小组进行交互式讨论和推演应急决策及现场处置。
演练发现的问题及取得的经验和教训
演练发现的问题： 取得的经验和教训：
演练成果

附录 V　城镇燃气特种设备事故演练记录示例

应急预案评估应分为应急预案准备情况评估（见表 V-1）和实战演练实施情况评估（见表 V-2），评估总分为 100 分，其中准备情况评估总分为 30 分，实施情况评估总分为 70 分。

表 V-1　应急预案准备情况评估

评估项目	评估内容	评估分数
演练策划与设计（10 分）	目标明确且具有针对性，符合本单位实际	1
	演练目标简明、合理、具体、可量化和可实现	1
	演练目标应明确“由谁在什么条件下完成什么任务，依据什么标准，取得什么效果”	1
	演练目标设置是从提高参演人员的应急能力角度考虑	1
	设计的演练情景符合演练单位实际情况，并且有利于促进实现演练目标和提高参演人员应急能力	1
	考虑演练现场及可能对周边社会秩序造成的影响	1
	演练情景内容包括了情景概要、事件后果、背景信息、演化过程等要素，要素较为全面	1
	演练情景中各事件之间的演化衔接关系科学、合理，各事件有确定的发生与持续时间	1
	确定了各参演单位和角色在各场景中的期望行动，以及期望行动之间的衔接关系	1
	确定所需注入的信息及其注入形式	1
演练文件编制（10 分）	制定了演练工作方案、安全及各类保障方案、宣传方案	1.5
	根据演练需要编制了演练脚本或演练观摩手册	1
	各单项文件中要素齐全、内容合理，符合演练规范要求	1.5
	文字通顺、语言精练、通俗易懂	1
	内容格式规范，各项附件项目齐全、编排顺序合理	1
	演练工作方案经过评审或报批	1
	演练保障方案印发到演练的各保障部门	1
	演练宣传方案考虑了演练前、中、后各环节宣传需要	1
	编制的观摩手册中各项要素齐全并有安全告知	1
演练保障（10 分）	人员的分工明确，职责清晰，数量满足演练要求	1.5
	演练经费充足，保障充分	1
	器材使用管理科学、规范，满足演练需要	1
	场地选择符合演练策划情景设置要求，现场条件满足演练要求	1
	演练活动安全保障条件准备到位并满足要求	1.5
	充分考虑演练实施中可能面临的各种风险，制定必要的应急预案或采取有效的控制措施	1
	参演人员能够确保自身安全	1
	采用多种通信保障措施，有备份通信手段	1
	对各项演练保障条件进行了检查确认	1

表 V-2　实战演练实施情况评估

评估项目	评估内容	评估分数
预警与信息报告（5分）	演练单位能够根据监测监控系统数据变化状况、事故险情紧急程度和发展势态或有关部门提供的预警信息进行预警	1
	演练单位有明确的预警条件、方式和方法	0.5
	对有关部门提供的信息、现场人员发现险情或隐患进行及时预警	0.5
	预警方式、方法和预警结果在演练中表现有效	0.5
	演练单位内部信息通报系统能够及时投入使用，能够及时向有关部门和人员报告事故信息	0.5
	演练中事故信息报告程序规范，符合应急预案要求	0.5
	在规定时间内能够完成向上级主管部门和地方人民政府报告事故信息程序，并持续更新	0.5
	能够快速向本单位以外的有关部门或单位、周边群众通报事故信息	1
紧急动员（5分）	演练单位能够依据应急预案快速确定事故的严重程度及等级	0.5
	演练单位能够根据事故级别启动相应的应急响应，采用有效的工作程序，警告、通知和动员相应范围内人员	1
	演练单位能够通过总指挥或总指挥授权人员及时启动应急响应	1
	演练单位应急响应迅速，动员效果较好	1
	演练单位能够适应事先不通知突袭抽查式的应急演练	0.5
	非工作时间及至少有一名单位主要领导不在应急岗位的情况下能够完成本单位的紧急动员	1
事故监测与研判（5分）	演练单位在接到事故报告后，能够及时开展事故早期评估，获取事件的准确信息	1.5
	演练单位及相关单位能够持续跟踪、监测事故全过程	1.5
	事故监测人员能够科学评估其潜在危害性	1
	能够及时报告事态评估信息	1
指挥和协调（10分）	现场指挥部能够及时成立，并确保其安全高效运转	1
	指挥人员能够指挥和控制其职责范围内所有的参与单位及部门、救援队伍和救援人员的应急响应行动	1
	应急指挥人员表现出较强的指挥协调能力，能够对救援工作全局有效掌控	1
	指挥部各位成员能够在较短或规定时间内到位，分工明确并各负其责	1
	现场指挥部能够及时提出有针对性的事故应急处置措施或制定切实可行的现场处置方案并报总指挥部批准	1
	指挥部重要岗位有后备人选，并能够根据演练活动的进行合理轮换	0.5
	现场指挥部制定的救援方案科学可行，调集了足够的应急救援资源和装备（包括专业救援人员和相关装备）	1

（续）

评估项目	评估内容	评估分数
指挥和协调（10分）	现场指挥部与当地政府或本单位指挥中心信息畅通，并实现信息持续更新和共享	1
	应急指挥决策程序科学，内容有预见性、科学可行	1
	指挥部能够对事故现场有效传达指令，进行有效管控	1
	应急指挥中心能够及时启用，各项功能正常、满足使用	0.5
事故处置（10分）	参演人员能够按照处置方案规定或在指定的时间内迅速达到现场开展救援	1.5
	参演人员能够对事故先期状况做出正确判断，采取的先期处置措施科学、合理，处置结果有效	1.5
	现场参演人员职责清晰、分工合理	1.5
	应急处置程序正确、规范，处置措施执行到位	1.5
	参演人员之间有效联络，沟通顺畅有效，并能够有序配合，协同救援	1
	事故现场处置过程中，参演人员能够对现场实施持续安全监测或监控	1
	事故处置过程中采取了措施，可防止次生或衍生事故发生	1
	针对事故现场采取必要的安全措施，确保救援人员安全	1
应急资源管理（5分）	根据事态评估结果，能够识别和确定应急行动所需的各类资源，同时根据需要联系资源供应方	2
	参演人员能够快速、科学使用外部提供的应急资源并投入应急救援行动	1
	应急设施、设备、器材等数量和性能能够满足现场应急需要	1
	应急资源的管理和使用规范有序，不存在浪费情况	1
应急通信（3分）	通信网络系统正常运转，通信能力能够满足应急响应的需求	1
	应急队伍能够建立多途径的通信系统，确保通信畅通	1
	有专职人员负责通信设备的管理	0.5
	应急通信效果良好，演练各方通信顺畅	0.5
信息公开（2分）	明确事故信息发布部门、发布原则，事故信息能够由现场指挥部及时准确向新闻媒体通报	0.5
	指定了专门负责公共关系的人员，主动协调媒体关系	0.5
	能够主动就事故情况在内部进行告知，并及时通知相关方（股东/家属/周边居民等）	0.5
	能够对事件舆情持续监测和研判，并对涉及的公共信息妥善处置	0.5
人员保护（3分）	演练单位能够综合考虑各种因素并协调有关方面确保各方人员安全	1
	应急救援人员配备适当的个体防护装备或采取了必要自我安全防护措施	1
	有受到或可能受到事故波及或影响的人员的安全保护方案	0.5
	针对事件影响范围内的特殊人群，能够采取适当方式发出警告并采取安全防护措施	0.5
警戒与管制（2分）	关键应急场所的人员进出通道受到有效管制	0.5
	合理设置了交通管制点，划定管制区域	0.5
	各种警戒与管制标志、标识设置明显，警戒措施完善	0.5
	有效控制出入口，清除道路上的障碍物，保证道路畅通	0.5

（续）

评估项目	评估内容	评估分数
医疗救护（5分）	应急响应人员对受伤害人员采取有效先期急救，急救药品、器材配备有效	1.5
	及时与场外医疗救护资源建立联系求得支援，确保伤员及时得到救治	1.5
	现场医疗人员能够对伤病人员伤情做出正确诊断，并按照既定的医疗程序对伤病人员进行处置	1
	现场急救车辆能够及时准确地将伤员送往医院，并带齐伤员有关资料	1
现场控制及恢复（10分）	针对事故可能造成的人员安全健康与环境、设备及设施方面的潜在危害，以及为降低事故影响而制定的技术对策和措施有效	3
	事故现场产生的污染物或有毒有害物质能够及时、有效处置，并确保没有造成二次污染或危害	3
	能够有效安置疏散人员，清点人数，划定安全区域并提供基本生活等后勤保障	2
	现场保障条件满足事故处置、控制和恢复的基本需要	2
其他（5分）	演练情景设计合理，满足演练要求	1
	演练达到了预期目标	1
	参演的组成机构或人员职责能够与应急预案相符合	0.5
	参演人员能够按时就位，正确并熟练使用应急器材	0.5
	参演人员能够以认真态度融入整体演练活动中，并及时、有效地完成演练中应承担的角色和工作内容	0.5
	应急响应的解除程序符合实际，并与应急预案中规定的内容相一致	0.5
	应急预案得到了充分验证和检验，并发现了不足之处	0.5
	参演人员的能力也得到了充分检验和锻炼	0.5

参 考 文 献

[1] 李庆林，徐嚣. 城镇燃气管道安全运行与维护［M］. 北京：机械工业出版社，2014.

[2] 王睿怀. 城镇燃气输配［M］. 北京：化学工业出版社，2021.

[3] 全国安全生产标准化技术委员会. 生产经营单位生产安全事故应急预案编制导则：GB/T 29639—2020［S］. 北京：中国标准出版社，2020.

[4] 国家质检总局特种设备安全监察局. 固定式压力容器安全技术监察规程：TSG 21—2016［S］. 北京：新华出版社，2016.

[5] 国家质检总局特种设备安全监察局. 特种设备事故应急预案编制导则：GB/T 33942—2017［S］. 北京：中国标准出版社，2017.

[6] 国家质检总局特种设备安全监察局. 压力管道定期检验规则——公用管道：TSG D7004—2010［S］. 北京：新华出版社，2010.

[7] 国家质检总局特种设备安全监察局. 压力管道定期检验规则——工业管道：TSG D7005—2018［S］. 北京:新华出版社，2018.

[8] 国家质检总局特种设备安全监察局. 压力管道安全技术监察规程——工业管道：TSG D0001—2009［S］. 北京：新华出版社，2009.

[9] 国家质检总局特种设备安全监察局. 特种设备使用管理规则：TSG 08—2017［S］. 北京：新华出版社，2017.

[10] 国家质检总局特种设备安全监察局. 气瓶安全技术规程：TSG 23—2021［S］. 北京：新华出版社，2021.

[11] 朱万美. 城镇燃气技术问答［M］. 北京：化学工业出版社，2021.

[12] 国家质检总局. 特种设备目录［EB/OL］.（2014-11-3）［2023-4-3］. http://www.samr.gov.cn/tzsbj/tzgg/zjwh/201411/t20141103_283535.html.